曆算全書

三

〔清〕梅文鼎 撰

高峰 點校

中華書局

本册目録

曆學疑問

曆學疑問補

交會管見

交食蒙求

揆日候星紀要

歲周地度合攷

春秋以來冬至攷

諸方節氣加時日軌高度表

兼濟堂纂刻梅勿菴先生曆算全書

曆學疑問〔一〕

〔一〕梅文鼎早年撰古今曆法通考五十八卷，卷帙浩繁，不便省覽。康熙三十至三十二年間，梅文鼎在李光地建議下，“略倣元趙友欽革象新書體例，作爲簡要之書”（勿庵曆算書目），陸續撰成曆論五十二篇，即曆學疑問三卷。康熙三十六年十月，李光地刊刻於河北大名。康熙四十一年十月，康熙南巡至德州，李光地以撫臣身份扈蹕行河，借機將此書進呈御覽，康熙帝親自批點。次年春二月，原書發還，李光地隨即邀請梅文鼎北上保定，爲其刊刻三角法舉要、弧三角舉要等曆算書數種，並於康熙四十三年五月，親撰恭記一篇，記敘進呈始末，附於原板之首，重付刷印。李光地大名刻本卷端校字者有安溪李光坡廣卿、李光型儀卿，二人並爲李光地從弟，少時曾受業於光地。曆算全書本以該書“係御筆親加裁定，謹遵原式”，全依李光地大名刻本原書款識寫刻。四庫本收入卷一至卷三。梅氏叢書輯要收入卷四十六至卷四十八，書前録勿庵曆算書目中曆學疑問解題，並附刻魏禧、王源曆法通考序各一篇（二序見本書附録）。日本文政三年，齊政館據雍正元年本翻刻，刊行曆學疑問諺解本，間或於天頭處出校記。光緒二十三年，上海鴻文書局石印中西新學大全巾箱本，收録此書。

恭記曆學疑問[一]

壬午十月，扈駕[二]南巡，駐蹕德州。有旨取所刻書集[三]，回奏："匆遽未曾携帶，且多係經書制舉時文，應塾校之需，不足塵覽。有宣城處士梅文鼎曆學疑問三卷，臣所訂刻，謹呈求聖誨。"奉旨："朕留心曆算多年，此事朕能決其是非，將書留覽再發。"二日後，承召面見，上云："昨所呈書甚細心，且議論亦公平，此人用力深矣。朕帶回宫中仔細看閲。"臣因求皇上親加御筆批駁改[四]定，庶草野之士，有所取裁，臣亦得以預聞一二，不勝幸甚。上肯之。越明年春，駕復南巡，遂於行在發回原書，面諭："朕已細細看過。"中間圈點塗抹及簽貼批語，皆上手筆也。臣復請此書疵繆所在，上云："無疵繆，但算法未備。"蓋梅書原未完成，聖諭遂及之。竊惟自古懷抱道業之士，承詔有所述作者，無論已。若乃私家藏録，率多塵埋瓿覆。至曆象天官之奥，尤世儒所謂專門絶學者。蓋自好事耽奇之徒，往往不能竟篇而罷，曷能上煩乙夜之觀，句

〔一〕此文原無標題，兹據版心録題。榕村全集卷十四題御批曆學疑問恭記。

〔二〕駕，榕村全集本作"從"。

〔三〕集，榕村全集本作"籍"。

〔四〕改，輯要本作"政"。

譚字議，相酬酢如師弟子？梅子之遇，可謂千載一時。方今宸翰流行天下，獨未有裁自聖手之書蓄於人間者。豈特若洛下之是非堅定？而子雲遺編[一]，所謂遭遇時君、度越諸子者，亦無待乎桓譚之屢歎矣。既以書歸之梅子，而爲叙其時月因起，俾梅寶奉焉。

甲申五月壬戌臣李光地恭記。

〔一〕編，榕村全集本作"篇"。

序〔一〕

曆學疑問，梅子定九之所著也。先生於是學，潭思博考四十年餘，凡所撰述滿家，自專門者不能殫覽也。余謂先生宜撮其指要，束文伸義，章逢之士得措心焉。夫列代史志，掀及律曆，則几而不視，况一家之書哉？先生肯余言，以受館之暇，爲之論百十篇，而託之“疑”者。或曰：子之强梅子以成書也，於學者信乎當務與？曰：疇人星官之所專司，不急可也。夫梅子之作，辨於理也，理可不知乎？乾坤，父母也。繼志述事者，不離乎動静、居息、色笑之間。故書始曆象，詩詠時物，禮分方設官，春秋以時紀事，易觀於陰陽而立卦，合乎歲閏以生蓍。其所謂秩叙命討、好惡美刺、治教兵刑、朝會摟伐、建侯遷國之大，涉川畜牝之細，根而本之，則始於太乙而殽於陰陽。日星以爲紀，月以爲量，四時以爲柄，鬼神以爲徒，故曰：“思知人，不可以不知天。”仰則觀於天文，窮理之事也，此則儒者所宜盡心也。聖之多才藝而精創作，必稱周公。自大司徒土圭之法，周髀蓋天之制，後世少有知者。漢、唐而下，最著者數家，率推一時一處，以爲定論。其有四出測候，踰數千里，則已度越古今，而未能包八極以立説。海外之

〔一〕榕村全集卷十二題梅定九曆學疑問序。

士乘之，真謂吾書之所未有。微言既遠，泯泯棼棼，可勝詰哉？梅子閔焉，稽近不遺矣，而源之務索。其言之成，則援熙朝之曆，以合於軒姬虞夏、洙泗閩洛，泯然也。此固我皇上膺歷在躬，妙極道數，故草野之下，亦篤生異士，見知而與聞之。而梅子用心之勤，不憚探賾表微，以歸於至當。一書之中，述聖尊王，兼而有焉。昔劉歆三統，文具漢志；子雲太玄，平子以爲漢家得歲二百年之書也。彼劉、楊烏知天？皆據洛下一家法，而傅會以經義云爾。今先生之論，羅罔千載，明皇曆之得天，即象見理，綜數歸道，異日蘭臺編次，必有取焉。七政〔一〕三統，殆不足儗。而書體簡實平易，不爲枝離佶屈，吾知其説亦大行於經生家，非如太玄之覆醬瓿者而終不顯矣。先生之歸也，謂余叙之。余不足以知曆，姑叙其大意，以質知先生者。先生續且爲之圖表數術，以繼斯卷。余猶得竟學，而觀厥成焉。

康熙癸酉四月望日清溪李光地書。

〔一〕七政，齊政館本校云："'七政'當作'子駿'，劉歆字。李光地因歆父向字子政，誤作'子政'，傳寫者又誤作'七政'耳。"

曆學疑問目録

曆學疑問卷一〔一〕

宣城梅文鼎定九著　男以燕正謀參　孫 瑴成玉汝 玕成肩琳

柏鄉魏荔彤念庭輯　男 乾斆一元 士敏仲文 士説崇寬同校

錫山後學楊作枚學山訂正

論曆學古疏今密

問：三代典制，厄於秦火，故儒者之論，謂古曆宜有一定不變之法，而不可復考。後之人因屢變其法以求之，蓋至於今日之密合，而庶幾克復古聖人之舊，非古疏而今密也。

曰：聖人言治曆明時，蓋取於革。故治曆者，當順天以求合，不當爲合以驗天。若預爲一定之法，而不隨時修改，以求無弊，是爲合以驗天矣，又何以取於革乎？且吾嘗徵之天道矣，日有朝，有禺，有中，有昃，有夜，有晨，此歷一日而可知者也；月有朔，有生明，有弦，有望，有生魄，有下弦，有晦，此歷一月而可知者也；時有春夏秋冬，晝夜有永短，中星有推移，此歷一歲而可知者也。乃若熒惑之周天則歷二年，歲星則十二年，土星則二十九年。〔皆約整

〔一〕原書卷端書名下有“係御筆親加裁定謹遵原式”十一字。

數。〕夫至於十二年、二十九年而一周，已不若前數者之易見矣。又其每周之間，必有過不及之餘分，所差甚微，非歷多周，豈能灼見？乃若歲差之行六七十年始差一度，歷二萬五千餘年而始得一周，雖有期頤上壽，所見之差不過一二度，亦安從辨之？迨其歷年既久，差數愈多，然後共見而差法立焉。此非前人之智不若後人也，前人不能預見後來之差數，而後人則能盡考前代之度分，理愈久而愈明，法愈脩而愈密，勢則然耳。

問者曰：若是，則聖人之智有所窮與？

曰：使聖人爲一定之法，則窮矣。惟聖人深知天載之無窮，而不爲一定之法，必使隨時脩改，以求合天。是則合天下萬世之聰明以爲其耳目，聖人之所以不窮也。然則曆至今日而愈密者，皆聖人之法之所該矣。

論中西二法之同

問者曰：天道以久而明，曆法以脩而密。今新曆入而盡變其法以從之，則前此之積候，舉不足用乎？

曰：今之用新曆也，乃兼用其長以補舊法之未備，非盡廢古法而從新術也。夫西曆之同乎中法者不止一端，其言日五星之最高加減也，即中法之盈縮曆也，在太陰則遲疾曆也；其言五星之歲輪也，即中法之段目也；〔遲留逆伏。〕其言恒星東行也，即中法之歲差也；其言節氣之以日躔過宮也，即中法之定氣也；其言各省直節氣不同也，即中法之里差也。但中法言盈縮遲疾，而西説以最高最庳明其故；中法言段目，而西説以歲輪明其故；中法言歲差，而西説以恒星東行明其故。是則中曆所著者當然之運，而西曆所推者其所以然之源。此其可取者也。若夫定氣、里差，中曆原有其法，但不以注曆耳，非古無而今始有也。西曆始有者，則五星之緯度是也。中曆言緯度，惟太陽、太陰有之，〔太陽出入於赤道，其緯二十四度。太陰出入於黄道，其緯六度。〕而五星則未有及之者。今西曆之五星有交點，有緯行，亦如太陽、太陰之詳明。是則中曆缺陷之大端，得西法以補其未備矣。夫於中法之同者，既有以明其所以然之故，而於中法之未備者，又有以補其缺，於是吾之積候者，得彼説而益信，而彼説之若難信者，亦因吾之積候而有以知其不誣。雖聖人復起，亦在所兼收而亟〔一〕取矣。

論中西之異

問：今純用西法矣，若子之言，但兼用其長耳。豈西法亦有大異於中而不可全用？抑吾之用之者猶有未盡與？

曰：西法亦有必不可用者，則正朔是也。中法以夏正爲歲首，此萬世通行而無弊者也。西之正朔，則以太陽會恒星爲歲，其正月一日定於太陽躔斗四度之日，而恒星既東行，以生歲差，則其正月一日亦屢變無定。故在今時之

〔一〕亟，齊政館本校云："'亟'當作'並'。"

正月一日定於冬至後十一日,溯而上之可七百年,則其正月一日在冬至日矣。又溯而上之七百年,又在冬至前十日矣。由今日順推至後七百年,則又在冬至後二十日矣。如是不定,安可以通行乎?此徐文定公造曆書之時棄之不用,而亦略不言及也。

然則自正朔外,其餘盡同乎?曰:正朔其大者也,餘不同者尚多,試略舉之。中法步月離始於朔,而西法始於望,一也。中法論日始子半,而西法始午中,二也。中法立閏月,而西法不立閏月,惟立閏日,三也。黄道十二象,與二十八舍不同,四也。餘星四十八象,與中法星名無一同者,五也。中法紀日以甲子,六十日而周,西法紀日以七曜,凡七日而周,六也。中法紀歲以甲子,六十年而周,西法紀年以總積,六千餘年爲數,七也。中法節氣起冬至,而西法起春分,八也。以上數端,皆今曆所未用。徐文定公所謂"鎔西算以入大統之型模",蓋謂此也。〔就中惟閏日用之於恒表積數,而不廢閏月,猶弗用也。其總積之年,曆指中偶一舉之,而不以紀歲。〕

論今法於西曆有去取之故

問者曰:皆西法也,而有所棄取,何也?

曰:凡所以必用西法者,以其測算之精而已,非好其異也。故凡最高庳加減黄道經緯之屬,皆其測算之根,而不得不用者也。若夫測算之而既合矣,則紀日於午,何若紀於子之善也？紀月於望，何若紀於朔之善也？四十八象、十二象之星名，與三垣二十八宿雖離合不同，而其星之大小遠近，在天無異也，又安用此紛紛乎？此則無關於測算之用，而不必用者也。乃若正朔之頒，爲國家禮樂刑政之所出，聖人之所定，萬世之所遵行，此則其必不可用而不用者也，又何惑焉！

論回回曆與西洋同異

問：回回亦西域也，何以不用其曆而用西洋之曆？

曰：回回曆與歐羅巴〔即西洋曆。〕同源異派，而疏密殊。故回回曆亦有七政之最高，以爲加減之根，又皆以小輪心爲平行。其命度也亦起春分，其命日也亦起午正。其算太陰，亦有第一加減、第二加減；算交食三差，亦有九十度限，亦有影徑分之大小。亦以三百六十整度爲周天，亦以九十六刻爲日，亦以六十分爲度、六十秒爲分，而遞析之以至於微。亦有閏日而無閏月，亦有五星緯度及交道，亦以七曜紀日而不用干支。其立象也，亦以東方地平爲命宮。其黄道上星，亦有白羊、金牛等十二象，而無二十八宿。是種種者，無一不與西洋同，故曰同源也。然七政有加減之小輪，而無均輪；太陰有倍離之經差加減，而無交均之緯差。故愚嘗謂西曆之於回回，猶授時之於紀元、統天，其疏密固較然也。然在洪武間，立法未嘗不密，其西域大師馬哈麻、馬沙亦黑頗能精於其術，但深自秘惜，又不著立表之根。後之學者失其本法之用，反借大統春分前定氣之日以爲立算之基，何怪其久而不效耶？然其法之善者種種與西法同，今用西法，即用回回矣，豈有所取舍於其間哉？〔按：回回古稱西域，自明鄭和奉使入洋，以其非一國，概稱之曰西洋。厥後歐羅巴入中國，自稱大西洋，謂又在回回西也。今曆書題曰"西洋新法"，蓋回回曆即西洋舊法耳。論中舉新法皆曰歐羅巴，不敢混稱西洋，所以别之也。〕

論回回曆曆元用截法與授時同

問：論者謂回回曆元在千餘年之前，故久而不可用，其説然與？

曰：回回曆書以隋開皇己未爲元，謂之阿剌必年，然以法求之，實用洪武甲子爲元，而托之於開皇己未耳。何以知之？蓋回回曆有太陽年、太陰年，自洪武甲子逆溯開皇己未，距算七百八十六，此太陽年也。而回回曆立成所用者，太陰年也。回回曆太陰年，至第一月一日與春分同日之年，則加一歲，約爲三十二三年而積閏月十二，所謂應加次數也。然則洪武甲子以前距算七百八十六年，當有應加閏月之年二十四次。而今不然，即用距算查表，至八百一十七算之時始加頭一次，然則此二十四個閏年之月日將何所歸乎？故知其即以洪武甲子爲元也。惟其然也，故其總年立成皆截從距開皇六百年起，其前皆缺，蓋皆不用之數也。

然則何以不竟用七百八十算爲立成起處而用六百年？曰：所以塗人之耳目也。又最高行分自六百六十算而變，以前則漸減，以後則漸增。其減也自十度以至初度，其增也又自初度而漸加。此法中曆所無，故存此以見意也。〔初度者，蓋指巨蠏初點。惟六百六十算之年最高與此點合，以歲計之，當在洪武甲子年前一百二十六算。其前漸減者，蓋是未到巨蠏之度，故漸減也。〕由是言之，其算宫分雖以開皇己未爲元，而其查立成之根，則在己未元後二十四年。〔即立成所謂一年。〕既退下二十四年，故此二十四次應加之數可以不加。自此以後，則皆〔一〕以春分所入月日挨求，亦可不必細論。惟至閏滿十二個月之年乃加一次，此其巧捷之法也。然則其不用積年，而截取現在爲元者，固與授時同法矣。

論天地人三元非回回本法

問：治回回曆者，謂其有天地人三元之法，天元謂之大元，地元謂之中元，人元謂之小元。而以己未爲元，其簡法耳。以子言觀之，其説非與？

曰：天地人三元分算，乃吴郡人陳壤所立之率，非回回法也。〔陳星川名壤，袁了凡師也。嘉靖間曾上疏改曆，而格不行。〕其説謂天地人三元各二千四百一十九萬二千年，今嘉靖甲子，在人元已歷四百五十六萬六千八百四十算。所以爲此

〔一〕皆，輯要本無。

迂遠之數者，欲以求太乙數之周紀也。〔按：太史王肯堂筆麈[一]云，太乙家多不能算曆，故以曆法求太乙多不合，惟陳星川之太乙與曆法合。〕然其立法，皆截去萬以上數不用，故各種立成皆止於千，其爲虛立無用之數可知矣。夫三式之有太乙，不過占家一種之書，初無關於曆算。又其立法以六十年爲紀，七十二年爲元，五元則三百六十年，謂之周紀，純以干支爲主。而西域之法不用干支，安得有三元之法乎？今天地人三元之數現在，曆法新書初未嘗言其出於回回也。蓋明之知回回曆者，莫精於唐荆川順之、陳星川壤兩公，而取唐之説以成書者，爲周雲淵述學；述陳之學以爲書者，爲袁了凡黄。然雲淵曆宗通議中所述荆川精語外，別無發明。〔有曆宗中經，余未見。〕而荆川亦不知最高爲何物。〔唐荆川曰："要求盈縮，何故减那最高行度？只爲歲差積久，年年欠下盈縮分數，以此補之"云云，是未明厥故也。〕若雲淵則直以每日日中之晷景當最高，尤爲臆説矣。了凡新書通回回之立成於大統，可謂苦心，然竟削去最高之算，又直用大統之歲餘，而棄授時之消長，將逆推數百年亦已不效，况數千萬年之久乎？人惟見了凡之書多用回回法，遂誤以爲西域土盤本法耳。又若薛儀甫鳳祚，亦近日西學名家也，其言回回曆，乃謂以己未前五年甲寅爲元，此皆求其説不得而强爲之解也。總之，回回曆以太陰年列立成，而又以太陽年查距算，巧藏其根，故雖其專門之裔且不能知，無論他人矣。

〔一〕麈，原作"塵"，據輯要本改。

〔查開皇甲寅乃回教中所傳彼國聖人辭世之年，故用以紀歲，非曆元也。薛儀甫蓋以此而誤。〕

論回回曆正朔之異

問：回回曆有太陽年，又有太陰年，其國之紀年以何爲定乎？

曰：回回國太陰年謂之動的月，其法三十年閏十一日，而無閏月，惟以十二[一]個月爲一年。〔無閏則三百五十四日，有閏則三百五十五日。〕故遇中國有閏月之年，則其正月移早一月，〔如首年春分在第一月，遇閏則春分在第二月，而移其春分之前月爲第一月。〕故曰動的月。其太陽年則謂之不動的月，其法以一百二十八年而閏三十一日，皆以太陽行三十度爲一月，即中曆之定氣。其白羊初即爲第一月一日，歲歲爲常，故曰不動的月也。然其紀歲則以太陰年，而不用太陽年，此其異於中曆，而并異於歐羅巴之一大端也。然又有異者，其每歲齋月又不在第一月，而在第九月，滿此齋月至第十月一日，則相賀如正旦焉。不特此也，其所謂月一日者，又不在朔，不在望，而在哉生明之後一日。其附近各國皆然，瀛涯勝覽諸書可考而知也。

馬歡瀛涯勝覽曰："占城國無閏月，但十二月爲一

〔一〕十二，原作"十一"，據康熙本、輯要本及刊謬改。齊政館本校云："十一，'一'當作'二'。"

年。晝夜分爲十更,用鼓打記。”又曰:“阿丹國無閏月,氣候温和,常如八九月。惟以十二個月爲一年,月之大小,若頭夜見新月,明日即月一也。”又曰:“榜葛剌國亦無閏月,以十二個月爲一年。”按馬歡自稱會稽山樵,曾從鄭和下西洋,故書其所見如此。蓋其國俱近天方,故風俗並同。其言“月一”者,即月之第一日,在朔後,故不言朔。厥後張昇改其文曰:“以月出定月之大小,夜見月,明日又爲一月也。”文句亦通,然非“月一”字義也。又按一統志:“天方國,古筠冲之地,舊名天堂,又名西域。有回回曆,與中國前後差三日。”蓋以見新月之明日爲月之一日,故差三日。◎又按素問云:“一日一夜,五分之。”隋志云:“晝有朝有禺有中有晡有夕,夜有甲乙丙丁戊。”則晝夜十更之法,中法舊有之。◎又熊礨石島夷志曰:“舶舟視旁羅之針,置羅處甚幽密,惟開小扃直舵門。燈長燃,不分晝夜。夜五更,晝五更,合晝夜十二辰爲十更,其針路悉有譜。”按此以十更記程,而百刻匀分,不論冬夏長短,與記里鼓之意略同。若素問、隋志所云,則以日出入爲斷,而晝夜有長短,更法因之而變,兩法微别。占城用鼓打記,不知若何,要不出此二法。

論夏時爲堯舜之道

問:古有三正,而三王迭用之,則正朔原無定也,安在用太陰年、用恒星年之爲非是乎？

曰：古聖人之作曆也，以敬授民時而已。天之氣，始於春，盛於夏，斂於秋，伏藏於冬。而萬物之生長收藏因之，民事之耕耘收穫因之，故聖人作曆，以授民時，而一切政務皆順時以出令。凡郊社禘嘗之禮，五祀之祭，蒐苗獮狩之節，行慶施惠、决獄治兵之典，朝聘之期，飲射讀法、勸耕省斂、土功之事，洪纖具舉，皆於是乎在。故天子以頒諸侯，諸侯受而藏諸祖廟，以每月告朔而行之。曆之重，蓋如是也。而顧使其游移無定，何以示人遵守乎？如回回曆，則每二三年而其月不同，是春可爲夏，夏可爲冬也。如歐羅巴，則每七十年而差一日，積之至久，四時亦可互爲矣。是故惟行夏之時，斯爲堯舜之道，大中至正而不可易也。

然則又何以有三正？曰：三正雖殊，而以春爲民事之始，則一也。故建丑者二陽之月也，建子者一陽之月也。先王之於民事也，必先時而戒事，猶之日出而作，而又曰雞鳴而起、中夜以興云爾，豈若每歲遷徙，如是其紛紛者哉？雖其各國之風俗相沿而不自覺，然以數者相較，而孰爲正大，孰爲煩碎，則必有辨矣。

論語“行夏之時”，古注云：“據見萬物之生，以爲四時之始，取其易知。”

論西曆亦古疏今密

問：中曆古疏今密，實由積候，固已，西曆則謂自古及今一無改作,意者其有神授與?

曰:殆非也。西法亦由積候而漸至精密耳。隋以前,西曆未入中國,其見於史者,在唐爲九執曆,在元爲萬年曆,在明爲回回曆,在本朝爲西洋曆新法。然九執曆課既疏遠,

唐大衍曆既成而一行卒,瞿曇譔怨不得與改曆事,訟於朝,謂大衍寫九執曆,未盡其法。詔曆官比驗,則九執曆課最疏。

萬年曆用亦不久。

元太祖庚辰西征,西域曆人奏五月望月當蝕,耶律楚材曰否,卒不蝕。明年十月,楚材言月當蝕,西域人曰不蝕,至期果蝕八分。

世祖至元四年,西域札馬魯丁〔一〕撰進萬年曆,世祖稍頒行之。至十八年,改用授時曆。

回回曆明用之三百年,後亦漸疏。

明洪武初,設回回司天臺於雨花臺,尋罷回回司天監,設回回科,隸欽天監。每年西域官生依其本法,奏進日月交蝕及五星淩犯等曆。

歐邏巴最後出而稱最精,豈非後勝於前之明驗歟?諸如曆書所述,多禄某之法,至歌白泥而有所改訂;歌白泥之法,至地谷而大有變更。至於地谷,法略備矣,而遠鏡之製又出其後。則其爲累測益精,大略亦如中法,安有

〔一〕札馬魯丁,四庫本作"札瑪魯丹"。

所謂神授之法而一成不易者哉？是故天有層數，西法也，而其説或以爲九重，或以爲十二重。今則以金、水、太陽共爲一重矣，又且以火星冲日之時比日更近，而在太陽天之下，則九重相裹如葱頭之説，不復可用矣。太陽大於地，西説也，而其初説日徑大於地徑一百六十五倍奇，今只算爲五倍奇，兩數相懸，不啻霄壤矣。太陽最高卑歲歲東移，西法也，然先定二至後九度，後改定爲六度，今復移進半度，爲七度奇矣。又何一非後來居上，而謂有神授不由積驗乎？

渾蓋通憲定奥日在巨蠏九度，即最高也。其時爲萬曆丁未，在戊辰曆元前二十年，是利西泰所定。厥後曆書定戊辰年最高衝度在冬至後五度五十九分五十九秒，以較萬曆丁未所定之奥日，凡改退三度有奇，是徐文定公及湯、羅諸西士所定。今康熙永年曆法重定康熙戊午年高衝在冬至後七度〇四分〇四秒，以較曆書二百恒年表原定戊午高衝六度三十七分二十九秒，凡移進二十六分三十五秒。其書成於曆書戊辰元後五十年，是治理曆法南懷仁所定。

論地圓可信

問：西人言水地合一圓球，而四面居人，其地度經緯正對者兩處之人，以足版相抵而立，其説可信與？

曰：以渾天之理徵之，則地之正圓無疑也。是故南行二百五十里,則南星多見一度,而北極低一度;北行二百五十里,則北極高一度,而南星少見一度。若地非正圓,何以能然?至於水之爲物,其性就下,四面皆天,則地居中央爲最下。水以海爲壑,而海以地爲根,水之附地,又何疑焉?所疑者,地既渾圓,則人居地上,不能平立也。然吾以近事徵之,江南北極高三十二度,浙江高三十度,相去二度,則其所戴之天頂,即差二度。〔江南天頂去北極五十八度,浙江天頂去北極六十度。〕各以所居之方爲正,則遥看異地,皆成斜立。又况京師極高四十度,瓊海極高二十度,〔京師以去北極五十度之星爲天頂,瓊海以去北極七十度之星爲天頂。〕若自京師而觀瓊海,其人立處皆當傾跌。〔瓊海望京師,亦復相同。〕而今不然,豈非首戴皆天,足履皆地,初無欹側,不憂環立歟?然則南行而過赤道之表,北遊而至戴極之下,亦若是已矣。是故大戴禮則有曾子之説,

大戴禮:單居離問於曾子曰:"天圓而地方,誠有之乎?"曾子曰:"如誠天圓而地方,則是四角之不揜也。參嘗聞之夫子曰:'天道曰圓,地道曰方。'"

内經則有岐伯之説,

内經:黄帝曰:"地之爲下,否乎?"岐伯曰:"地爲人之下,太虚之中也。"曰:"憑乎?"曰:"大氣舉之也。"素問又曰:"立於子而面午,立於午而面子,皆曰北面;立於午而負子,立於子而負午,皆曰南面。"釋之

者曰:"常以天中爲北,故對之者皆南也。"〔一〕

宋則有邵子之説,

邵子觀物篇曰:"天何依?"曰:"依地。""地何附?"曰:"附天。"曰:"天地何所依附?"曰:"自相依附。"〔二〕

程子之説。

程明道語録曰:"天地之中,理必相直,則四邊當有空闕處。地之下豈無天?今所謂地者,特於天中一物爾。"又曰:"極,須爲天下之中。天地之中,理必相直。今人所定天體,只是且以眼定,視所極處不見,遂以爲盡。然向曾有於海上見南極下有大星數十,則今所見天體蓋未定。以土圭之法驗之,日月升降不過三萬里中,然而中國只到鄯善、莎車,已是一萬五千里,就彼觀日,尚只是三萬里中也。"

地圓之説,固不自歐邏、西域始也。

元西域札馬魯丁造西域儀像,有所謂苦來亦阿兒子〔三〕,漢言"地里志"也。其製以木爲圓毬,七分爲水,其色緑;三分爲土地,其色白。畫江河湖海〔四〕貫串於其中。畫作小方井,以計幅員之廣袤、道里之遠近。此即西説之祖。

〔一〕引文最早見於沈括渾儀議(宋史天文志儀象),不見於今傳本素問。"立於午而負子,立於子而負午",渾儀議作"立於卯而負酉,立於酉而負卯"。

〔二〕引文見於邵雍漁樵問對,不見於今傳本觀物篇。

〔三〕苦來亦阿兒子,元史天文志同,四庫本作"庫哩葉阿喇斯"。

〔四〕元史天文志"江河湖海"下有"脈絡"二字。

論蓋天周髀

問：有圓地之説，則里差益明，而渾天之理益著矣。古乃有蓋天之説，殆不知而作者歟？

曰：自楊子雲諸人主渾天，排蓋天，而蓋説遂詘。由今以觀，固可並存，且其説實相成而不相悖也，何也？渾天雖立兩極，以言天體之圓，而不言地圓，直謂其正平焉耳。若蓋天之説，具於周髀。其説以天象蓋笠，地法覆槃，極下地高，滂沲四隤而下，則地非正平而有圓象，明矣。故其言晝夜也，曰："日行極北，北方日中，南方夜半；日行極東，東方日中，西方夜半；日行極南，南方日中，北方夜半；日行極西，西方日中，東方夜半。凡此四方者，晝夜易處，加四時相及〔一〕。"此即西曆地有經度，以論時刻早晚之法也。其言七衡也，曰："北極之下，不生萬物。北極左右，夏有不釋之冰。中衡左右，冬有不死之草，五穀一歲再熟。凡北極之左右，物有朝生暮穫。"〔趙君卿注曰：北極之下，從春分至秋分爲晝，從秋分至春分爲夜。〕即西曆以地緯度分寒煖五帶、晝夜長短各處不同之法也。使非天地同爲渾圓，何以能成此算？周髀本文謂周公受於商高，雖其詳莫攷，而其説固有所本矣。

然則何以不言南極？曰：古人著書，皆詳於其可見，而略於所不見。即如中高四下之説，既以北極爲中矣，而

〔一〕加四時相及，錢寶琮算經十書據孫詒讓説，校改作"加時相反"，可從。

又曰天如倚蓋，是亦即中國之所見擬諸形容耳，安得以辭害意哉？故寫天地以圓器，則蓋之度不違於渾；圖星象於平楮，則渾之形可存於蓋。唐一行善言渾天者也，而有作蓋天圖法。元郭太史有異方渾蓋圖，今西曆有平渾儀，皆深得其意者也。故渾蓋之用至今日而合，渾蓋之説亦至今日而益明。

元札馬魯丁西域儀象有兀速都兒剌不定，漢言"晝夜時刻之器"，其製以銅，如圓鏡而可掛，面刻十二辰位、晝夜時刻。上加銅條綴其中，可以圓轉。銅條兩端各屈其首爲二竅以對望，晝則視日影，夜則窺星辰，以定時刻，以測休咎。背嵌鏡片，二面刻其圖，凡七，以辨東西南北日影長短之不同、星辰向背之有異，故各異其圖，以盡天地之變焉。按此即今渾蓋通憲之製也，以平詮渾，此爲最著。

論周髀儀器

問：若是，則渾蓋通憲即蓋天之遺製與？抑僅平度均布，如唐一行之所云耶？

曰：皆不可考矣。周髀但言："笠以寫天，天青黑，地黄赤，天數之爲笠也。赤黑爲表，丹黄爲裏，以象天地之位。"此蓋寫天之器也。今雖不傳，以意度之，當是圓形如笠，而圖度數星象於内，其勢與仰觀不殊。以視平圖渾象，轉爲親切，何也？星圖强渾爲平，則距度之疏密改觀；渾象圖星於外，則星形之左右易位。若寫天於笠，則其圓勢屈而向内，星之經緯距皆成弧度，與測算脗合，勝平圖矣。又其星形必在内面，則星之上下左右各正其位，勝渾象矣。

論曆元

問：造曆者必先立元，元正然後定日法，法立然後度周天。古曆數十家，皆同此術。至授時獨不用積年日法，何與？

曰：造曆者必有起算之端，是謂曆元。然曆元之法有二：其一遠溯初古，爲七曜齊元之元，自漢太初至金重脩大明曆各所用之積年是也；其一爲截算之元，自元授時不用積年日法，直以至元辛巳爲元，而今西法亦以崇禎戊辰爲元是也。二者不同，然以是爲起算之端，一而已矣。

然則二者無優劣乎？曰：授時優。夫所謂七曜齊元者，謂上古之時歲月日時皆會甲子，而又日月如合璧，五星如連珠，故取以爲造曆之根數也。使其果然，雖萬世遵用可矣。乃今廿一史中所載諸家曆元無一同者，是其積年之久近，皆非有所受之於前，直以巧算取之而已。然謂其一無所據，而出於胸臆，則又非也。當其立法之初，亦皆有所驗於近事。然後本其時之所實測，以旁證於書傳之所傳，約其合者，既有數端，遂援之以立術。於是溯而上之，至於數千萬年之遠，庶幾各率可以齊同，積年之法所由立也。然既欲其上合曆元，又欲其不違近測，畸零分秒之數必不能齊，勢不能不稍爲整頓，以求巧合。其始也，據近測以求積年；其既也，且將因積年而改近測矣，又安得以爲定法乎？授時曆知其然，故一以實測爲憑，而不用積年虚率。上考下求，即以至元十八年辛巳歲前天正冬至爲元，其見卓矣。

按唐建中時，術者曹士蔿始變古法，以顯慶五年爲上元，雨水爲歲首，號符天曆，行於民間，謂之小曆。又五代石晉高祖時，司天監馬重績造調元曆，以唐天寶十四載乙未爲上元，用正月雨水爲氣首。此二者亦皆截算之法，授時曆蓋采用之耳。然曹、馬二曆未嘗密測遠徵，不過因時曆之率，截取近用。若郭太史則製器極精，四海測驗者二十七所。又上考春秋以來，至於近代，然後立術，非舍難而就易也。◎又按：孟子“千歲日至”，趙注只云“日至可知其日”，孫奭疏則直云“千歲以後之日至，可坐而定”，初不言立元。

論西法積年

問：曆元之難定，以歲、月、日、時皆會甲子也。若西曆者，初不知有甲子，何難溯古上元，而亦截自戊辰與？

曰：西人言開闢至今止六千餘年，是即其所用積年也。然曆書不用爲元者，何也？既無干支，則不能合於中法，一也。又其法起春分，與中法起冬至不同，以求上古積年，畢世不能相合，二也。且西書所傳不一，其積年之説先有參差,三也。故截自戊辰爲元,亦鎔西算入中法之一事。蓋立法之善,雖巧算不能違矣。

天地儀書自開闢至崇禎庚辰,凡五千六百三十餘年。

聖經直解開闢至崇禎庚辰,凡六千八百三十六年。

通雅:"按諸太西云:自開闢至崇禎甲申,六千八百四十年。依所製稽古定儀推之,止五千七百三十四年。"

月離曆指曰:"崇禎戊辰爲總期之六千三百四十一年。"

天文實用云:"開闢初時,適當春分。"又云:"中西皆以角爲宿首,因開闢首日昏時,角爲中星也。今以恒星本行逆推,約角宿退九十度,必爲中星,計年則七千矣。"與聖經紀年合〔一〕。

開闢至洪水,天地儀書云一千六百五十餘年,聖經直解則云二千二百四十二年,相差五百九十二年。洪水至漢哀帝元壽二年庚申天主降生,天地儀書云二千三百四十餘年,聖經直解則云二千九百五十四年,相差六百一十四年。遺詮又云二千九百四十六年,比聖經直解又少八年。

論日法

問:上古積年荒忽無憑,去之誠是也。至於日法,則

〔一〕合,輯要本作"相近"。

現在入用之數也，而古曆皆有日法，授時何以獨無？

曰：日法與曆元，相因而立者也。不用積年，自可不用日法矣。蓋古曆氣朔皆定大小餘，大餘者日也，小餘者時刻也。凡七曜之行度，不能正當時刻之初，而或在其中半難分之處，非以時刻剖析爲若干分秒，則不能命算，此日法所由立也。自日法而析之，則有辰法、刻法、分法、秒法；自日法而積之，則有氣策法、朔實法、歲實法、旬周法；與日法同用者，則有度法、宿次法、周天法，又有章法、蔀法、紀法、元法。一切諸法，莫不以日法爲之綱。古曆首定日法，而皆有畸零，蓋以此也。惟日法有畸零，故諸率從之，而各有畸零之數矣。夫古曆豈故爲此繁難以自困哉？欲以上合於所立之曆元，而爲七曜之通率，有不得不然者也。〔如古法以九百四十分爲日法，其四分之一則爲二百三十五，所以然者，以十九年一章有二百三十五月也。又古法月行十九分度之七，是以十九分爲度法，亦以十九年一章有七閏也。他皆類此。〕今授時既不用積年，即章蔀紀元悉置不用，而一以天驗爲徵，故可不用畸零之日法，而竟以萬分爲日。日有百刻，刻有百分，故一萬也。自此再析，則分有百秒，秒有百微，皆以十百爲等而遞進退焉。數簡而明，易於布算，法之極善者也。是故授時非無日法也，但不用畸零之日法耳。用畸零之日法，乘除既繁，而其勢又有所阻，故分以下復用秒母焉。用萬分之日，可以析之，屢析至於無窮。〔日躔之用有秒，則日爲百萬；月離之用有微，則日爲億萬。〕而乘除之間，轉覺其易。是小餘之細，未有過於授時者也，而又便於用。豈非法之無弊，可以萬世遵行者哉？

按宋蔡季通欲以十二萬九千六百爲日法，而當時曆家不以爲然，畏其細也。然以較授時，猶未及其秒數，而不便於用者，有畸零也。有畸零而又於七曜之行率無關，何怪曆家之不用乎？若回回、泰西，則皆以六十遞析，雖未嘗别立日法，而秒微以下必用通分，頗多紆折。若非逐項立表，則其繁難不啻數倍授時矣。薛儀甫著天學會通，以六十分改爲百分，誠有見也。

曆學疑問卷二

論歲實〔閏餘。〕

問：歲實有一定之數，而何以有閏餘？

曰：惟歲實有一定之數，所以生閏餘也。凡紀歲之法有二：自今年冬至至來年冬至，凡三百六十五日二十四刻二十五分，而太陽行天一周，是爲一歲二十四節氣之日。〔據授時、大統之數。或自今年立春至來年立春，亦同。〕

周禮太史注："中數曰歲，朔數[一]曰年。"自今年冬至至明年冬至，歲也；自今年正月朔至明年正月朔，年也。古有此語，要之，歲與年固無大别，而中數、朔數之不齊，則氣盈朔虚之所由生。

自正月元旦至臘月除夕，凡三百五十四日三十六刻七十一分一十六秒，而太陰會太陽於十二次一周，是爲一歲十二月之日。〔亦據授時平朔言之。〕兩數相較，則節氣之日多於十二月者一十日八十七刻五十三分八十四秒，是爲一歲之通閏。積至三年，共多三十二日六十二刻六十一分五十二秒，而成一閏月，仍多三日零九刻五十五

〔一〕數，周禮春官大史同，輯要本訛作"歲"。

分五十九秒。積至五年有半，共多五十九日八十一刻四十六分一十二秒，而成兩閏月，仍多七十五刻三十四分二十六秒。古云三歲一閏、五歲再閏者，此也。

然則何以不竟用節氣紀歲？則閏月可免矣。曰：晦朔弦望，易見者也；節氣過宫，難見者也。敬授人時，則莫如用其易見之事，而但爲之閏月以通之，則四時可以不忒。堯命羲和，以閏月定四時成歲，此堯舜之道，萬世不可易也。若回回曆有太陰年爲動的月，有太陽年爲不動的月。夫既謂之月，安得不用晦朔弦望，而反用節氣乎？故回回曆雖有太陽年之算，而天方諸國不以紀歲也。沈存中欲以節氣紀歲，而天經或問亦有是言，此未明古聖人之意者矣。

論歲餘消長

問：歲實既有一定之數，授時何以有消長之法？

曰：此非授時新法，而宋統天之法。然亦非統天億創之法，而合古今累代之法而爲之者也。蓋古曆周天三百六十五度四分度之一，一歲之日亦如之，故四年而增一日。〔今西曆永年表亦同。〕其後漸覺後天，皆以爲斗分太强，因稍損之。〔古曆起斗終斗，故四分之一皆寄斗度，謂之斗分。〕自漢而晉而唐而宋，每次改曆必有所減，以合當時實測之數。故用前代之曆以順推後代，必至後天，以斗分强也。〔斗分即歲餘。〕若用後代之曆據近測以逆溯往代，亦必後天，以斗分弱也。〔前推後而歲餘强，則所推者過於後之實測矣；後推前而歲餘弱，則所推者不及於前之實測矣，故皆後天。〕統天曆見其然，故爲之法以通之。於歲實平行之中，加一古多今少之率，則於前代諸曆不相乖戾，而又不違於今之實測。此其用法之巧也。然統天曆藏其數於法之中，而未嘗明言消長，授時則明言之，今遂以爲授時之法耳。郭太史自述創法五端，初未及此也。

然則大統曆何以不用消長？曰：此則元統之失也，當時李德芳固已上疏爭之矣。然在洪武時，去授時立法不過百年，所減不過一分，積之不過一刻，故雖不用消長，無甚差殊也。崇禎曆書謂元統得之測驗，竊不謂然，何也？元統與德芳辨，但自言未變舊法，不言測驗有差。又其所著通軌，雖便初學，殊昧根宗，間有更張，輒違經旨。〔如月食時差、既内分等，俱妄改背理。〕豈能於冬至加時後先一刻之間，而測得真數乎？

然則消長必不可廢乎？曰：上古則不可知矣。若春秋之日南至，固可考據，而唐宋諸家之實測有據者，史册亦具存也。今以消長之法求之，其數皆合。若以大統法求之，則皆後天，而於春秋且差三日矣，安可廢乎？

然則統天、授時之法同乎？曰：亦不同也。統天曆逐年遞差，而授時消長之分以百年爲限，則授時之法又不如統天矣。夫必百年而消長一分，未嘗不是，乃以乘距算，其數驟變，殊覺不倫，鄭世子黄鍾曆法所以有所酌改也。〔假如康熙辛酉年距元四百算，該消四分；而其先一年庚申距算三百九十九，只消三分,是庚申年歲餘二十四刻二十二分,而辛酉年歲餘二十四刻二十一分也。以此所消之一分乘距算,得四百分,則辛酉歲前冬至忽早四刻,而次年又只平運。以實數計之,庚申年反只三百六十五日二十刻二十二分,辛酉年則又是三百六十五日二十四刻二十一分,其法舛矣。〕

論歲實消長之所以然

問:歲實消長之法既通於古,亦宜合於今。乃今實測之家,又以爲消極而長,其説安在?豈亦有所以然之故與?

曰:授時雖承統天之法而用消長,但以推之舊曆而合耳,初未嘗深言其故也,惟曆書則爲之説曰:"歲實漸消者,由日輪之轂漸近地心也。"余嘗竊疑其説,今具論之。夫西法以日天與地不同心,疏盈縮加減之理。其所謂加減,皆加減於天周三百六十度之中,非有所增損於其外也。如最高則視行見小而有所減,最卑則視行見大而有所加。加度則減時矣,減度則加時矣。然皆以最卑之所減補最高之所加,及其加減既周,則其總數適合平行,略無餘欠也。若果日輪之轂漸近地心,不過其加減之數漸平耳。加之數漸平,則減之數亦漸平,其爲遲速相補而歸於平行一也。豈有日輪心遠地心之時,則加之數多而減之數少;日輪心近地心時,則減之數少而加之數多乎?必不然矣。又考日躔永表,彼固原未有消長之説。日躔曆指言平歲用授時消分,定歲則用最高差,及查恒年表之用,則又只用平率,是其説未有所決也。又曆書言日輪漸近地心，數千年後將合爲一點。若前之漸消由於兩心之漸近，則今之消極而長，兩心亦將由近極而遠，數千年後，又安能合爲一點乎？彼蓋見授時消分有據，而姑爲此説，非能極論夫消長之故者也。

然則將何以求其故？曰：授時以前之漸消，既徵之經史而信矣。而今現行曆之歲實，又稍大於授時，其爲復長，亦似有據。竊考西曆最高卑，今定於二至後七度，依永年曆，每年行一分有奇，則授時立法之時，最高卑正與二至同度，而前此則在至前，過此則在至後。豈非高衝漸近冬至而歲餘漸消，及其過冬至而東，又復漸長乎？余觀七政曆，於康熙庚申年移改最高半度弱，而其年歲實驟增一刻半强，此亦一徵也。存此以竢後之知曆者。〔己未年最高在夏至後六度三十九分，庚申年最高在夏至後七度七分，除本行外，計新移二十七分。己未年冬至庚戌日亥正一刻四分，庚申年冬至丙辰日寅正二刻二分，實計三百六十五日二十四刻十三分，前後各年俱三百六十五日二十三刻四分或五分，以較庚申年歲實，驟增一刻九分。〕

王寅旭曰："歲實消長，其説不一。謂由日輪之轂漸近地心，其數浸消者，非也。日輪漸近，則兩心差及所生均數亦異，以論定歲，誠有損益。若平歲歲實尚未及均數，則消長之源與兩心差何與乎？識者欲以黄赤極相距遠近求歲差朓朒，與星歲相較，爲節歲消長終始循環之法。夫距度既殊，則分至諸限亦宜隨易。用求差數，其理始全。然必有平歲之歲差，而後有朓朒之歲差；有一定之歲實，而後有消長之歲實。以有定者紀其常，以無定者通其變,始可以永久而無弊。”

按寅旭此論,是欲據黄赤之漸近,以爲歲實漸消之根。蓋見西測黄赤之緯古大今小,今又覺稍贏,故斷以爲消極復長之故。然黄赤遠近,其差在緯;歲實消長,其差在經,似非一根。又西測距緯復贏者,彼固自疑其前測最小數之未真,則亦難爲確據。愚則以中曆歲實起冬至,而消極之時,高衝與冬至同度,高衝離至而歲實亦增,以經度求經差,似較親切。愚與寅旭生同時而不相聞,及其卒也,乃稍稍見其書。今安得起斯人於九原,而相與極論,以質所疑乎?

論恒星東移有據

問:古以恒星即一日一周之天,而七曜行其上。今則以恒星與七曜同法,而别立宗動,是一日一周者與恒星又分兩重。求之古曆,亦可通與?

曰:天一日一周,自東而西,七曜在天,遲速不同,皆自西而東,此中西所同也。然西法謂恒星東行比於七曜,今考其度,蓋即古曆歲差之法耳。歲差法昉於虞喜,而暢於何承天、祖沖之、劉焯、唐一行,歷代因之,講求加密。然皆謂恒星不動而黄道西移,故曰天漸差而東,歲漸差而西。所謂天,即恒星;所謂歲,即黄道分至也。西法則以黄道終古不動,而恒星東行。假如至元十八年,冬至在箕十度,至康熙辛未,歷四百十一年,而冬至在箕三度半。

在古法,謂是冬至之度自箕十度西移六度半,而箕宿如故也;在西法,則是箕星十度東行過冬至限六度半,而冬至如故也。其差數本同,所以致差者則不同耳。

然則何以知其必爲星行乎?曰:西法以經緯度候恒星,則普天星度俱有歲差,不止冬至一處。此蓋得之實測,非臆斷也。

然則普天之星度差,古之測星者何以皆不知耶?曰:亦嘗求之於古矣,蓋有三事可以相證。其一,唐一行以銅渾儀候二十八舍,其去極之度皆與舊經異。今以歲差考之,一行銅儀成於開元七年,其時冬至在斗十度,而自牽牛至東井十四宿,去極之度皆小於舊經,是在冬至以後歷春分而夏至之半周。其星自南而北,南緯增則北緯減,故去北極之度漸差而少也。自輿鬼至南斗十四宿,去極之度皆大於舊經,是在夏至以後歷秋分而冬至之半周。其星自北而南,南緯減則北緯增,故去北極之度漸差而多也。〔星度詳後。〕嚮使非恒星移動,何以在冬至後者漸北,在夏至後者漸南乎?〔恒星循黄道行,實只東移,無所謂南北之行也。而自赤緯觀之,則有南北之差,蓋横斜之勢使然。〕其一,古測極星即不動處,齊梁間測得離不動處一度强,〔祖暅所測。〕至宋熙寧測得離三度强,〔沈存中測,詳夢溪筆談。〕至元世祖至元中測得離三度有半。〔郭太史候極儀徑七度,終夜見極星循行環内,切邊而行是也。〕嚮使恒星不動,則極星何以離次乎?其一,二十八宿之距度,古今六測不同,〔詳元史。〕故郭太史疑其動移。此蓋星既循黄道東行,而古測皆依赤道,黄赤斜交,句弦異視，所以度有伸縮，正由距有横斜耳，不則，豈其前人所測皆不足憑哉？故僅以冬至言差，則中西之理本同，而合普天之星以求經緯，則恒星之東移有據，何以言之？近兩至處，恒星之差在經度，故可言星東移者，亦可言歲西遷。近二分處，恒星之差竟在緯度，故惟星實東移，始得有差。若只兩至西移，諸星經緯不應有變也。如此，則恒星之東移信矣。恒星既東移，不得不與七曜同法矣。恒星東移既與七曜同法，即不得不更有天挈之西行，此宗動所由立也。

唐一行所測去極度與舊不同者列後。

舊經		唐測〔一〕	
牽牛〔去極〕〔二〕	百六度	牽牛〔去極〕	百四度
須女	百度〔有脱字〕	須女	百一度
虚	百四度	虚	百一度
危	九十七度〔有誤字〕	危	九十七度
營室	八十五度	營室	八十三度
東壁	八十六度	東壁	八十四度
奎	七十六度	奎	七十三度
婁	八十度	婁	七十七度
胃昴	七十四度	胃昴	七十二度
畢	七十八度	畢	七十六度
觜觿	八十四度	觜觿	八十二度

〔一〕輯要本“舊經”“唐測”下有“列宿去極度”五字。後表同。

〔二〕康熙本、二年本、輯要本並無“去極”二字，下同。

參	九十四度	參	九十三度
東井	七十度	東井	六十八度

以上十四宿去極之度，皆古測大而唐測小，是所測去極之度少於古測，爲其星自南而北也。又按：唐開元冬至在斗十度，則此十四宿爲自冬至後歷春分而夏至之半周。

舊經		唐測	
輿鬼	六十八度	輿鬼	六十八度
柳	七十七度	柳	八十度半
七星	九十一度	七星	九十三度半
張	九十七度	張	百度
翼	九十七度	翼	百三度
軫	九十八度	軫	百度
角	九十一度〔正當赤道〕	角	九十三度半〔在赤道南二度半〕
亢	八十九度	亢	九十一度半
氐	九十四度	氐	九十八度
房	百八度	房	百一十度半
心	百八度	心	百一十度
尾	百二十度	尾	百二十四度
箕	百一十八度	箕	百二十度
南斗	百一十六度	南斗	百一十九度

以上十四宿去極之度，皆古測小而唐測大，是所測去極之度多於古測，爲其星自北而南也。以冬至斗十度言之，則此十四宿爲自夏至後歷秋分而冬至之半周。

論七政高下

問：傳言"日月星辰繫焉"，而今謂七政各有一天，何據？

曰：屈子天問："圜則九重，孰營度之？"則古有其語矣。七政運行，各一其法，此其説不始西人也。但古以天如棊局不動，而七政錯行，如碁子之推移。西人之説，則謂日月五星各麗一天，而有高下，其天動，故日月五星動，非七政之自動也。其所麗之天，表裏通徹，故但見七政之動耳。不然，則將如彗孛之類，旁行斜出，安得有一定之運行，而可以施吾籌策乎？且既各麗一天，則皆天也，雖有高下，而總一渾灝之體。於中庸所謂"繫焉"者，初無牴牾也。

然則何以知其有高下？曰：此亦古所有，但言之未詳耳。古今曆家皆言月在太陽之下，故月體能蔽日光，而日爲之食，是日高月下、日遠月近之證也。又步日食者，以交道表裏而論其食分，隨地所見，深淺各異。故此方見食既者，越數千里而僅虧其半。古人立法，謂之東西南北差，是則日之下、月之上相距甚遠之證也。又月與五星皆能掩食恒星，是恒星最在上，而於地最遠也。月又能掩食五星，是月最在下，而於地最近也。五星又能互相掩，是五星在恒星之下、月之上，而其所居又各有高下，於地各有遠近也。嚮使七政同在一規，而無高下之距，則相遇之時必相觸擊，何以能相掩食而過乎？是故居七政之上最近大圜、最遠於地者爲恒星，恒星之下，次爲土星，又次爲木星，次爲火星，次爲太陽，爲金，爲水，最近於地者爲月。以視差言之，與人目遠者視差微，近則視差大。故恒星之視差最微，以次漸增，至月而差極大也。以行度言之，近大圜者爲動天所掣，故左旋速，而右移之度遲。漸近地心，則與動天漸遠，而左旋漸遲，即右移之度反速。故左旋之勢，恒星最速，以次漸遲，至月而爲最遲也。右移之度，恒星最遲，以次漸速，至月而反最速也。是二者宛轉相求，其數巧合，高下之理可無復疑。〔夢溪筆談以月盈虧明日月之形如丸，可謂明悉。而又以問者之疑其如丸，則相遇而相礙，故輒漫應之曰："日月，氣也，有形無質，故相值而無礙。"此則未明視差之理，爲智者千慮之失。〕

論無星之天

問：古以恒星不動，七曜常移，故有蟻行磨上之喻。今恒星東移既與七曜同法，則恒星亦是蟻而非磨。故雖宗動無星，可信其有也。然西法又謂動天之外有静天，何以知之？

曰：此亦可以理信者也。凡物之動者，必有不動者以爲之根。動而不息者莫如天，則必有常不動者以爲之根矣。天之有兩極也，亦如磑之有臍，户之有樞也。樞不動，故户能開闔；臍不動，故磑能運旋。若樞與臍動，則開闔運旋之用息矣。然樞能制户，臍能運磑，而此二者又誰制之而能不動哉？則以其所麗者常静也。〔如户之樞附於屋，而屋仍有基,基即地也。臍植於碓之下半,而碓安於架,架仍在地也。人但知樞之於户,臍之於碓,能以至小爲至大之君,而不知此至小者之根又實連於大地之體。〕唯天亦然。動天之周繫於兩極,而此兩極者必有所麗,其所麗者又必常静,故能終古凝然而爲動天之樞也。使其不然,極且自動,而何以爲動天之所宗乎?

或曰:天不可以户、碓擬也。户、碓,物也,天則一氣旋轉而已,豈必有所附著而後其樞不動哉?曰:天之異於物者,大小也。若以不動爲動之根,無異理也。且試以實測徵之,自古言北極出地三十六度,而陽城之測至今未改也。元史測大都北極之高四十度半,今以西測徵之,亦無分寸之移,故言歲差者不及焉。〔如黄赤古遠今近、日輪轂漸近地心之類,皆有今昔之差,惟北極出地之度不變。〕使天惟兀然浮空,而又常爲動而不息之物,北極高下亦將改易,而何以高度常有定測乎?朱子嘗欲先論太虚之度,然後次及天行。太虚者,静天之謂也。

〔朱子曰:"而今若就天裏看時,只是行得三百六十五度四分度之一。若把天外來説,則是一日過了一度。蔡季通嘗言:'論日月則在天裏,論天則在太虚空裏。若在太虚空裏觀那天,自是日日衮得不在舊時處。'"又曰:"曆法,蔡季通説當先論天行,次及七政。此亦未善。要當先論太虚,以見三百六十五度四分度之一。一一定位,然後論天行,以見天度加損虚度之歲分。歲分既定,然後七政乃可齊耳。"〕

〔臨川吴氏曰:"天與七政,八者皆動。今人只將天做硬盤,却以七政之動在天盤上行。今當以太虚中作一空盤,却以八者之行較其遲速。"〕

論無星之天〔其二。〕

問：静天爲兩極所麗，即朱子所言太虚是已。然西法又設東西歲差、南北歲差二重之天，其説何居〔一〕？

曰：西人象數之學，各有授受師説〔二〕，故其法亦多不同。此兩歲差之天，利西泰言之。徐文定公作曆書時，湯、羅諸西士棄不復用。厥後穆氏著天步真原，北海薛氏本之著天學會通，則又用之。故知其授受非一家也。今即其説推之，則穆與利又似不同，何也？西人測驗，謂黄赤之距漸近，此亦可名南北差。若東西歲差，則恒星之東移是已。而恒星既爲一重天，不應復有東西歲差之天。則西泰所言，不知何指也。至於穆、薛之説，則又不正言南北、東西兩歲差，而别有加算，謂之黄道差、春分差。其法皆作小圈於心，而大圈之心循之而轉，若干年在前，若干年在後，其年皆以千計，有圖有數有法，且謂作曆書時棄之，非是也。然於西泰〔三〕初説，亦不知同異何如耳。

然則何以斷其有無？曰：天，動物也，但動而有常耳。常則久，久則不能無秒忽之差。差在秒忽，固無損於有常之大較，而要之其差亦自有常也。善步者以數合差而得其衰序，則儼然有形可説、有象可圖焉。如小輪之類，皆

〔一〕何居，齊政館本校云："'居'，當作'据'。"按：作"何居"不誤。
〔二〕授受師説，輯要本作"師授"。
〔三〕西泰，輯要本作"泰西"。按：西泰爲利瑪竇字，此處指前文利氏兩歲差天之説，作"泰西"誤。

是物也，要之，爲圖爲説，總以得其差數而止。其數既明，其差既得，又何必執其形象以生聚訟哉？

論天重數

問：七政既有高下，恒星又復東移，動天一日一周，静天萬古常定，則天之重數，豈不截然可數與？

曰：此亦據可見之度、可推之數，而知其必有重數耳。若以此盡天體之無窮，則有所不能。即以西説言之，有以天爲九重者，則以七曜各居其天，并恒星、宗動而九也。有以天爲十二重者，則以宗動之外，復有南北歲差、東西歲差，并永静之天十二也。有以天爲層層相裹，如葱頭之皮，密密相切，略無虚隙者，利氏之初説也。又有以天雖各重，而其行度能相割能相入，以是爲天能之無盡者，則以火星有時在日天之下，金星有時在日天之上，而爲此言，曆書之説也。又有以金水二星遶日旋轉，爲太陽之輪，故二星獨不經天，是金、水、太陽合爲一重，而九重之數又減二重，共爲七重也。然又謂五星皆以太陽爲本天之心，蓋如是，則可以免火星之下割日天，是又將以五星與太陽并爲一天，而只成四重也。〔一月天，二太陽、五星共爲一天，三恒星天，四宗動天。〕其説之不同如此，而莫不持之有〔一〕故，其可以爲定議乎？嘗試論之，天一而已，以言其渾淪

〔一〕有，齊政館本校云："'有'，恐當作'者'。"蓋於"有"下斷句，誤。

之體，則雖不動之地，可指爲大圜之心，而地以上即天，地之中亦天，不容有二。若由其蒼蒼之無所至極，以徵其體勢之高厚，則雖恒星同在一天，而或亦有高下之殊。儒者之言天也，當取其明確可徵之辭，而略其荒渺無稽之事〔一〕，是故有可見之象，則可以知其有附麗之天；有可求之差，則可以知其有高下之等；〔如恒星、七政皆有象有差。〕有一種之行度，知其有一樞紐。〔如動天無象可見而有行度。〕此皆實測之而有據者也。而有常動者以爲之運行，知其必有常静者以爲之根柢。〔静天與地相應，故地亦天根。〕此則以理斷之而不疑者也。若夫七政恒星相距之間天宇遼闊，或空澄而精湛，或絪緼而彌綸，無星可測，無數可稽，固思議之所窮，亦敬授之所緩矣。

論天重數〔二。〕

問：重數既難爲定，則無重數之説長矣。

曰：重數雖難定，而必以有重數爲長，何也？以七政之行非赤道也。臨川揭氏曰："天無層數，七政皆能動轉。試以水注圓器而急旋之，則見其中沙土諸物，近心者凝而不動，近邊者隨水而旋，又且遲速洄漩以成留逆諸行矣。又試以丸置於圜盤，而輒轉其盤，則其丸既爲圜盤所掣，與盤並行，而丸之體圓，亦能自轉，而與盤相逆，以成小輪

〔一〕事，齊政館本校云："'事'，當作'言'。"

之象矣。”此兩喻明切,諸家所未及。然以七政能自動而廢重數之説,猶未能無滯礙也。何也?謂天如盤,七政如丸,盤之與丸同在一平面,故丸無附麗而能與盤同行,又能自動也。若天則渾圓而非平圓,又天體自行赤道,而七政皆行黄道,平斜之勢甚相差違。若無本天以帶之,而但如丸之在盤,則七政之行必總會於動天之腰圍闊處,皆行赤道,而不能斜交赤道之内外以行黄道矣,故曰以有重數爲長也。

曰:天既有重數,則當如西人初説,七政在天,如木節在板,而不能自動矣。曰:七政各居其天,原非如木節之在板也。各有小輪,皆能自動。但其動只在本所,略如人之目睛,未嘗不左右顧盼,而不離眉睫之間也。若如板之有節,則小輪之法又將安施?即西説不能自通矣。故惟七政各有本天以爲之帶動,斯能常行於黄道而不失其恒。惟七政之在本天,又能自動於本所,斯可以施諸小輪而不礙。揭説與西説固可並存而不廢者也。

論左旋

問:天左旋,日月五星右旋,中西兩家所同也。自横渠張子有俱左旋之説,而朱子、蔡氏因之,近者臨川揭氏、建寧游氏又以槽丸盆水譬之。此孰是而孰非?

曰:皆是也。七曜右旋,自是實測。而所以成此右旋之度,則因其左旋而有動移耳。何以言之?七曜在天,每日皆有相差之度，曆家累計其每日差度，積成周天，中西新舊之法莫不皆然。夫此相差之度，實自西而東，故可以名之右旋。然七曜每日皆東升西降，故又可以名之左旋。西曆謂七曜皆有東西兩動，而並出於一時，蓋以此也。夫既云動矣，動必有所向，而一時兩動，其勢不能，古人所以有蟻行磨上之喻，而近代諸家又有人行舟中之比也。〔七曜如人，天如舟，舟揚帆而西，人在舟中，向舟尾而東行，岸上望之，則見人與舟並西行矣。〕又天之東升西没，自是赤道；七曜之東移於天，自是黄道。兩道相差，南北四十七度。〔自短規至長規，合之得此數。〕雖欲爲槽丸盆水之喻，而平面之行與斜轉之勢終成疑義，安可以遽廢右旋之實測，而從左轉之虚理哉？然吾終謂朱子之言不易者，則以天有重數耳。

曰：天有重數，何以能斷其爲左旋？曰：天雖有層次，以居七曜，而合之總一渾體，故同爲西行也。同爲西行矣，而仍有層次，以生微差。層次之高下各殊，則所差之多寡亦異，故七曜各有東移之率也。然使七曜所差只在東西順逆遲速之間，則槽丸盆水之譬，亦已足矣。無如七曜東移，皆循黄道而不由赤道，則其與動天異行者，不徒有東西之相違，而且有南北之異向。以此推知，七曜在各重之天皆有定所，而其各天又皆順黄道之勢，以黄道爲其腰圍中廣，而與赤道爲斜交。非僅如丸之在槽、沙之在水，皆與其器平行，而但生退逆也。〔丸在槽，與其盤爲平面；沙在水，與其器爲平面，故丸與盤同運而生退逆，水與沙並旋而生退逆，其順逆兩象俱〔一〕在一平面。〕蓋惟其天有重數，故能動移。惟其天之動移皆順黄道，斯七曜東移皆在黄道矣，是故左旋之理得重數之説而益明。

曰：謂右旋之度因左旋而成，何也？曰：天既有重數矣，而惟恒星天最近動天，故西行最速，幾與動天相若。〔六七十年始東移一度。〕自土星以内，其動漸殺，以及於地球，是爲不動之處。則是制動之權，全在動天，而恒星以内皆隨行也。使非動天西行，則且無動，無動即無差，又何以成此右旋之算哉？其勢如陶家之有鈞盤，運其邊則全盤皆轉。又如運重者之用飛輪，其運動也，亦以邊制中。假令有小盤小輪附於大鈞盤大飛輪之上，而别爲之樞，則雖同爲左旋，而因其制動者在大輪，其小者附而隨行，必相差而成動移，以生逆度。又因其樞之不同也，雖有動移，必與本樞相應而成斜轉之象焉。〔此之斜轉亦在平面，非正喻其平斜，但聊以明制動之勢。〕夫其退逆而右也，因其兩輪相疊；其退轉而斜行也，因於各有本樞。而其所以能退逆而斜轉者，則以其隨大輪之行，而生此動移也。若使大者停而不行，則小者之逆行亦止，而斜轉之勢亦不可見矣。朱子既因舊説釋詩，又極取張子左旋之説。蓋右旋者，已然之故，而左旋者，則所以然之理也。西人知此，則不必言一時兩動矣。故揭氏以丸喻七曜，只可施於平面，而朱子以輪載日月之喻，兼可施諸黄赤，與西説之言層次者，實相

〔一〕俱，輯要本作“皆”。

通貫。理至者數不能違,此心此理之同,洵[一]不以東海西海而異也。〔朱子語類:"問:'經星左旋,緯星與日月右旋,是否?'曰:'今諸家是如此説。横渠説天左旋,日月亦左旋。看來横渠之説極是,只恐人不曉,所以詩傳只載舊説。'或曰:'此亦易見。如以一大輪在外,一小輪載日月在内,大輪轉急,小輪轉慢,雖都是左轉,只有急有慢,便覺日月是[二]右轉了。'曰:'然。但如此,則曆家"逆"字皆着改做"順"字,"退"字皆着改做"進"字。'"〕

論黄道有極

問:古者但言北辰,渾天家則因北極而推其有南極,今西法乃復立黄道之南北極。一天而有四極,何也?

曰:求經緯之度,不得不然也。蓋古人治曆,以赤道爲主,而黄道從之,故周天三百六十五度,皆從赤道分。其度一一與赤道十字相交,引而長之,以會於兩極。若黄道之度,雖亦匀分周天,〔三百六十五。〕而有經度無緯度,則所分者只黄道之一線,初不據以分宫。故授時十二宫,惟赤道匀分,各得三十度奇;黄道則近二至者一宫或只二十八度,近二分者一宫多至三十二度。〔皆約整數。〕若是其闊狹懸殊者何哉?過宫雖在黄道,而分宫仍依赤道。赤道之匀度,抵黄道而成斜交,勢有横斜,遂生闊狹。故

〔一〕洵,輯要本無。
〔二〕是,朱子語類卷二理氣下作"似"。

曰以赤道爲主，而黄道從之也。向使曆家只步日躔，此法已足，無如月五星皆依黄道行，而又有出入。其行度之舒亟轉變，爲法多端，皆以所當黄道及其距黄之遠近内外爲根，故必先求黄道之經緯。西曆之法一切以黄道爲主，其法匀分黄道周天度爲十二宫，其分宫分度之經度線，皆一一與黄道十字相交。自此引之，各成經度大圈，以周於天體。則其各圈相交以爲各度輳心之處者，不在赤道南北極，而别有其心，是爲黄道之南北極〔一〕。自黄道兩極出線至黄道，〔即黄道上分宫分度之線引而成大圈，以輳心者也。心即黄極，故亦可云從極出線。〕其緯各得九十度而均，〔極距黄道，四面皆均，故分宫分度線上之緯度皆均。〕以此各線之緯聯爲圈線，皆與黄道平行。自黄道上相離一度起，逐度作圈，但其圈漸小，以至九十度，則成一點，而會於黄極，是爲緯圈。〔一名距等圈。〕

曰：黄道既有經緯，則必有所宗之極，測算所需固已。然則爲測算家所立歟？抑真有是以爲運轉之樞耶？曰：以恒星東移言之，則真有是矣。何則？古法歲差，亦只在黄道之一線。今以恒星東移，則普天星斗盡有古今之差，惟黄道極終古不動，豈非真有黄極以爲運轉之樞哉？

曰：然則北辰非黄極也，今曰惟黄極不動，豈北辰亦動與？曰：以每日之周轉言，則周天星度皆東升西没，惟北辰不動。以恒星東移之差言，則雖北辰亦有動移，而惟

〔一〕是爲黄道之南北極，康熙本、二年本"爲"在"極"字下，"爲"字從下讀。底本挖改。

黄極不動。蓋動天西旋，以赤道之極爲樞，而恒星東移，以黄道之極爲樞，皆本實測，各有至理也。〔古今測極星離不動處漸遠，具見前篇。〕

論曆以日躔爲主中西同法

問：天方等國以太陰年紀歲，〔即回回法。〕歐邏巴國以恒星年紀歲，〔即西洋本法。〕若是其殊。意者起算之端，亦將與中土大異，而何以皆用日躔爲主與？

曰：其紀歲之不同者，人也；其起算之必首日躔者，天也。夫天有日，如國有君。史以紀國事，曆以紀天行，而史之綱在帝紀，曆之綱在日躔，其義一也。是故太陰之行度多端，無以凖之，凖於日也。〔太陰有周天，有會望，有遲疾入轉，有交道表裏，皆以所歷若干日而知其行度之率。〕五星之行度多端，無以凖之，凖於日也。〔五星亦有周天，有會望，有盈縮入曆，有交道表裏，略同太陰，亦皆以日數爲率。〕恒星之行度甚遲，無以凖之，亦凖於日也。〔恒星東移，是生歲差，亦以日度知之，而得其行率。〕不先求日躔，且不能知其何年何日，而又何以施其測驗推步哉？且夫天下之事，必先得其著，而後可以察其微；必先得其易，而後可以及其難；必先得其常，而後可以盡其變。故以測驗言之，日最著也；以推步言之，日最易也；以經緯之度言之，日最有常也。懸象常明而無伏見，是爲最著。〔若月與星，則有晦伏。〕立術步算，道簡不繁，是爲最易。〔步月五星之法，皆繫於日。〕恒星東移，而分至不易，是爲經度之有常；

月五星出入黄道，而日行黄道中線，是爲緯度之有常。古之聖人以賓餞永短定治曆之大法，萬世遵行，所謂易簡而天下之理得也。愚故曰今日之曆愈密，皆聖人之法所該，此其一徵矣。

論黄道

問：黄道斜交赤道，而差至四十七度，何以徵之？

曰：此中西之公論，要亦以日軌之高下知之也。今以表測日景，則夏至之景短，以其日近天頂，而光從直下也；冬至之景長，以其日不近天頂，而光從横過也。夫日近天頂則離地遠，而地上之度高；日不近天頂則離地近，而地上之度低。測算家以法求之，則夏至之日度高與冬至之日度高相較四十七度，半之則二十三度半，爲日在赤道南北相距之度也。然此相較四十七度者，非倏然而高、頓然而下也。逐日測之，則自冬至而春而夏，其景由長漸短，日度由低漸高，至夏至乃極；自夏至而秋而冬，其景由短漸長，日度由高漸低，至冬至乃極。其進退也有序，其舒亟也有恒，而又非平差之率，故知其另有一圈，與赤道相交出其内外也。

曰：日行黄道，固無可疑。月與五星樊然不齊，未嘗正由黄道也。今曰七曜皆由黄道，何也？曰：黄道者，光道也。〔古黄字从芡从日。芡字即古光字。〕日爲三光之主，故獨行黄道。而月五星從之，雖不得正由黄道，而不能遠離，故皆出入於黄道左右，要不過數度止耳。古曆言月入陰陽曆，離黄道遠處六度，西曆測止五度奇。又測五星出入黄道，惟金星最遠，能至八度，其餘緯度乃更少於太陰。是皆以黄道爲宗故也。故月離黄道五度奇，合計内外之差，共只十度奇。若其離赤道也，則有遠至二十八度半，〔以黄道距赤道二十三度半，加月道五度奇得之。〕合計内外之差，則有相差五十七度奇。〔以月在赤道内二十八度半，在外亦如之，併之得此數。〕金星離黄道八度奇，合計内外之差，共只十六度奇。若其離赤道也，則有遠至三十一度奇。〔以黄赤之距加星距黄〔一〕。〕合計内外之差，則有相差六十二度奇。〔以星距赤道内外各三十一度得之。〕是月五星之出入黄道最遠者，於赤道能爲更遠，豈非不宗赤道而皆宗黄道哉？

論經緯度〔黄赤。〕

問：黄道有極，以分經緯。然則經緯之度，惟黄道有之乎？

曰：天地之間，蓋無在無經緯耳。約略言之，則有有形之經緯，有無形之經緯，而又各分兩條。曷言乎無形之經緯？凡經緯之與地相應者，其位置雖在地，而實在無形之天，朱子所謂“先論太虚，一一定位”者，此也。曷言乎有形之經緯？凡經緯之在天者，雖去人甚遠，而有象可

〔一〕星距黄，輯要本“黄”下有“道”字。

徵,即黄赤道也。是故黄道有經緯,赤道亦有經緯,兩道之經度皆與本道十字相交,引而成大圈。〔經度皆三百六十,兩度相對者連而成大圈,故大圈皆一百八十。〕其圈相會相交,必皆會於其極。兩道之緯圈,皆與本道平行而逐度漸小,以至於本極而成一點。此經緯之度,兩道同法也。然而兩道之相差二十三度半,故其極亦相差二十三度半,而兩道緯圈之差數如之矣。〔以黄緯爲主,則赤緯之斜二十三度半;以赤緯爲主而觀黄緯,則其差亦然。〕若其經度,則兩道之相同者惟有一圈,〔惟磨羯、巨蟹之初度初分聯而爲一圈,此圈能過黄赤兩極。〕其餘則皆有相差之度,而其差又不等。〔惟一圈能過兩極,則黄赤兩經圈合而爲一圈,以黄赤兩極同居磨羯、巨蟹之初也。此外則黄道經圈只能過黄極,而不過赤極;赤道經圈亦只過赤極,而不過黄極。離磨羯、巨蟹初度益遠,其勢益斜,其差益多,故逐度不等。〕此其勢如以兩重罾網冒於圓球,則網目交加,縱横錯午。而各循其頂以求之,條理井然,至賾而不可亂。故曰在天之經緯有形,而又分黄赤兩條也。

論經緯度二〔地平。〕

問:經緯之與地相應者,一而已矣,何以亦分兩條?

曰:黄赤之分兩條者,有斜有正也;地度之分兩條者,有横有立也。今以地平分三百六十經度,〔三十度爲一宫,共十二宫。再剖之,則二十四向。〕四面八方皆與地平圈爲十字,而引長之成曲線,以輳於天頂,皆相遇成一點。故天頂者,地平經度之極也。〔其經度下達而輳於地心〔一〕，亦然。〕又將此曲線各匀分九十緯度，〔即地平上高度，又謂之漸升度。〕而逐度聯之作横圈，與地面平行，而漸高則漸小，會於天頂，則成一點，即地平緯圈也。〔其地平下作緯圈至地心，亦然。如太陽朦影十八度而盡、太陰十二度而見之類，皆用此度也。〕此地平經緯之度，爲測驗所首重，其實與太虛之定位相應者也。然此特直立之經緯耳，〔其經緯以天頂、地心爲兩極，是直立也。其地平即腰圍廣處，而緯圈與地平平行，漸小而至天頂，亦成直上之形矣。〕又有横偃之經緯焉，其法以卯酉圈匀分三百六十度，〔亦三十度爲一宫。此圈上過天頂，下過地心，而正交地平於卯酉之中，即地平經圈之一也。其三百六十度亦即經圈上所分緯度。但今所用，只圈上分度之一點，而不更作與地平平行之緯圈。〕從此度分作十字相交之線，引而成大圈。〔其圈一百八十，半在地平之上，半在其下。其地平上半圈皆具半周天度勢，皆自正北趨正南，穹隆之勢與天相際。度間所容，中闊而兩末鋭，略如剖瓜。其兩鋭在南北，其中闊在卯酉。〕大圈相遇相交，皆會於正子午，而正切地平，即子午規與地平規相交之一點。〔在地平直立經緯，原用子午規、卯酉規爲經圈，地平規爲腰圍之緯圈。今則以卯酉規爲腰圍，而子午規與地平規則同爲經度圈。〕此一點即爲經度之極，而經度宗焉。〔立象學安十二宫，用此度也。〕又自卯酉規向南向北，逐度

〔一〕輳於地心，刊謬云："湊於地心者，非謂地之中也，乃地平下半周天與地中心正對之處也。若從天頂出直線，過地中心而抵地下之半周天，必當其處，似宜名爲天頂沖，免與地中之心相混。後一行、三行、六行地心字，皆倣此。瑴成謹識。"據刊謬，本篇凡言"地心"，皆宜改作"天頂沖"。輯要本篇末有梅瑴成識語，與上引刊謬語略同。

各作半圈如虹橋狀，而皆與卯酉規平行。〔地平下半圈亦然，合之則各成全圈。〕但離卯酉規漸遠，亦即漸小，以會於其極，〔即地平規之正子午一點。〕是其緯圈也。〔測算家以立晷取倒影定時，用此度也。〕此一種經緯，則爲横偃之度。〔其經度以地平之子午爲兩極，而以卯酉規爲其腰圍，是横偃之勢。〕一直立，一横偃，其度皆與太虚之定位相應，故曰無形之經緯，亦分兩條也。不但此也，凡此無形之經緯，皆以人所居之地平起算，所居相距不過二百五十里即差一度，〔此以南北之里數言也。若東西則有不二百五十里而差一度者矣，何也？地圓故也。〕而所當之天頂地平俱變矣。地平移則高度改，天頂易則方向殊。跬步違離，輾轉異視，殆千變而未有所窮，故曰天地之間，無在無經緯也。

地平經緯有適與天度合者，如人正居兩極之下，則以一極爲天頂，一極爲地心，而地平直立之經緯，即赤道之經緯矣。若正居赤道之下，則平視兩極，一切地平之子，一切地平之午，而地平横偃之經緯，亦即赤道之經緯矣。

論經緯相連之用及十二宫

問：經緯度之交錯如此，得無益增測算之難乎？

曰：凡事求之詳，斯用之易。惟經緯之詳，此曆學所以易明也。何也？凡經緯度之法，其數皆相待而成，如鱗之相次，綱之在綱，衰序秩然而不相凌越，根株合散，交互旁通。有全則有分，有正則有對，即顯見隱，舉二〔一〕知三，故可以經度求緯，亦可以緯度求經。有地平之經緯，即可以求黄赤；有黄赤之經緯，亦可以知地平。而且以黄之經求赤之經，亦可以黄之緯求赤之經；以黄之緯求赤之緯，亦可以黄之經求赤之緯。用赤求黄，亦復皆然，宛轉相求，莫不脗合。施於用，從衡變化而不失其常；求其源，渾行無窮而莫得其隙。夫是以布之於算而能窮差變，筆之於圖而能肖星躔，制之於器而不違懸象。此其道如棊，方罫之間，固善弈者之所當盡心也。

曰：經緯之度既然，以爲十二宫則何如？曰：十二宫者，經緯中之一法耳。渾圓之體析之，則爲周天經緯之度；周天之度合之成一渾圜，而十二分之，則十二宫矣。然有直十二宫焉，有衡十二宫焉，有斜十二宫焉，又有百游之十二宫焉。以天頂爲極，依地平經度而分者，直十二宫也。其位自子至卯左旋，周十二辰，辨方正位於是焉用之。以子午之在地平者爲極，而以地平子午二規爲界，界各三宫者，衡十二宫也。其位自東地平爲第一宫起，右旋至地心〔二〕，又至西地平，而歷午規，以復於東，立象安命於是乎取之。赤道十二宫從赤道極而分，極出地有高下，而成斜立，是斜十二宫也。加時之法於是乎取之，則其定也；西行之度於是乎紀之，則其游也。黄道十二宫從黄

〔一〕二，輯要本作“一”。

〔二〕地心，據刊謬，宜改爲“天頂沖”。

道極而分，黄道極繞赤道之極而左旋，而黄道之在地上者從之轉側。不惟日異，而且時移，晷刻之間，周流遷[一]轉，正邪升降之度於是乎取之，故曰百游十二宫也。然亦有定有游，定者分至之限，游者恒星歲差之行也。知此數種十二宫，而俯仰之間，縷如掌紋矣。然猶經度也，未及其緯，故曰經緯中之一法也。

論周天度

問：古曆三百六十五度四分之一，而今定爲三百六十，何也？豈天度亦可增損與？

曰：天度何可增減，蓋亦人所命耳。有布帛於此，以周尺度之，則於度有餘；以漢尺度之，則適足。尺有長短耳，於布帛豈有增損哉！

曰：天無度，以日所行爲度，每歲之日既三百六十五日又四之一矣，古法據此以紀天度，宜爲不易，奈何改之？曰：古法以太陽一日所行，命之爲度。然所謂四之一者，訖無定率。故古今公論以四分曆最爲疏闊，而歷代斗分，諸家互異[二]，至授時而有減歲餘增天周之法，則日行與天度較然分矣。又况有冬盈夏縮之異，終歲之間，固未有數日平行者哉。故與其爲畸零之度，而初不能合於

〔一〕遷，輯要本作“千”。
〔二〕異，輯要本作“易”。

日行，即不如以天爲整度，而用爲起數之宗，固推步之善法矣。〔周天者，數所從起，而先有畸零，故析之而爲半周天，爲象限，爲十二宫，爲二十四氣、七十二候，莫不先〔一〕有畸零。而日行之盈縮不與焉，故推步稍難。今以周天爲整數，而但求盈縮，是以整御零，爲法倍易。〕且所謂度生於日者，經度耳，而曆家所難，尤在緯度。今以三百六十命度，則經緯通爲一法。〔若以歲周命度，則經度既有畸零，準之以爲緯度，畸零之算愈多。若爲兩種度法，則將變率相從，益多糾葛。〕故黄赤雖有正斜，而度分可以互求；七曜之天雖有内外大小，而比例可以相較，以其爲三百六十者同也。半之則一百八十，四分之則九十，而八線之法緣之以生。故以製測器，則度數易分；以測七曜，則度分易得；以算三角，則理法易明。吾取其適於用而已矣，可以其出於回回、泰西而棄之哉？〔三百六十立算，實本回回，至歐羅巴乃發明之耳。〕況七曜之順逆諸行，進退損益，全在小輪，爲推步之要眇。然而小輪之與大輪比例懸殊，若鎰與銖，而黍累不失者，以其度皆三百六十也。以至太陰之會望轉交，五星之歲輪，無一不以三百六十爲法，而地球亦然。故以日躔紀度，但可施於黄道之經，而整度之用，該括萬殊，斜側縱横，周通環應，可謂執簡御繁，法之最善者矣。

〔一〕先，齊政館本校云："'先'，當作'皆'。"

曆學疑問卷三

論盈縮高卑

問：日有高卑加減，始於西法與？

曰：古曆有之，且詳言之矣。但不言卑高，而謂之盈縮耳。

曰：日何以有盈縮？曰：此古人積候而得之者也。秦火以還，典章廢闕，漢晉諸家皆以太陽日行一度，故一歲一周天。自北齊張子信積候合蝕加時，始覺日行有入氣之差，而立爲損益之率。又有趙道嚴者，復準晷景長短，定日行進退，更造盈縮，以求虧食。至隋劉焯立躔度與四序升降，爲法加詳。厥後皆相祖述，以爲步日躔之準。蓋太陽行天三百六十五日，惟只兩日能合平行。〔一在春分前三日，一在秋分後三日。一年之内能合平行者，惟此二日。〕此外日行皆有盈縮，而夏至縮之極，每日不及平行二十分之一；冬至盈之極，又過於平行二十分之一。兩者相較，爲十分之一，以此爲盈縮之宗，而過此皆以漸而進退焉。此盈縮之法所由立也。

曰：日躔既每日有盈縮，則歲周何以有常度？曰：日行每日不齊，而積盈積縮之度，前後自相除補，故歲周得有常度也。〔細考之，古今歲周亦有微差，此只論其大較，則實有常度。〕今以授時之法論之，冬至日行甚速，每日行一度有奇，歷八十八日九十一刻，當春分前三日而行天一象限，〔古法周天四之一爲九十一度三十分奇，下同。〕謂之盈初曆。此後則每日不及一度，其盈日損，歷九十三日七十一刻，當夏至之日，復行天一象限，謂之盈末曆。夫盈末之行，每日不及一度，而得爲盈曆者，以其前此之積盈未經〔一〕除盡，總度尚過於平行，故仍謂之盈。若其每日細行，固悉同縮初，此盈末縮初可爲一法也。試以積數計之，盈初日數少而行度多，其較爲二度四十分；盈末日數多而行度少，其較亦二度四十分。以盈末之所少，消盈初之所多，則以半歲周之日〔共一百八十二日六十二刻奇。〕行半周天之度，〔一百八十二度六十二分奇。〕而無餘度矣。夏至日行甚遲，每日不及一度，歷九十三日七十一刻，當秋分後三日而行天一象限，謂之縮初曆。此後則每日行一度有奇，其縮日損，歷八十八日九十一刻，復當冬至之日而行天一象限，謂之縮末曆。夫縮末之行，每日一度有奇，而亦得爲縮曆者，以其前此之積縮未能補完，總度尚後於平行，故仍謂之縮。若其每日細行，則悉同盈初，此縮末盈初可爲一法也。試以積數計之，縮初日數多而行度少，其較爲二度四十分；縮末日數少而行度多，其較亦二度四十分。以縮末之所多，補縮初之所少，則亦以半歲周之日行半周天之度，而無欠度矣。

〔一〕經，齊政館本校云："'經'，當作'能'。"

夫盈曆、縮曆既皆以前後自相除補而無餘欠，則分之而以半歲周行半周天者，合之即以一歲周行一周天，安得以盈縮之故，疑歲周之無常度哉？

再論盈縮高卑

問：日有盈縮是矣，然何以又謂之高卑？

曰：此則回回、泰西之説也。其説曰：太陽在天，終古平行，原無盈縮，人視之有盈縮耳。夫既終古平行，視之何以得有盈縮哉？蓋太陽自居本天，而人所測其行度者，則爲黄道。黄道之度，外應太虚之定位，〔即天元黄道，與静天相應者也。〕其度匀剖，而以地爲心。太陽本天度亦匀剖，而其天不以地爲心，於是有兩心之差，而高卑判矣。是故夏至前後之行度未嘗遲也，以其在本天之高半，故去黄道近而離地遠，遠則見其度小。〔謂太陽本天之度。〕而人自地上視之，遲於平行矣，〔縮初盈末半周是太陽本天高處，故在本天行一度者，在黄道不能占一度，而過黄道遲。〕是則行度之所以有縮也。冬至前後之行度未嘗速也，以其在本天之低半，故去黄道遠而離地近，近則見其度大。〔亦謂本天之匀度。〕而人自地上視之，速於平行矣，〔盈初縮末半周是太陽本天低處，故在本天行一度者，在黄道占一度有餘，而過黄道速。〕是則行度之所以有盈也。且夫行度有盈縮，而且日日不同，則不可以籌策御。而今以圜法解之，不同心之理通之，在高度不得不遲，在卑度不得不速。高極而降，遲者不得不漸以速；卑極而升，速者不得不漸以遲。遲速之損益，循圜周行，與算數相會。是則盈縮之徵於實測者，皆一一能得其所以然之故。此高卑之説，深足爲治曆明時之助者矣。

太陽之平行者在本天，太陽之不平行者在黄道。平行之在本天者，終古自如；不平行之在黄道者，晷刻易率。惟其終古平行，知其有本天；惟其有本天，斯有高卑，以生盈縮。不平行之率，以平行而生者也。惟其盈縮多變，知其有高卑；惟其盈縮生於高卑，驗其在本天平行。平行之理，又以不平行而信者也。夫不平行之與平行，道相反矣，而求諸圜率，適以相成，是蓋七曜之所同然，而在太陽尤爲明白而易見者也。〔月五星多諸小輪加減，故本天不同心之理，惟太陽最明。〕

論最高行

問：以高卑疏盈縮，確矣。然又有最高之行，何耶？

曰：最高非他，即盈縮起算之端也。盈縮之算既生於本天之高卑，則其極縮處即爲最高，如古法縮曆之起夏至也；極盈處即爲最卑，如古法盈曆之起冬至也。〔亦謂之最高冲，或省曰高衝。〕然古法起二至者，以二至即爲盈縮之端也。西法則極盈極縮不必定於二至之度，而在其前後，又各年不同，故最高有行率也。其説曰：上古最高在夏至前，今行過夏至後，每年東移四十五秒。〔今又定爲一年行一分一秒十微。〕何以徵之？

曰：凡最高爲極縮之限，則自最高以後九十度及相近最高以前九十度，其距最高度等，則其所縮等，何也？以視度之小於平度者並同也。〔古法以盈末縮初通爲一限，亦是此意。〕高衝爲極盈之限，則自高衝以後九十度及相近高衝以前九十度，其距高衝度等，則其所盈亦等，何也？以視度之大於平度者並同也。〔古法以縮末盈初通爲一限，亦是此意。〕今據實測，則自定氣春分至夏至一象限〔即古盈末限。〕之日數，與自夏至後至定氣秋分一象限〔即古縮初限。〕之日數，皆多寡不同。又自定氣秋分至冬至一象限〔即古縮末限。〕之日數，與自冬至後至定氣春分一象限〔一〕〔即古盈初限。〕之日數，亦多寡不同。由是觀之，則極盈、極縮不在二至明矣。

曰：若是，則古之實測皆非與？曰：是何言也！言盈縮者，始於張子信，而後之曆家又謂其損益之未得其正。由今以觀，則子信時有其時盈縮之限，後之曆家又各有其時盈縮之限，測驗者各據其時之盈縮爲主，則追論前術，覺其未盡矣。此豈非最高之有動移乎？又古之盈縮皆以二十四氣爲限，至郭太史始加密算，立爲每日每度之盈縮加分與其積度。由今考之，則郭太史時最高卑與二至最相近。〔自曆元戊辰逆溯至元辛巳三百四十八年，而最高卑過二至六度。以今率每年最高行一分一秒十微計之，其時最高約與夏至同度。以西人舊率每年高行四十五秒計之，其時最高已行過夏至一度三十餘分，其距度亦不爲甚遠也。〕故盈縮起二至，初無謬誤。測算雖密，秖能明其盈

〔一〕"即古縮末限之日數與自冬至後至定氣春分一象限"二十一字，輯要本脫。

縮細分。若最高距至之差，無緣可得，非考驗之不精也。

論高行周天

問：最高有行，能周於天乎？抑只在二至前後數十度中，東行而復西轉乎？

曰：以理徵之，亦可有周天之行也。

曰：然則何以不徵諸實測？曰：無可據也。曆法西傳曰："古西士去今一千八百年，以三角形測日軌，記最高在申宫五度三十五分。"今以年計之，當在漢文帝七年戊辰。〔自漢文帝戊辰順數至曆元戊辰，積一千八百算外。〕此時西曆尚在權輿，越三百餘年，至多禄某而諸法漸備。然則所謂古西士之測算，或非精率。然而西史之所據止此矣，又況自此而逆溯於前，將益荒遠。而高行之周天以二萬餘年爲率，亦何從而得其起算之端乎？是故以實測而知其最高之有移動者，只在此千數百年之内。其度之東移者，亦只在二至前後一宫之間。若其周天，則但以理斷而已。

曰：以理斷其周天，亦有説與？曰：最高之法，非特太陽有之，而月五星皆然。其加減平行之度者，亦中西兩家所同也。故中曆太陽五星皆有盈縮，太陰則有遲疾，在西法則皆曰高卑視差而已。然則月孛者，太陰最高之度也。而月孛既有周天之度矣，太陽之最高何獨不然？故曰以理徵之，最高得有周天之行也。

論小輪

問：以最高疏盈縮，其義已足，何以又立小輪？

曰：小輪即高卑也。但言高卑，則當爲不同心之天以居日月。小輪之法，則日月本天皆與地同心，特其本天之周又有小輪，爲日月所居。是故本天爲大輪，負小輪之心向東而移，日月在小輪之周，〔即邊也。〕向西而行。大輪移一度，日月在小輪上亦行一度；大輪滿一周，小輪亦滿一周。而盈縮之度與高卑之距，皆不謀而合。回回曆以七政平行爲中心行度，蓋謂此也。

凡日月在小輪上半順動天西行，故其右移之度遲於平行爲減；在小輪下半逆動天而東，故其右旋之度速於平行爲加。〔五星同理。〕若在上下交接之時，小輪之度直下，不見其行，謂之留際。留際者，不東行不西行，無減無加，與平行等。此小輪上逐度之加減以上下而分者也。〔用第一圖，自辛留際過戊最高，至己爲上半，皆西行；自己留際過庚最卑，至辛爲下半，皆東行。己、辛兩留際，循小輪之旁，不見其動。〕

若以入表，則分四限，小輪上半折半取中爲最高，小輪下半折半取中則爲最卑。最卑最高之點，皆對小輪心與地心而成直線。七政居此，即與平行同度，故爲起算之端。假如七政起最高，在小輪上西行，能減東移之度；半象限後，西行漸緩，所減漸少；至一象限而及留際，不復更西，即無所復減。然積減之多，反在留際，何也？七政至此，其視度距小輪心之西爲大也，在古法則爲縮初。〔用第一圖，自戊至己一象限，其減度最大，爲己甲小輪半徑。〕既過留際而下，轉而東行，本爲加度，因前有積減，僅足相補，其視行仍在平行之西。至一象限而及最卑，積減之數，始能補足，而復於平行，是爲縮末。〔用第一圖，自己留際至庚最卑一象限。〕

又如七政至最卑，在小輪下東行，能加東移之度，半象限後，東行漸緩，所加漸少。至一象限而又及留際，不復更東，亦無所復加。然積加之多，亦在留際，何也？七政至此，其視度距小輪心之東爲大也，在古法則爲盈初。〔第一圖自庚最卑至辛留際一象限，加度最大，爲甲辛小輪半徑。〕過留際而上，復轉西行，即爲減度。然因前有積加，僅足相消，其視行仍在平行之東。至一象限而復及最高，積加之度始能消盡，而復於平行，是爲盈末。〔第一圖自辛留際至戊最高一象限。〕此則表中入算加減從小輪之左右而分者也。

小輪圖〔一〕

甲爲小輪心，亦即中距。子爲地心，子甲爲本天半徑。

戊爲最高，子戊之距遠於半徑。

庚爲最卑，子庚之距近於半徑。

辛戊己爲上半輪，皆西行；己庚辛爲下半輪，皆東行。己辛皆留際。

甲小輪心度，即平行度。

戊最高、庚最卑皆與平行合爲一線，無加減。

〔一〕圖見下頁。

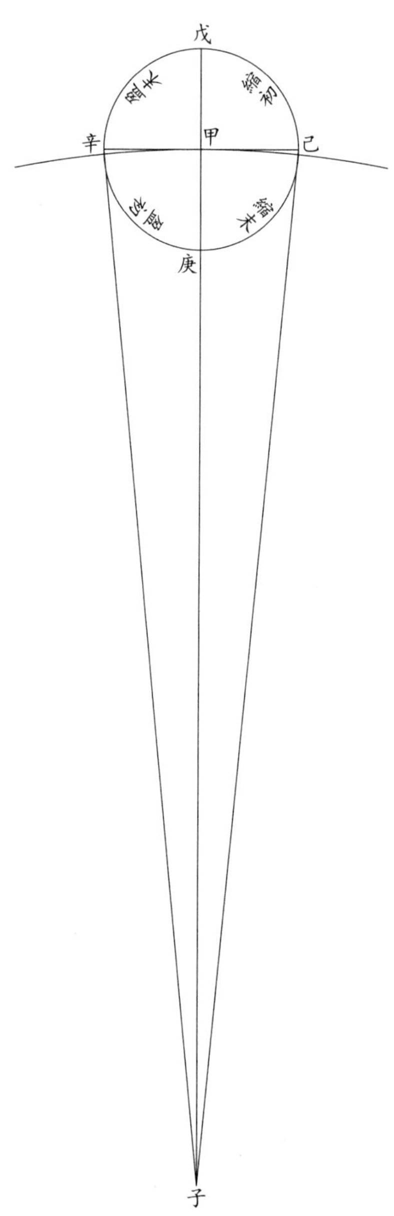
戊
縮初
盈末
甲
辛
己
盈初
縮末
庚
子

己爲減極之限，在平行之西；辛爲加極之限，在平行之東。

戊己庚爲縮曆半周，皆有減度；庚辛戊爲盈曆半周，皆有加度。

小輪變不同心圈之圖

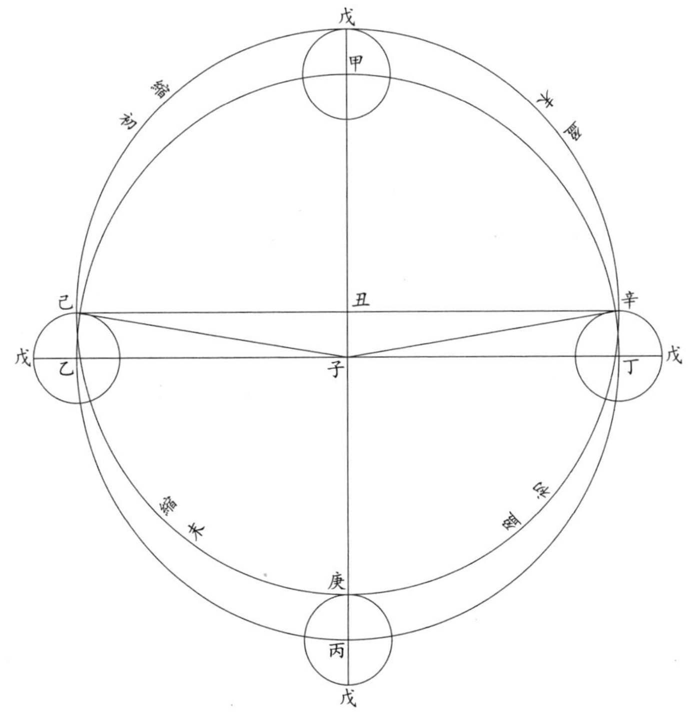

子爲地心。

甲乙丙丁本天以地心爲心。

小輪心從甲東行，過乙至丙至丁，而復至甲，皆平行。

日月在小輪之最高戊，西行過己，至最卑庚，又至辛，而復於戊，以成視行加減。

以小輪上日月所至戊、己、庚、辛諸點聯之，即成不同心圈。

不同心之圈以丑爲心，丑、子兩心之差與小輪半徑等。〔戊甲、丙庚。〕

再論小輪及不同心輪

小輪之用有二：其一爲遲速之行，在古曆則爲日五星之盈縮、月之遲疾，西法則總謂之加減，即前所疏者是也。其一爲高卑之距，即回回曆影徑諸差是也。凡七政之居小輪最高，其去人遠，故其體爲之見小焉；其在最卑，去人則近，故其體爲之加大焉。驗之於日月交食，尤爲著明。〔别條詳之。〕是故所謂平行者，小輪之心，而所謂遲速者，小輪之邊與其心前後之差；〔即東西。〕所謂高卑者，小輪之邊與其心上下之距也。知有小輪，而進退加減之行度、遠近大小之視差，靡所不貫矣。

然則何以又有不同心之算？曰：不同心之法，生於小輪者也。試以第二圖明之。甲乙丙丁圈，七政之本天，即小輪心所行之道也。以子爲心，即地心也。假如小輪心在甲，則七政在戊，爲小輪最高。小輪心自甲東移一象限至乙，七政之在小輪，亦從戊西行一象限至己爲留際。小輪心東移滿半周至丙，七政在小輪亦行半周至庚爲最卑。由是小輪心東移滿二百七十度至丁，七政亦行小輪二百七十度至留際辛。小輪心東移滿一周復至甲，七政行小輪上，亦行滿一周，復至最高戊。若以小輪上七政所行之戊、己、庚、辛諸點聯之，即成大圈。此圈不以地心爲心，而别有其心，故曰不同心圈也。如圖，地心在子，不同心圈之心在丑。丑、子兩心之差與小輪之半徑等，故可以小輪立算者，亦可以不同心立算。而行度之加減與視徑之大小，亦皆得數相符也。

論小輪不同心輪孰爲本法

問：二者之算悉符，果孰爲本法？

曰：晶宇寥廓，天載無垠，吾不能飛形御氣，翱步乎日月之表。小輪之在天，不知其有焉？否耶？然而以求朓朒之行，則既有其度矣，以量高卑之距，則又有其差矣，雖謂之有焉可也。至不同心之算，則小輪實已該之，何也？健行之體，外實中虚。自地以上至於月天，大氣所涵，空洞無物，故各重之天雖有高卑，而高卑兩際只在本天，〔七政各重之天相去甚遠，其間甚厚，故可以容小輪，而其最高最卑皆不越本重之内。〕非别有一不同之心遶地而轉也。〔不同心之天既同動天西運，則其心亦將遶地而旋。〕況七政兩心之差，各一其率，若使其不同之心皆繞地環行，亦甚涣而無統矣。愚故曰：不同心之算生於小輪，而小輪實已該之。觀回回曆但言小輪，可知其爲本法。而地谷於西術最後出，其所立諸圖悉仍用小輪爲説，亦足以徵矣。

論小輪不同心輪各有所用

問：小輪與不同心輪，既異名而同理，擇用其一，不亦可乎？

曰：論相因之理，則不同心之算從小輪而生；論測算之用，則小輪之徑亦從不同心而得。故推朒朓之度，於小輪特親；〔小輪心即平行度也，從最高過輪心作線至地心，爲平行指線，剖小輪爲二，則小輪右半在平行線西爲朒，左半在平行線東爲朓，觀圖易了。〕而求最高之行，以不同心立算最切。然則其理互通，其用相輔，並存其説，亦足以見圜行之無方，而且可爲參稽之藉矣。

最高在天，不可以目視，不可以器測。惟據朓朒之度，以不同心之法測之，而得其兩心之差，是即爲小輪之半徑。於以作圖立算，而朓朒之故益復犂然。是故不同心者，即測小輪之法也。

論小輪心之行及小輪上七政之行皆非自動

問：小輪心逆動天而右旋，日月五星之在小輪也，又逆本天而順動天以左旋，何若是其交錯與？意者七政各有能動之性，而其動也又恒以逆爲順與？今夫魚溯川而游，順鱗鬐也；鳥逆風而翔，便羽毛也。夫七政之行，亦將若是而已矣。

曰：子以小輪心自爲一物，而不與本天相連乎？曰：非也。小輪心常在本天之周，殆相連耳。

曰：七政居小輪之周，豈不若小輪心之在本天乎？曰：然。

曰：然則小輪心在本天，七政在小輪，體皆相連，其非若魚之川泳、鳥之雲飛也，審矣。然則何爲而有動移〔一〕？曰：小輪心非能自動也，小輪之動，本天之動也。七政亦非自動也，七政之動，小輪之動也。其故何也？蓋小輪心既與本天相連，必有定處，因本天爲動天所轉，與之偕西，而不及其速，以生退度，故小輪心亦有退度焉。曆家紀此退度以爲平行，〔回回曆所謂中心行度。〕故曰小輪之動，本天之動也。然則小輪心者，小輪之樞也。樞連於本天不動，故輪能動。而七政者又相連於小輪之周者也，小輪動則七政動矣。故曰七政之動，小輪之動也。七政雖動，不離小輪；輪心雖移，不離本天。又恒爲周動而有定法，豈若游鱗征鳥之於波瀾風霄而莫限所届哉？

再論小輪上七政之行

問：本天移故小輪心移，小輪動故七政動，是則然矣。然何以七政在小輪上西行，不與輪心同勢，豈非七政自有行法與？

曰：七政之居小輪也，有一定之向。本天挈小輪

〔一〕然則何爲而有動移，齊政館本校云："此句上脱'曰'字"。按：此句與前句同爲問者語，前句前已有"曰"字，此句前不當有"曰"字。

心東移，而七政在小輪上常向最高，殆其精氣有以攝之也。故輪心東移一度，小輪上七政亦西遷一度，以向最高。譬之羅金，小輪者，其盤也；小輪心者，置針之處也；七政所居，則針所指之午位也。試爲大圓周，分三百六十度，〔以法周天。〕别爲大圈加其上，使與大圓同心而可運，〔以法同心輪。〕乃置羅金於大圈之正午，而依針以定盤，則針之午即盤之午。〔此如小輪在最高，而七政居其頂，與最高同處也。〕於是運大圈東轉，使羅金離午而東，〔此如本天挈小輪而東移也。〕則盤針之指午者，必且西移而向丁向未。〔因正午所定之盤不復更置，則此時之丁之未實爲針之午，此如小輪從本天東移，而七政西遷，居小輪之旁，以向最高之方。〕盤東移一度，針亦西移一度。盤東移一宫，針亦西移一宫。盤東行半周至大圓子位，則針在盤上亦西移半周，而反指盤之子。〔此時盤之子實針之午，此如小輪心行至最高冲，而七政居小輪之底，在小輪爲最卑，而所向者最高之方也。〕盤東移三百六十度而復至午，針亦西移一周而復其故矣。是何也？針自向午，不以盤之東移而改其度。自盤上觀之，見爲西移耳。七政之常向最高，何以異是！〔七政在小輪上，常向最高之方，觀第二圖可見。〕

論小輪非一

問：小輪有幾？

曰：小輪以算視行，視行非一，故小輪亦非一也。凡算視行有二法，或用不同心輪，則惟月五星有小輪，而日則否，何也？以盈縮高卑即於不同心之輪可得其度，故不以小輪加減，而小輪之用已藏其中也。或用同心輪負小輪，則日有一小輪，月五星有兩小輪，其一是高卑小輪，爲日五星之盈縮、月之遲疾，即不同心之算，七政所同也。其一是合望小輪，在月爲倍離，〔即晦朔弦望。〕在五星爲歲輪，〔即遲留逆伏。〕皆以距日之遠近而生，故太陽獨無也。若用小均輪，則太陽有二小輪，其一爲平高卑，二爲定高卑。而月五星則有三小輪，其一、二爲平高卑、定高卑，與太陽同，其三爲太陰倍離、五星歲輪，與太陽異也。凡此皆以齊視行之不齊，有不得不然者。然小輪之用不同，而名亦易相亂。〔如月離以高卑輪爲自行輪，又稱本輪，又曰古稱小輪。其定高卑輪，五星稱小均輪，月離稱均輪，或稱又次輪。至於距日而生之輪，月離稱次輪，五星或稱次輪，或稱年歲輪，然亦曰古稱小輪。〕今約以三者别之，一曰本輪，七政之平高卑是也。一曰均輪，七政平高卑之輪，上又有小輪以加減之，爲定高卑。此兩小輪相須爲用，二而一者也。一曰次輪，月五星距日有遠近，而生異行，故曰次輪。而五星次輪則直稱之歲輪也。

論七政兩種視行〔七政從天，月五星又從日。〕

問：小輪有三，又或爲二，何也？

曰：小輪舊只用二，〔一本輪，一次輪。〕新法用三，〔一本輪，一均輪，一次輪。〕然而均輪者，所以消息乎本輪，爲本輪微細之用，故曰二而一者也。是則輪雖有三，實則兩事而已。

何謂兩？曰：七政皆從天，以生本輪，而月五星又從乎日，以生次輪。天西行，故七政之本輪皆從天而西轉，其行皆向最高也。〔日月五星之在本輪，俱向本天最高，其本輪心離最高一度，本輪周亦行一度，似爲所攝。〕日天東移，故月五星之合望次輪皆從日而東運，其行皆向日也。〔月五星離日若干，次輪度亦行若干，是爲日所攝。〕惟本輪從天，於是有最高卑之加減，而其行度必始於最高。〔本輪行始於本天最高，而均輪即始於本輪之最高卑，故本輪、均輪至最高卑皆無加減，爲起算之端。〕惟次輪從日，於是有離日之加減，而其行度必始於會日。〔月次輪行始於朔望，星次輪始於合伏，故月至朔望，五星合日冲日，皆無次輪加減。〕是故七政皆以半周天之宿度行縮曆，半周天之宿度行盈曆。歷宿度三百六十而本輪一周，起最高終最高也。〔因最高有行分，故視周天稍贏，然大致不變。月之遲疾亦然。〕次輪則月以歷黄道一周而又過之，凡三百八十九度奇而行二〔一〕周，起朔望終朔望也。五星歲輪，〔即次輪。〕則土以行黄道十二度奇，木以三十三度奇，火以四百〇八度奇，金以五百七十五度奇，水以一百十四度奇，而皆一周，起合伏終合伏也。治曆者用三小輪以求七政之視行，惟此二者，故曰兩事也。〔金水〔二〕二星會日後，皆行黄道宿一周，又復過之，然後再與日會。〕

〔一〕二，齊政館本校云："'二'，當作'一'"。
〔二〕水，康熙本作"火"。

論天行遲速之原

問：天有重數，則在外者周徑大，而其度亦大，故土木之行遲；在内者周徑小，而其度亦小，故金水月之行速。七政之行勢略同，特其度有大小，而分遲速耳。以是爲右旋之徵，不亦可乎？

曰：此必七政另爲一物，以行於本天之上，故可以度之大小爲遲速也。今七政既與天同體，而非另爲一物，則七政之東升西没，即其本天之東升西没也。且使各天之行各自爲政，則其性豈無緩急？而自外至内，舒亟之次，如是其有等乎？蓋惟七政之天雖有重數，而總爲一天，制動之權全在動天，故近動天者不得不速，近地而遠動天者不得不遲，固自然之理勢也。

曰：若是，則周徑大小可勿論矣。曰：在外者爲動天所掣而西行速，故其東移之差數遲，又以其周徑大而分度闊，則其差又遲。是故恒星六七十年而始差一度，近動天也。然以周徑之大小準之，此所差之一度，以視月天，將以周計矣。在内者遠於動天而西行遲，故其東移之差速，又以其周徑小而分度狹，則其差又速。是故月天一日東移十三四度者，近地而遠動天也。然以周徑計之，此所差之十三四度，以視日天，尚不能成一度矣。然則周徑之大小，但可兼論以考其差，而非所以遲速之原也。左旋之説，可以無疑。

論中分較分

問：中分、較分何也？

曰：較分者，是五星在最卑〔本輪。〕時，逐度〔歲輪周。〕次均之增數也。凡算次均，皆設歲輪心在本輪最高，而逐度〔歲輪周。〕定其均數，〔或視差在輪心東爲加，西爲減，以生遲留逆伏諸行。〕列之於表，命曰次均。再設心在最卑，亦逐度定其均數，所得必大於最高。法以先所得最高時逐度之均數〔即次均。〕減之，其餘爲較分，若曰此歲輪上逐度視差在最卑時應多此數也。所以者何？視差之理，遠則見小，近則見大，歲輪之在最卑，去地爲近，比在最高必大故也。

然則又何以有中分？曰：較分者，次均之較，而中分者，又較分之較也。使歲輪心常在最高與最卑，則只用次均與較分，亦已足矣。無如自最高至最卑，中間一百八十度，歲輪皆得遞居，則次均之較各異，〔歲輪心行於本輪，離最高而下，以漸近地，則星在歲輪周逐度所生之次均，必皆漸大於在最高時。而心離最高，時時不等，即次均之所增亦必不等，而較分悉變。〕勢不能一一爲表，故以中分括之。其法以本輪之度分爲主，若歲輪各度在本輪最卑時較分若干，今在本輪他度，則較分只應若干也。故以最卑之較分命其比例爲六十分，〔即中分之全分。〕而其餘自離最卑一度起，各有所減，減至最高，而無中分，則亦無較分，只用次均本數矣。是故較分於次均恒爲加，而以中分求較分，則於較分恒爲減。〔表所列較分，皆輪心在最卑之數。各以中分乘之，六十除之，變爲輪心未至最卑之較分，視在最卑皆爲小數。〕其比例爲歲輪心在某度之較分與在最卑之較分，若中分與六十分也。故曰中分者，較分之較也。

再論中分

問：中分之率既皆以較分爲六十分之比例，則皆以本輪度距最卑之遠近，而得中分之多寡。乃五星之中分各有異率，何與？

曰：中分之率生於距地之遠近，而五星各有其本天半徑之比例，則其平行之距地遠近懸殊，而兩心差亦各不同，則又有本輪半徑與其本天半徑之比例矣。至於歲輪之大小復參錯〔一〕而不齊，如土木本天大而歲輪小，金星本天小而歲輪大，而火星在水星之上，則火星本天大而歲輪反大，水星本天小而歲輪反小。積此數端，而較分之進退紓亟攸分，此五星之中分所以各一其率也。要其以最卑爲較分之大差，當中分之六十，一而已矣。

論回回曆五星自行度

問：諸家多以五星自行度爲距日度，然乎？

曰：自行度生於距日遠近，然非距日之度，何也？星在黄道有順有逆，有疾有遲，其距太陽無一平行，而自行度終

〔一〕錯，輯要本作"差"。

古平行，故但可謂之距合伏之行，而非距日之度也。此在中土舊法則爲段目，其法合計前後兩合伏日數以爲周率，周率析之，爲疾行、遲行、退行及留而不行諸段之目。疾與遲皆有順行度數，退則有逆行度數，其度皆黄道上實度也。回曆不然，其法則以前合伏至後合伏成一小輪，小輪之心行於黄道。而星體所行非黄道也，乃行於小輪之周耳。近合伏前後，行輪上半，順輪心東行，而見其疾；衝日前後，行輪下半，則逆輪心西行，而見其遲留且退。其實星在輪周環轉〔一〕自平行也，故以輪周勻分三百六十度爲實，前合伏至後合伏日率爲法，除之，得輪周每日星行之平度，是之謂自行度也。若以距太陽言，則順輪心而見疾，距日之度必少；逆輪心而遲退，距日之度必多，安所得平行之率哉？故曰自行者星距合伏之行，而非距日之行也。

論回回曆五星自行度〔二。〕

問〔二〕：自行度既非距日度，又謂其生於距日，何也？

曰：星既在輪周行矣，而輪之心實行於黄道，與太陽同爲右旋，而有遲速。當合伏時，星與輪心與太陽皆同一度，〔星在輪之頂，作直線過輪心至太陽，直射地心，皆在黄道上同度。如月之合朔。〕然不過晷刻之間而已。自是以後，太陽離輪心而

〔一〕轉，輯要本訛作“輪”。
〔二〕問，原作“曰”，據輯要本改。

東，輪心亦隨太陽而東。太陽速，輪心遲，輪心所到，必在太陽之後，以遲減速，而得輪心每日不及太陽之恒率，是則爲距日行也。〔即平行距日。〕然而輪心隨太陽東行，星在輪周亦向太陽而東行。太陽離輪心相距一度，〔黄道上度。〕星在輪周從合伏處〔輪頂。〕東行，亦離一度；〔小輪上度。〕太陽離輪心一象限，〔如月上弦〔一〕。〕星在輪周亦離合伏一象限。乃〔二〕至太陽離輪心半周，與輪心冲，星在輪周亦離合伏半周，居輪之底，復與輪心同度，而衝太陽。〔自輪頂合伏度作線，過輪心至星之體，又過地心，以至太陽，黄道上躔度皆成一直線。如月之望。〕再積其度，太陽離輪心之衝度而東，輪心亦自太陽之衝度而東，然過此以往，太陽反在輪心之後。假如輪心不及太陽，積至三象限，則太陽在輪心後只一象限，〔因其環行，故太陽之行速在前者，半周以後，太陽反在輪心之後，若追輪心未及者然。◎如月下弦。〕星在輪周亦然。〔自輪底行一象限，則離輪頂合伏爲三象限，而將復及合伏，尚差一象限。〕逮太陽離輪心之度滿一全周，而輪心與太陽復爲同度，則星在輪周亦復至合伏之度，而自行一周矣。〔星、輪心、太陽三者皆復同爲一直線，以直射地心。如月第二合朔。〕凡此星行輪周之度，無一不與輪心距日之度相應。〔主日而言，則爲太陽離輪心之度；主星而言，則爲輪心不及太陽之距度，其義一也。〕故曰自行之度生於距日，然是輪心距日，非星距日也。

〔一〕如月上弦，二年本此處空兩格，底本補。

〔二〕乃，二年本作“如月上弦”四小字，底本挖改。

論回回曆五星自行度〔三。〕

問：輪心距日與星距日，何以不同乎？

曰：輪心距日平行，星距日不平行。惟其不平行，是與自行度之平行者判然爲二，故斷其非距日度也；惟其平行，是與自行度相應，故又知其生於距日也。

然則自行度不得爲星距日度，獨不得爲輪心距日度乎？曰：輪心距日雖與自行相應，能生其度，然其度不同。輪心是隨日東行，倒算其不及於日之度；星在輪周環行，是順數其行過合伏之度。不同一也。又輪心距日是黄道度，七政所同；星離合伏自行是小輪周度，小於黄道度，又各星異率。〔小輪小於黄道，而小輪周亦匀分三百六十度，其度必小於黄道度，而各星之小輪周徑各異，度亦從之而異。〕不同二也。若但以自行之初與日同度，自行半周，每與日冲，而徑以距日與自行混而爲一，豈不毫釐千里哉？

論新圖五星皆以日爲心

問：五星天皆以日爲心，然乎？

曰：西人舊説，以七政天各重相裹。厥後測得金星有弦望之形，故新圖皆以日爲心。但上三星輪大而能包地，金水輪小不能包地，故有經天不經天之殊。然以實數考之，惟金水抱日爲輪確然可信，若木火土亦以日爲心者，乃其次輪上星行距日之跡，非真形也。

凡上三星合伏後，必在太陽之西而晨見，於是自歲輪最遠處東行而漸向下，及距日之西，漸遠至一象限内外，星在歲輪行至下半，爲遲留之界，再下而退行衝日，則居歲輪之底，此合伏至衝日在日西半周也。衝日以後，轉在日東而夕見，又自輪底行而向上，過遲留之界，而復與日合矣，此衝日至合伏在日東半周也。

故歲輪上星行高下，本是在歲輪上下，而自太陽之相距觀之，即成大圓，而爲圍日之形，以日爲心矣，其理與本輪行度成不同心天者同也。

但如此，則上三星之圓周左旋，與金水異。

夫七政本輪皆行天一周，而高卑之數以畢，雖有最高之行，所差無幾，故可以本輪言者，亦可以不同心天言也。若歲輪則不然。如土星歲輪一周，其輪心行天不過十二度奇，木星則三十三度奇，上下旋轉，止在此經度内，不得另有天周之行，故知爲距日之虚跡也。

又如金星歲輪一周，其輪心平行五百七十餘度，則大於天周二百餘度；水星歲輪一周，輪心平行一百一十五度奇，則居天度三之一，皆不可以天周言。

惟火星歲輪之周，其平行四百餘度，與天周差四十度，數略相近，故曆指竟云以太陽爲心，而要之總是借虚率以求真度，非實義也。

兼濟堂纂刻梅勿菴先生曆算全書

曆學疑問補〔一〕

〔一〕此書約成稿於康熙五十八年，凡二卷二十三篇，勿庵曆算書目未及著録。四庫本收入卷四至卷五。梅氏叢書輯要收入卷四十九至五十，卷首目録後附梅㲄成按語云："按此所補之篇，徵君公原欲著論以續疑問三卷之後，因事未果。安溪李文貞公屢書催索，久之未有以應，遂將三卷付梓。迨至暮年，始克謄稿，而文貞公已作古人，竟未得見，深可惜也。又因前書已經御定，不敢復續，故别爲卷次，名爲疑問補云。孫㲄成謹記。"嘉慶間，吴省蘭輯刊藝海珠塵，以輯要本爲底本，刻入絲集中。

曆學疑問補目録

曆學疑問補卷一

宣城梅文鼎定九著

柏鄉魏荔彤念庭輯　男　乾斆一元

士敏仲文

士説崇寬同校訂

錫山後學楊作枚學山訂補

論西曆源流本出中土即周髀之學

問：自漢太初以來，曆法七十餘家，屢改益精。本朝時憲曆集其大成，兼采西術，而斟酌盡善，昭示來兹，爲萬世不刊之典。顧經生家或猶有中西同異之見，何以徵信而使之勿疑？

曰：曆以稽天，有晝夜永短、表景中星可攷，有日月薄蝕、五星留逆、伏見淩犯可驗，乃實測有憑之事。既有合於天，即當采用，又何擇乎中西？且吾嘗徵諸古籍矣，周髀算經，漢趙君卿所注也，其時未有言西法者。〔唐開元始有九執曆，直至元明，始有回回曆。〕今攷西洋曆所言寒煖五帶之説，與周髀七衡脗合，豈非舊有其法歟？且夫北極之下，以半年爲晝，半年爲夜；赤道之下，五穀一歲再熟，必非憑臆鑿空而能爲此言，夫有所受之矣。然而習者既希，所傳又略。讀周髀者，亦祗與山海經、穆天子傳、十洲記諸書同類並觀，聊備奇聞，存而不論已耳。今有甌邏巴實測之算，與之相應，然後知所述周公受學商高，其説亦非無本，而惜其殘缺不詳，然猶幸存梗概，足爲今日之徵信。豈非古聖人制作之精神，有嘿爲呵護者哉？

論蓋天與渾天同異

問：西術既同周髀，是蓋天之學也。然古曆皆用渾天，渾天與蓋天原爲兩家，豈得同歟？

曰：蓋天即渾天也，其云兩家者，傳聞誤耳。天體渾圓，故惟渾天儀爲能惟肖。然欲詳求其測算之事，必寫記於平面，是爲蓋天。故渾天如塑像，蓋天如繪像，總一天也，總一周天之度也，豈得有二法哉？然而渾天之器渾員，其度匀分，其理易見，而造之亦易。蓋天寫渾度於平面，則正視與斜望殊觀，仰測與旁闚異法。度有疏密，形有垤坳，非深思造微者不能明其理，亦不能製其器，不能盡其用。是則蓋天之學原即渾天，而微有精麄難易，無二法也。夫蓋天理既精深，傳者遂尠。而或者不察，但泥倚蓋覆槃之語，妄擬蓋天之形竟非渾體。天有北極，無南極，倚地斜轉，出没水中，而其周不合，荒誕違理，宜乎揚雄、蔡邕輩之辭而闢之矣。蓋漢承秦後，書器散亡，惟洛下閎始爲渾天儀，而他無攷据。然世猶傳蓋天之名，説者承訛，遂區分之爲兩，而不知其非也。載攷容成作蓋天，隷首作算數，在黄帝時，顓頊作渾天在後。夫黄帝神靈首出，又得良相如容成、隸首，皆神聖之人，測天之法，宜莫不備極精微。顓頊蓋本其意，而製爲渾員之器，以發明之，使天下共知。非謂黄帝、容成但知蓋天，不知渾天，而作此以釐正之也。知蓋天與渾天原非兩家，則知西曆與古曆同出一源矣。〔元史載仰儀銘，以蓋天與安、昕〔一〕、宣夜等並稱六天，而殊渾於蓋，猶沿舊説。續讀姚牧菴集，有所改定，則已知渾、蓋之非二法，實爲先得我心。詳見鼎所著二儀銘注。〕

論中土曆法得傳入西國之由

問：甌羅巴在數萬里外，古曆法何以得流通至彼？

曰：太史公言幽厲之時，疇人子弟分散，或在諸夏，或在夷翟〔二〕。蓋避亂逃咎，不憚遠涉殊方，固有挾其書器而長征者矣。〔如魯論載少師陽、擊磬襄入於海，鼓方叔入於河，播鼗武入於漢，故外域亦有律吕音樂之傳。曆官遐遁而曆術遠傳，亦如此爾。又如傳言夏衰，不窋失官，而自竄於戎翟之間。厥後公劉遷邠，太王遷岐，文王遷豐，漸徙内地，而孟子猶稱文王爲西夷之人。夫不窋爲后稷，乃農官也，夏之衰而遂失官，竄於戎翟。然則羲和之苗裔，屢經夏商之喪亂，而流離播遷，當亦有之。太史公獨舉幽厲，蓋言其甚者耳。〕然遠國之能言曆術者多在西域，則亦有故。堯典言"乃命羲和，欽若昊〔三〕天，曆象日月星辰，敬授人時"，此天子日官在都城者，蓋其伯

〔一〕昕，原作"訢"，據元史天文志改。
〔二〕夷翟，四庫本作"四裔"。
〔三〕"欽若昊"三字原爲空白，據尚書堯典補。

也。又命其仲叔分宅四方，以測二分二至之日景，即測里差之法也。“羲仲宅嵎夷，曰暘谷”，即今登萊海隅之地；“羲叔宅南交”，則交趾國也。此東、南二處皆濱大海，故以爲限。又“和叔宅朔方，曰幽都”，今口外朔方地也，地極冷，冬至於此測日短之景，不可更北，故即以爲限。獨“和仲宅西，曰昧谷”，但言西而不限以地者，其地既無大海之阻，又自東而西，氣候略同内地，無極北嚴凝之畏。當是時，唐虞之聲教四訖，和仲既奉帝命測驗，可以西則更西。遠人慕德景從，或有得其一言之指授、一事之留傳，亦即有以開其知覺之路。而彼中穎出之人，從而擬議之以成其變化，固宜有之。考史志，唐開元中有九執曆；元世祖時有札馬魯丁〔一〕測器，有西域萬年曆；明洪武初有馬沙亦黑〔二〕、馬哈麻〔三〕譯回回曆，皆西國人也，而東南北諸國無聞焉，可以想見其涯略矣。

論周髀中即有地圓之理

問：西曆以地心地面爲測算根本，則地形渾圓可信。而周髀不言地圓，恐古人猶未知也。

曰：周髀算經雖未明言地圓，而其理其算已具其中矣，試略舉之。周髀言：“北極之下，以春分至秋分爲晝，

〔一〕札馬魯丁，四庫本作“札瑪魯丹”。
〔二〕馬沙亦黑，四庫本作“瑪沙伊克”。
〔三〕馬哈麻，四庫本作“瑪哈齊”。

秋分至春分爲夜。”蓋惟地體渾圓，故近赤道則晝夜之長短漸平，近北極則晝夜長短之差漸大。推而至北極之下，遂能以半年爲晝，半年爲夜矣。若地爲平面，則南北晝夜皆同，安得有長短之差隨北極高下而異乎？一也。周髀又言：“日行極北，北方日中，南方夜半；日行極東，東方日中，西方夜半；日行極南，南方日中，北方夜半；日行極西，西方日中，東方夜半。”蓋惟地體渾圓，與天體相似，太陽隨天左旋，繞地環行，各以其所到之方，正照而爲日中正午；其對冲之方，在地影最深之處，而即爲夜半子時矣。假令地爲平面，東西一望皆平，則日一出地而萬國皆曉，日一入地而八表同昏，安得有時刻先後之差，而且有此方日中彼爲夜半者乎？二也。周髀又言：“北極之下，不生萬物。北極左右，夏有不釋之冰，物有朝耕暮穫。中衡左右，冬有不死之草，五穀一歲再熟。”蓋惟地與天同爲渾圓，故易地殊觀，而寒暑迥別。北極下地，即以北極爲天頂，而太陽周轉近於地平，陽光希微，不能解凍，萬物不生矣。其左右猶能生物，而以春分至秋分爲晝，故朝畊而暮穫也。若中衡左右在赤道下，以赤道爲天頂，春分時日在赤道，其出正卯，入正酉，並同赤道，正午時日在天頂，其熱如火，即其方之夏。春分以後，日軌漸離赤道而北，至夏至而極，其出入並在正卯酉之北二十三度半有奇，正午時亦離天頂北二十三度半奇，其熱稍減，而凉氣以生，爲此方之秋冬矣。自此以後，又漸向赤道行，至秋分日復在赤道，出入正卯酉，而正過天頂，一如春分，熱之甚亦如之，則又爲其方之夏矣。秋分後漸離赤道而南，直至冬至，又離赤道南二十三度半奇，而出入在正卯酉南，正午亦離天頂南並二十三度半奇，氣候復得稍涼，又爲秋冬，是故冬有不死之草，而五穀一歲再熟也。又其方日軌每日左旋之圈度，並與赤道平行，而終歲晝夜皆平。上條言地近赤道而晝夜之差漸平，以此故也。赤道既在天頂，則北極、南極俱在地平可見。然但言北極不言南極者，中土九州在赤道北，聖人治曆，祇據所見之北極出地，而精其測算，即南極可以類推。然又言北極下地高，旁陀〔一〕四隤而下，即地圓之大致可見，非不知地之圓也。即如日月交觸常在朔望，則日食時日月同度，爲月所掩，亦易知之事，而春秋、小雅但云"日有食之"，古聖人祇舉其可見者爲言，皆如是〔二〕也。

論渾蓋通憲即古蓋天遺法

問：蓋天必自有儀器，今西洋曆仍用渾儀、渾象，何以斷其爲蓋天？

曰：蓋天以平寫渾，其器雖平，其度則渾，非不用渾天儀之測驗也。是故用渾儀以測天星，疇人子弟多能之；而用平儀以稽渾度，非精於其理者不能也。今爲西學者，多

〔一〕旁陀，周髀算經卷下作"滂沱"。
〔二〕是，二年本作"此"。

能製小渾儀、小渾象，至所傳渾蓋通憲者，則能製者尠，以此故也。夫渾蓋平儀置北極於中心，其度最密。次晝長規，又次赤道規，以漸而疏，此其事易知。又次爲晝短規，在赤道規外，其距赤道度與晝長規等，理宜收小，而今爲平儀所限，不得不反展而大，其經緯視赤道更闊以疏。然以稽天度，則七政之躔離可知；以攷時刻，則方位之加臨不爽。若是者何哉？其立法之意，置身南極以望北極，故近人目者，其度加寬；遠人目者，其度加窄，視法之理宜然。而分秒忽微，一一與勾股割圜之切線相應，非深思造微者必不能知也。至於長規以外，度必更寬更闊，而平儀中不能容，不得不割而棄之。淺見者或遂疑蓋天之形其周不合矣。是故渾蓋通憲即古蓋天之遺製，無疑也。

論渾蓋通憲即蓋天遺法二

問：利氏始傳渾蓋儀，而前此如回回曆並未言及，何以明其爲古蓋天之器？

曰：渾蓋雖利氏所傳，然非利氏所創。吾嘗徵之於史矣。元史載札馬魯丁[一]西域儀象，有所謂兀速都兒剌不定[二]者，“其製以銅，如圓鏡而可掛，面刻十二辰位、晝夜時刻”，此即渾蓋之型模也。又云：“上加銅條綴其中，可

〔一〕札馬魯丁，四庫本作“札瑪魯丹”。
〔二〕兀速都兒剌不定，元史天文志同，四庫本作“烏蘇都爾喇卜垣”。下文同。

以圓轉，銅條兩端各屈其首爲二竅以對望。晝則視日影，夜則窺星辰，以定時刻，以占休咎。”此即渾蓋上所用之闚筩指尺也。又言：“背嵌鏡片，二面刻其圖，凡七，以辨東西南北、日影長短之不同，星辰向背之有異，故各異其圖，以盡天地之變。”此即渾蓋上所嵌圓片，依北極出地之度而各一其圖，準天頂地平，以知各方辰刻之不同，與夫日出入地、晝夜之長短，及七政躔離所到之方位及其高度也。其圓片有七，而兩面刻之，則十四矣。西洋雖不言占法，然有其立象之學，隨地隨時分十二宫，與推命星家立命宫之法略同，故又曰“以占休咎”也。雖作史者未能深悉厥故，而語焉不詳，今以渾蓋徵之，而一一脗合，故曰渾蓋雖利氏所傳，而非其所創也。且利氏傳此器，初不别立佳稱，而名之曰渾蓋通憲，固已明示其指矣。

然則何以不直言蓋天？曰：蓋天之學，人屏絶之久矣，驟舉之，必駭而不信。且夫殊蓋於渾，乃治渾天者之沿謬，而精於蓋天者，原視爲一事，未嘗區而别之也。夫渾天儀必設於觀臺，必如法安置，而始可用。渾蓋則懸而可掛，輕便利於行遠，爲行測之所需，所以遠國得存其製，而流傳至今也。

論渾蓋之器與周髀同異

問：渾蓋通憲豈即周髀所用歟？

曰：周髀書殘缺不完，不可得攷，據所言“天象蓋笠，地法覆槃”，又云“笠以寫天”，而其製弗詳。今以理揆之，既地如覆槃，即有圓突隆起之形，則天如蓋笠，必爲圓坳曲抱之象，其製或當爲半渾圓而空其中，略如仰儀之製，則於高明下覆之形體相似矣。乃於其中按經緯度數以寫周天星宿，皆宛轉而曲肖矣。是則必以北極爲中心，赤道爲邊際。其赤道以外，漸斂漸窄，必別有法以相佐。或亦是半渾圓内空之形，而仍以赤道爲邊，其赤道以南星宿，並取其距赤道遠近，求其經緯度數而圖之。至於南距赤道甚遠不可見星之處，亦遂可空之不用。於是兩器相合，即周天可見之星象俱全備而無遺矣。以故不知者，因其極南無星，遂妄謂其周不合而無南極也。

又或寫天之笠竟展而平，而以北極爲心，赤道爲邊，用割圓切線之法，以攷其經緯度數，則周天之星象，可一一寫其形容。其赤道南之星，亦展而平，而以赤道爲邊，查星距赤道起數，亦用切線度定其經緯，則近赤道者距疏，離赤道向南者漸密，而一一惟肖，其不見之星亦遂可空之。是雖不言南極，而南極已在其中。今西洋所作星圖，自赤道中分爲兩，即此製也。所異者，西洋人浮海來賓，行赤道以南之海道，得見南極左右之星，而補成南極星圖，與古人但圖可見之星者不同，然其理則一。是故西洋分畫星圖，亦即古蓋天之遺法也。

周髀云“笠以寫天”，當不出坳、平二製。至若渾蓋之器，乃能於赤道外展闊平邊，以得其經緯，遂能依各方之北極出地度，而求其天頂所在及地平邊際，即晝夜長短之極差可見。於是地平之經緯與天度之經緯，相與錯綜參伍，而如指諸掌，非容成、隸首諸聖人不能作也。而於周髀之所言，一一相應，然則即斷其爲周髀蓋天之器，亦無不可矣。夫法傳而久，豈無微有損益？要皆踵事而增，其根本固不殊也。利氏名之曰渾蓋通憲，蓋其人强記博聞，故有以得其源流，而不敢没其實，亦足以徵其人之賢矣。

論簡平儀亦蓋天法而八線割圓亦古所有

問：西法有簡平儀，亦以平測渾之器，豈亦與周髀相應歟？

曰：凡測天之器，圓者必爲渾，平者即爲蓋。〔唐一行以平圖寫星象，亦謂之蓋天，所異者只用平度，不曾以切線分渾球上之經緯疏密耳。〕簡平儀以平圓測渾圓，是亦蓋天中之一器也。今攷其法，亦可以知一歲中日道發南斂北之行，可以知寒暑進退之節，可以知晝夜永短之故，可以用太陽高度測各地北極之出地，即可用北極出地求各地逐日太陽之高度。推極其變，而置赤道爲天頂，即知其地方之一年兩度寒暑，而三百六旬中晝夜皆平。若北極爲天頂，即知其地之能以半年爲晝，半年爲夜，而物有朝生暮穫。凡周髀中所言，皆可知之，故曰亦蓋天中一器也。但周髀云“笠以寫天”，似與渾蓋較爲親切耳。夫蓋天以平寫渾，必將以渾圓之度按而平之渾蓋之器，如剖渾球而空其中，乃仰置几案，以通明如玻瓈之片平掩其口，則圓球内面之經緯度分映浮平面，一一可數，而變坳爲平矣。然其度必中密而外疏，故用切線。〔此如人在天中，則渾天之内面乃正視也，故寘北極於中心。〕簡平之器則如渾球嵌於立屏之内，僅可見其半球，而以玻瓈片懸於屏風前，正切其球，四面距屏風皆如球半徑，而無欹側，則球面之經緯度分皆可寫記，而抑突爲平矣。然其度必中闊而旁促，故用正弦。〔此如置身天外，以測渾天之外面，故以極至交圈爲邊，兩極皆安於外周，以考其出入地之度，乃旁視也。〕由是言之，渾蓋與簡平異製，而並得爲蓋天遺製，審矣。而一則用切線，一則用正弦，非是則不能成器矣。因是而知三角八線之法，並皆古人所有，而西人能用之，非其所創也。伏讀御製三角形論，謂衆角輳心，以算弧度，必古曆〔一〕所有，而流傳西土，此反失傳，彼則能守之不失，且踵事加詳。至哉！聖人之言，可以爲治曆之金科玉律矣。

論周髀所傳之説必在唐虞以前

問：周髀言周公受學於商高，商高之學，何所受之？

曰：必在唐虞以前。何以知之？蓋周髀所言"東方日中，西方夜半"云云者，皆相距六時，其相去之地皆一百八十度，〔地與天應，其周度皆三百六十，則其相對必一百八十。〕此東西差之極大者也。細攷之，則日在極東，而東方爲日

〔一〕曆，輯要本作"算"。

中午時，則其地在極南者，必見日初出地而爲卯時；在極北者，必見日初入地而爲酉時。故又云此四方者，晝夜易處，加四時相及。〔自南方卯至東方午爲四時，自東方日中午至北方酉亦四時，故每加四時，則相及矣。若以度計之，實相距九十。〕又細分之，則東西相距三十度，必早晚差一時；〔如日在極南爲午時，其西距三十度之地，必見其爲巳時，而其東距三十度之地，必見爲未時。其餘地準此推之，並同。〕相距十五度，必相差四刻。堯分命羲仲寅賓出日、和仲寅餞内日者，測此東西里差也〔一〕。〔寅賓、寅餞，互文見意，非羲仲但朝測，和仲但暮測也。〕又周髀所言北極下半年爲晝，中衡下五穀一歲再熟云云者，其距緯皆相去九十度，乃南北差之極大者也。細考之，北極高一度，則地面差數百十里，〔屢代所測微有不同，今定爲二百五十里〔二〕。〕而寒暑密移，晝夜之長短各異。和叔、羲叔分處南北，以測此南北里差也。故曰此法之傳，必在唐虞以前也。夫東西差測之稍難，若南北之永短，因太陽之高下而變，日軌高下又依北極之高下而殊。經商遠遊之輩，稍知曆象，即能覺之。羲和二叔奉帝堯之命，考測日景，一往極北，一往極南，相距七八千里之遠，其逐地之極星高下、晝夜永短，身所經歷，乃瞢然不知，何以爲羲和也哉？是知地面之非平，而永短以南北而差，早晚以東西而異，必皆羲和所悉知，而敬授人時，祇據内地幅員，立爲常法。其推測步算，必有專書，而亡

〔一〕"羲仲寅賓初日"至"東西里差也"，二年本作"羲仲寅餞内日者測此東西里差也"，脱"寅賓出日和仲"六字，底本挖補。
〔二〕二百五十里，輯要本作"二百里"。

於秦焰，周髀其千百中之十一耳，又何疑焉？

論地實圓體而有背面

問：地體渾圓，既無可疑，然豈無背面？

曰：中土聖人所産，即其面也。何以言之？五倫之教，天所叙也。自黄帝、堯、舜以來，世有升降，而司徒之五教，人人與知。若西方之佛教及天教，雖其所言心性之理極其精微，救度之願極其廣大，而於君臣父子之大倫反輕。此一徵也。語言惟中土爲順，若佛經語皆倒，如云“到彼岸”，則必云“彼岸到”之類。歐邏巴雖與五印度等國不同語言，而其字之倒用亦同。日本國賣酒招牌，必云“酒賣”，彼人亦讀中土書，則皆於句中用筆挑剔作記，而倒讀之。北邊塞外及南徼諸國，大略皆倒用其字。此又一徵也。往聞西士之言，謂行數萬里來賓，所歷之國多矣。其土地幅員，亦有大於中土者，若其衣冠文物，則未有過焉。此又一徵也。是知地體渾圓，而中土爲其面，故篤生神聖帝王，以繼天建極，垂世立教，亦如人身之有面，爲一身之精神所聚，五藏之精，並開竅於五官，此亦自然之理也。

論蓋天之學流傳西土不止歐邏巴

問：佛經亦有四大州之説，與周髀同乎？

曰：佛書言須彌山爲天地之中，日月星辰繞之環轉，西牛賀州、南瞻部州、東勝神州、北具盧州居其四面。此則亦以日所到之方爲正中，而日環行，不入地下，與周髀所言略同。然佛經所言，則其下爲華藏海，而世界生其中，須彌之頂爲諸天而通明，故夜能見星。此則不知有南北二極，而謂地起海中，上連天頂，始如圓墖、圓柱之形，其説難通。而彼且謂天外有天，令人莫可窮詰，故婆羅門等〔婆羅門即回回。〕皆爲所籠絡，事之唯謹。〔唐書載回紇諸國多事佛，回紇即回回也。〕然回回國人能從事曆法，漸以知其説之不足憑，故遂自立門庭，别立清真之教。西洋人初亦同回回事佛，〔唐有波斯國人，在此立大秦寺。今所傳景教碑者，其人皆自署曰僧。〕回回既與佛教分，而西洋人精於算，復從回曆加精，故又别立耶穌之教，以别於回回。〔觀今天教中七日一齋等事，並略同回教。其曆法中小輪心等算法，亦出於回曆。〕要皆蓋天周髀之學流傳西土，而得之有全有缺，治之者有精有粗，然其根則一也。

論遠國所用正朔不同之故

問：回曆及西洋曆既皆本於蓋天，何以二教所頒齋日，其每年正朔如是不同？

曰：天方國以十二個月爲年，〔即回回國。〕歐邏巴以太陽過宫爲年月，依歲差而變。此皆自信其曆法之善，有以接古蓋天之道，又見秦人蔑棄古三正，而以己意立十月爲歲首，〔今西南諸國猶有用秦朔者。〕故遂亦別立法程，以新人耳目，誇示四隣。〔今海外諸國，多有以十二個月爲年，遵回曆也。〕蓋回國以曆法測驗，疑佛説之非，故謂天有主宰，無影無形，不宜以降生之人爲主，其説近正。〔所異於古聖人者，其所立拜念之規耳。〕厥後歐邏巴又於回曆研精，故又自立教典，奉耶穌爲天主，以别於回回。然所稱一體三身、降生諸靈怪，反又近於佛教，而大聲闢佛，動則云中國人錯了。夫中土人倫之教本於帝王，雖間有事佛者，不過千百中之一二，又何錯之云？

今但攷其曆法，則回回、泰西大同小異，而皆本於蓋天。然惟利氏初入，欲人之從其説，故多方闡明其立法之意。而於渾蓋通憲直露渾蓋之名，爲今日所徵信，蓋彼中之英賢也。厥後曆書全部，又得徐文定及此地諸文人爲之廣其番譯，爲曆家所取資，實有功於曆學，其他可以勿論。若回回曆，雖亦有所持之圓地球及平面似渾蓋之器，而若露若藏，不宣其義。洪武時，吴伯宗、李翀奉詔翻譯，亦但紀其數，不詳厥旨。至數傳之後，雖其本科，亦莫稽測算之根。所云兀速都兒剌不定之器，竟無言及之者，蓋失傳已久，殊可惜耳。

尤可深惜者，回回、泰西之曆既皆本於蓋天，而其所用正朔，乃各自翻新出奇，欲以自異，其實皆非。夫古者帝王欽若昊天，順春夏秋冬之序，以敬授人時，出於自然，何其正大！何其易簡！萬世所不能易也。顧乃恃其巧算，私立正朔以變亂之，亦見其惑矣。徐文定公之譯曆書也，云“鎔西洋之巧算，入大統之型模”，非獨以尊大統也，揆之事理，固有不得不然者爾。

測算以求天驗，不難兼西術之長，以資推步；頒朔以授人時，自當遵古聖之規，以經久遠。虛心以折其衷，博考以求其當，有志曆學者，尚其念諸。〔餘詳後論。〕

曆學疑問補卷二

論太陽過宫

問：舊曆太陽過宫與中氣不同，今何以復合爲一？

曰：新曆之測算精矣，然其中不無可商，當俟後來詳定者，則此其一端也。何則？天上有十二宫，宫各三十度。每歲太陽以一中氣一節氣共行三十度，〔如冬至、小寒共行三十度，大寒、立春又共行三十度。其餘並同。〕滿二十四氣，則十二宫行一週，故曆家恒言太陽一歲周天也。然而實考其度，則一歲日躔所行，必稍有不足，雖其所欠甚微，〔約其差，不過百分度之一有半。〕積至年深，遂差多度，〔六七十年差一度，六七百年即差十度。〕是爲歲差。曆家所以有天周、歲周之名。〔天上星辰匀分十二宫，共三百六十度，是爲天周。每歲太陽十二中氣，共行三百六十度微弱，是爲歲周。〕漢人未知歲差，誤合爲一，故即以冬至日交星紀，而定之於牽牛。逮晉虞喜等始覺之，五代宋何承天、祖冲之，隋劉焯等言之益詳，顧治曆者株守成説，不敢輒用歲差也。至唐初傅仁均造戊寅元曆，始用歲差，而朝論多不以爲然，〔亦如今人之不信西法。人情狃於習見，大抵皆然。〕故李淳風麟德曆復去歲差不用。直至玄宗開元某年，僧一行作大衍曆，乃始博徵廣證，以大暢厥旨。於是分天自爲天,〔即周天十二次宫度,其度終古不變。〕歲自爲歲,〔即周歲十二中氣日躔所行天度,其度歲歲微移。〕歷代遵用。〔所定歲差年數微有不同,而大致無異。〕元世祖時用授時曆,郭守敬測定六十六年有八月而差一度,回回、泰西差法略同。〔今定爲七十年差一度,數亦非遠。〕故冬至日一歲日躔之度已週,尚不能復於星紀之元度,必再行若干日時而至星紀。〔十二中氣皆同一理。〕所以太陽過宫與中氣必不同日,其法原無錯誤,其理亦甚易知。徐、李諸公深於曆術,豈反不明斯事?乃復合爲一,真不可解。推原厥故,蓋譯曆書時誤仍回回曆太陽年之十二月名耳。

問:回回曆亦知歲差,何以誤用宫名爲月名?

曰:回回曆既以十二個月爲太陰年,而用之紀歲,不用閏月。然如是,則四時之寒燠温凉錯亂無紀。因别立太陽年,以周歲日躔匀分三百六十度,又匀分爲十二月,以爲耕斂之節,而起算春分,是亦事勢之不得不然。〔堯典"寅賓出日",始於仲春,即此一事,亦足徵西曆之本於羲和。〕但彼以春分爲太陽年之第一月第一日,遂不得復用古人分至啓閉之法及春夏秋冬之〔一〕名。〔古者以立春、立夏、立秋、立冬、春分、秋分、冬至、夏至爲八節,其四立並在四孟月之首,以爲四時之節,謂之啓閉;二分二至並在四仲月之中,居春夏秋冬各九十一日之半,皆自然之序,不可移易。今回曆之太陽年既以春分爲歲首,則是以仲春之後半月爲正旦,而割其前半個月以益孟春,共四十五日奇,遂一併移之於歲終。而孟春之前半改爲十一

〔一〕之,原作"正",據輯要本及刊謬改。

月之後半，孟春之後半合仲春之前半共三十日，改爲十二月。即春夏秋冬之四時及分至啓閉之八節、孟仲季之月名無一與之相應。名不正則言不順，遂不復可得而用矣。〕故遂借白羊等十二宫，以名其太陽年之月。彼非不知天度有歲差，白羊不能板定於春分。然以其時春分正在白羊，姑借此名之，以紀月數。〔即此而知回曆初起時，其年代去今非遠。〕歐邏巴曆法因回曆而加精，大致並同回曆，故遂亦因之耳。徐文定公譯曆書，謂"鎔西洋之精算，入大統之型模"，則此處宜爲改定，使天自爲天，歲自爲歲，則歲差之理明，而天上星辰宫度各正其位矣。〔如晝夜平即爲春分[一]，晝極長即爲夏至，不必問其日躔是何宫度，是之謂"歲自爲歲"也。必太陽行至降婁，始命爲日躔降婁之次；太陽行至鶉首，始命爲日躔鶉首之次，不必問其爲春分後幾日、夏至後幾日，是之謂"天自爲天"也。〕顧乃因仍回曆之宫名，而以中氣日即爲交宫之日，則歲周與天周復混而爲一，於是歲差之理不明，〔如星紀之次常有定度，而冬至之日度漸移，是生歲差。若冬至日即躔星紀，歲歲相同，安得復有歲差？〕而天上十二次宫度名實俱亂。〔天上十二宫各有定星定度，若隨節氣移動，則名實俱左。後篇詳之。〕是故曆法至今日，推步之法已極詳明，而不無有待商酌以求盡善者，此其一端也。

問者曰：曆所難者，推步耳。若此等處，改之易易。〔但於各中氣後，查太陽實躔某宫之度，即過宫真日。〕但曆書中所作諸表，多用白羊、金牛等宫名以爲别識。今欲通身改换，豈不甚

〔一〕春分，"春"原作"三"，四庫本作"二"，輯要本作"春"。按：據下文"不必問其爲春分後幾日、夏至後幾日"，知此處單論春分，非指春秋二分，作"二"誤，作"春"是，"三"當爲"春"之壞字，今據輯要本改。

難？曰：否否。曆書諸表雖以白羊、金牛等爲題，而其中之進退消長，並從節氣起算。今但將宫名改爲節氣，即諸表可用，不必改造，有何難哉？〔如表[一]從白羊起者，即改白羊初度爲春分初度；表從磨羯起者，即改磨羯初度爲冬至初度。曆書諸表依舊可用，但正其名，不改其數，更無煩於推算。〕

論周天十二宫並以星象得名不可移動

問：天上十二宫，亦人所名，今隨中氣而移，亦何不可之有？

曰：十二宫名雖人所爲，然其來久矣。今攷宫名，皆依天上星宿而定，非漫設者。如南方七宿爲朱鳥之象，〔史記天官書"柳爲鳥注"，注即咮，咮者，朱鳥之喙也。"七星，頸，爲員官"，頸，朱鳥頸也。員官，嚨喉[二]也。"張爲素"，素即嗉，鳥受食之處也。"翼爲羽翮"，朱鳥之翼。〕故名其宫曰鶉首、鶉火、鶉尾。〔鶉即朱鳥，乃鳳也。〕東方七宿爲蒼龍，〔天官書："東宫蒼龍，房、心。心爲明堂。"今按：角二星象角，故一名龍角。氐房心象龍身，心即其當心之處，故心爲明堂，尾宿即龍之尾。〕故其宫曰壽星，〔封禪書武帝詔天下尊祀靈星，正義："靈星即龍星也。張晏曰：'龍星左角曰天田，則農祥也，見而祀之。'"[三]〕曰大火，〔心爲大火。〕曰析木。〔一名析木之津，以尾、箕近天河也。〕北方七宿爲玄武，〔天官書"北宫玄武"。〕其宫曰星紀，〔古以斗、牛爲列宿之

〔一〕表，原作"曆"，據輯要本及刊謬改。
〔二〕嚨喉，輯要本同，刊謬校云："'喉嚨'，訛'嚨喉'。"按：嚨喉亦通。
〔三〕引文出史記孝武本紀，封禪書亦有類似内容，而文字出入較大。

首，故星自此紀也。〕曰玄枵，〔枵者，虚也，即虚、危也，又象龜蛇，爲玄武也。〕曰娵訾。〔一名娵訾之口，以室、壁二宿各二星，兩兩相對，而形正方，故象口也。〕西方七宿爲白虎，〔天官書“奎曰封豕”，“参爲白虎，三星直者是爲衡”〔一〕，“其外四星，左右肩股也。小三星隅置，曰觜觿，爲虎首”。〕其宫曰降婁，〔以婁宿得名也。〕曰大梁，曰實沈。由是以觀，十二宫名皆依星象而取，非漫設也。堯典“日中星鳥”，以其時春分昏刻，朱鳥七宿正在南方午地也。“日永星火”，以其時夏至初昏，大火宫在正午也。〔火即心宿。〕“宵中星虚”，以其時秋分昏中者，玄枵宫也，即虚、危也。“日短星昴”，以其時冬至昏中者，昴宿也，即大梁宫也。曆家以歲差攷之，堯甲辰至今已四千餘歲，歲差之度已及二宫，〔以西率七十年差一度約之，凡差六十餘度。〕然而天上二十八舍之星宿未嘗變動，故其十二宫亦終古不變也。若夫二十四節氣太陽躔度，盡依歲差之度而移，則歲歲不同，七十年即差一度，〔亦據今西術推之。〕安得以十二中氣即過宫乎？試以近事徵之，元世祖至元十七年辛巳，冬至度在箕十度，至今康熙五十八年己亥，冬至在箕三度，其差蓋已將七度。而即以箕三度交星紀宫，則是至元辛巳之冬至宿，〔箕十度。〕已改爲星紀宫之七度。再一二百年，則今己亥之冬至宿，〔箕三度。〕爲星紀宫之初度者，又即爲星紀宫之第三度，而尾宿且浸入星紀矣。積而久之，必將析木之宫〔尾、箕。〕盡變爲星紀，大火之宫〔氐、房、心。〕盡變爲析木，而十二宫之

〔一〕衡，史記天官書作“衡石”。

星宿皆差一宫,〔準上論之,角、亢必爲大火,翼、軫必爲壽星,柳、星、張必爲鶉尾,井、鬼必爲鶉火,而觜、参爲鶉首,胃、昴、畢爲實沈,奎、婁爲大梁,而諏訾〔一〕爲降婁,虚、危爲諏訾,斗、牛爲玄枵,二十八宿皆差一宫。〕即十二宫之名與其宿一一相左,又安用此名乎?再積而久之,至數千年後,東宫蒼龍七宿悉變玄武,〔歲差至九十度時,角、亢、氐、房、心、尾〔二〕、箕必盡變爲星紀。玄枵、諏訾並倣此。〕南宫朱鳥七宿反爲蒼龍,西宫白虎七宿反爲朱鳥,北宫玄武七宿反爲白虎。國家頒曆授時,以欽若昊天,而使天上宿度宫名顛倒錯亂如此,其可以不亟爲釐定乎?

又試以西術之十二宫言之。夫西洋分黄道上星爲十二象,雖與羲和之舊不同,然亦皆依星象而名,非漫設者。如彼以積尸氣爲巨蟹第一星,蓋因鬼宿四星,而中央白氣,有似蟹筐也。所云天蝎者,則以尾宿九星卷而曲,其末二星相並,如蠍尾之有岐也。所云人馬者,謂其所圖星象,類人騎馬上之形也。其餘如寶瓶,如雙魚,如白羊,如金牛,如陰陽,如師子〔三〕,如雙女〔四〕,如天秤,以彼之星圖觀之,皆依稀彷彿有相似之象,故因象立名。今若因節氣而每歲移其宫度,積而久之,宫名與星象相離,俱非其舊,而名實盡淆矣。

又按:西法言歲差,謂是黄道東行,未嘗不是。如今

〔一〕諏訾,各本皆同,據文意,當作"室壁"。
〔二〕房心尾,原作"尾心房",據輯要本、刊謬改。
〔三〕師子,四庫本作"獅子"。後同。
〔四〕雙女,二年本作"二女"。

日鬼宿已全入大暑日躔之東，在中法歲差，則是大暑日躔退回鬼宿之西也，在西法，則是鬼宿隨黄道東行，而行過大暑日躔之東，其理原非有二。尾宿之行入小雪日躔東亦然。夫既鬼宿已行過大暑東，而猶以大暑日交鶉火之次，則不得復爲巨蠏之星，而變爲師子矣。尾宿已行過小雪後，而猶以小雪日交析木之次，則尾宿不得爲天蝎，而變爲人馬宮〔一〕星矣。即詢之西來知曆之人，有不啞然失笑者乎？

論西法恒星歲即西月日亦即其齋日並以太陽過宮爲用而不與中氣同日

問：西法以太陽會恒星爲歲，謂之恒星年。恒星既隨黄道東行，則其恒星年所分宮度，亦必不能常與中氣同日，曆書何以不用？

曰：恒星年即其所頒齋日也，其法以日躔斗四度爲正月朔，故曰以太陽會恒星爲歲也。其斗四度蓋即其所定磨羯宮之初度也，〔在今時冬至後十二日。〕自此日躔行滿三十度，即爲第二月，交寶瓶宮。〔餘月並同，皆以日躔行滿三十度交一宮，即又爲一月，而不論節氣。〕然其十二月之日數各各不同者，以黄道上有最高卑差，而日躔之行度有加減也。〔如磨羯宮日躔最卑行速，故二十八日而行一宮，即成一月。若巨蠏宮日躔最高行遲，故

〔一〕宮，原作“官”，據輯要本、四庫本及刊謬改。

三十一日而行一宫，始成一月。其餘宫度各以其或近最卑，或近最高，遲速之行不同，故日數皆不拘三十日，並以日躔交宫爲月，不論節氣。〕是則其所用各月之第一日，即太陽交宫之日，原不與中氣同日。而且歲歲微差，至六七十年，恒星東行一度，即其各宫並東行一度，而各月之初日在各中氣後若干日者，又增一日矣。〔如今以冬至後十二日爲歲首，至歲差一度時，必在冬至後十三日，餘盡然。〕此即授時曆中氣後幾日交宫之法。乃歲差之理，本自分曉。而曆書中不甚發揮斯事者，亦有故焉。一則以月之爲言，本從太陰得名，故必晦朔弦望周而後謂之月，今反以太陽所躔之宫度爲月，而置朔望不用，是名爲月，而實非月，大駭聽聞，一也。又其第一月既非夏正孟春，亦非周正仲冬，又不用冬至日起算，非曆學履端於始之義，事體難行，二也。又其所用齋日，即彼國所頒行之正朔，歐邏巴人私奉本國之正朔，宜也；中土之從其教者，亦皆私奉歐邏之正朔，謂國典何？故遂隱而不宣，三也。〔初造曆書，事事闡發，以冀人之信從。惟此齋日，但每歲傳單伊教，不筆於書。〕然曆書所引彼中之舊測，每稱西月日者，皆恒星年也。其法並同齋日，皆依恒星東行，以日躔交磨羯宫爲歲旦，而非與冬至中氣同日也，此尤爲太陽過宫非中氣之一大證據矣。

或曰：曆書所引舊測，多在千餘年以前，然則西月日之興，所從來久矣。曰：殆非也。唐始有九執曆，元始有回回曆，甌邏巴又從回曆加精，必在回曆之後。彼見回回曆之太陰年、太陽年能變古法，以矜奇創，故復變此西月日,立恒星年以勝之。若其所引舊測,蓋皆以新法追改其月日耳。

論恒氣定氣

問:舊法節氣之日數皆平分,今則有長短,何也?

曰:節氣日數平分者,古法謂之恒氣。〔以歲周三百六十五日二十四刻奇平分爲二十四氣,各得一十五日二十一刻八十四分奇。〕其日數有多寡者,謂之定氣。〔冬至前後有十四日奇爲一氣,夏至前後有十六日爲一氣。其餘節氣各各不同,並以日行盈曆而其日數減,行縮曆而其數增。〕二者之算,古曆皆有之,然各有所用。唐一行大衍曆議曰:"以恒氣注曆,以定氣算日月交食。"是則舊法原知有定氣,但不以之注曆耳。譯西法者未加詳考,輒謂舊法春秋二分並差兩日,則厚誣古人矣。夫授時曆所注二分日,各距二至九十一日奇,乃恒氣也。〔曆經、曆草皆明言恒氣。〕其所注晝夜各五十刻者,必在春分前兩日奇及秋分後兩日奇,則定氣也。定氣二分與恒氣二分原相差兩日,授時既遵大衍曆議,以恒氣二分注曆,不得復用定氣,故但於晝夜平分之日紀其刻數,則定氣可以互見,非不知也。且授時果不知有定氣平分之日,又何以能知其日之爲晝夜平分乎?夫不知定氣,是不知太陽之有盈縮也,又何以能算交食,何以能算定朔乎?〔經朔猶恒氣,定朔猶定氣,望與上下弦亦然。〕夫西法以最高卑疏盈縮,其理原精,初不必爲此過當之言。良由譯書者並從西法入手,遂無暇參稽古曆之源流，而其時亦未有能真知授時立法之意者，爲之援据古義，以相與虚公論定，故遂有此等偏説以來後人之疑議，不可不知也。

其所以爲此説者，無非欲以定氣注曆，使春秋二分各居晝夜平分之日，以見授時古法之差兩日，以自顯其長，殊不知授時是用恒氣，原未嘗不知定氣，不得爲差，而西法之長於授時者，亦不在此。以定氣注曆，不足爲奇，而徒失古人置閏之法。欲以自暴其長，反見短矣，故此處宜酌改也。後條詳之。

再論恒氣定氣

問：授時既知有定氣，何爲不以注曆？

曰：古者注曆只用恒氣，爲置閏地也。春秋傳曰："先王之正時也，履端於始，舉正於中，歸邪於終。〔邪與餘同，謂餘分也。〕履端於始，序則不愆。舉正於中，民則不惑。歸邪於終，事則不悖。"蓋謂推步者必以十一月朔日冬至爲起算之端，故曰履端於始而序不愆也。又十二月之中氣必在其月，如月内有冬至，斯爲仲冬十一月；月内有雨水，斯爲孟春正月；月内有春分，斯爲仲春二月。餘月並同，皆以本月之中氣正在本月三十日之中，而後可名之爲此月，故曰舉正於中，民則不惑也。若一月之内只有一節氣，而無中氣，則不能名之爲何月，斯則餘分之所積，而爲閏月矣。閏即餘也。前此餘分累積，歸於此月，而成閏月。有此閏月，以爲餘分之所歸，則不致春之月入於夏，且不致今冬之月入於明春，故曰歸邪於終，事則不悖也。然惟以恒氣注曆，則置閏之理易明，何則？恒氣之日數皆平分，故其每月之内各有一節氣、一中氣。〔假如冬至在十一月朔，則必有小寒在其月望後；若冬至在十一月晦，則必有大雪節氣在其月望前。餘月並然。〕此兩氣策之日合之，共三十日四十三刻奇，以較每月常數三十日，多四十三刻奇，謂之氣盈。又太陰自合朔至第二合朔，實止二十九日五十三刻奇，以較每月三十日，又少四十六刻奇，謂之朔虚。合氣盈、朔虚計之，共餘九十刻奇，謂之月閏，乃每月朔策與兩氣策相較之差也。〔假如十一月經朔與冬至同時刻，則大寒中氣必在十二月經朔後九十刻，而雨水中氣必在次年正月經朔後一日又八十刻奇。其餘月並準此求之。〕積此月閏至三十三個月間，〔即二年零九個月〔一〕。〕其餘分必滿月策，而生閏月矣。閏月之法，其前月中氣必在其晦，後月中氣必在其朔，則閏月只有一節氣，而無中氣，然後名之爲閏月。〔假如閏十一月，則冬至必在十一月之晦，大寒必在十二月之朔，而閏月只有小寒節氣，更無中氣，則不可謂之爲十一月，亦不可謂之爲十二月，即不得不名之爲閏月矣。〕斯乃自然而然，天造地設，無可疑惑者也。一年十二個月俱有兩節氣，惟此一個月只一節氣，望而知其爲閏月。今以定氣注曆，則節氣之日數多寡不齊，故遂有一月内三節氣之時；又或有原非閏月，而一月内反只有一中氣之時。其所置閏月，雖亦以餘分所積，

〔一〕二年零九個月，二年本作“一分在三個月”，文意不通，底本挖改。

而置閏之理不明，民乃惑矣。然非西法之咎，乃譯書者之疏略耳，何則？西法原只有閏日而無閏月，其仍用閏月者，遵舊法也，亦徐文定公所謂“鎔西洋之巧算，入大統之型模”也。按：堯典云“以閏月定四時成歲”，乃帝堯所以命羲和，萬世不刊之典也。今既遵堯典而用閏月，即當遵用其置閏之法，而乃不用恒氣用定氣，以滋人惑，亦昧於先王正時之理矣。是故測算雖精，而有當酌改者，此亦一端也。

今但依古法，以恒氣注曆，亦仍用西法最高卑之差，以分晝夜長短進退之序，而分注於定氣日之下，即置閏之理昭然衆著，而定氣之用亦並存而不廢矣。

又按：恒氣在西法爲太陽本天之平行，定氣在西法爲黄道上視行。平行度與視行度之積差有二度半弱，西法與古法略同。所異者，最高衝有行分耳。古法恒氣注曆，即是用太陽本天平行度數分節氣。

論七政之行並有周有轉有交

問：月五星之行，並有周天，有盈縮遲疾，有出入黄道之交點，共三事也。太陽亦然乎？

曰：並同也。太陽終古行黄道，則無出入黄道之交點，然而黄道出入於赤道，亦可名交，是故春秋二分即其交點，亦如月離之有正交、中交也。因此而日躔有南陸、北陸之行，古者謂之發斂；〔行南陸爲發，行北陸爲斂，並以其離北極之遠近言之。〕於是而四時之寒燠以分，晝夜刻之永短有序。皆交道之所生，以成歲周。是故歲周者，即太陽之交道也，與月離之交終同也。然以歲差之故，〔西法謂之黄道東行。〕故每歲三百六十五日二十四刻奇，〔此以授時古率言之。〕已滿歲周矣。又必加一刻有半，〔亦依古率約之。〕始能復躔冬至元度，〔假如本年冬至日躔箕宿三度八十分，次年冬至必在箕宿三度七十分奇，是歲序已周，而元度未復，故必於三百六十五日二十四刻奇之外復加一刻有半，始能復躔於箕三度八十分。〕是爲太陽之周天與月行之周天同也。月行周天與交終原非一事，是故太陽之周天與歲周原爲兩事也。然太陽之行，有半年盈曆、半年縮曆，即恒氣、定氣之所由分，〔古法起二至，西法起最高冲，尤爲親切。〕亦如月離之轉終，是又爲一事。合之前兩者，〔歲周與周天。〕共爲三事，乃七政之所同也。

按：月離交終以二十七日二十一刻奇而陰曆、陽曆〔一〕之度一週，在月周天前，以較周天度，爲有欠度也。轉終以二十七日五十五刻奇而遲曆、疾曆之度一週，在月周天後，以較周天度，爲有餘度也。月周天之日數在二者之間，亦二十七日又若干刻而周，雖同大餘，不同小餘。當其起算之初，所差不過數度，〔如交終與轉終相差三十四刻奇，即其差度爲四五度。〕積至一年，即差多度，〔太陰每年行天十三周半，即相差六十餘度。〕故其差易見。日躔歲周以二十四節氣一週爲限，因有恒星東行之歲差，故其度在周天前，以較周天

〔一〕陰曆陽曆，輯要本作“陽曆陰曆”。

度,爲有欠分也。〔約爲七十分度之一。〕日躔盈縮以盈初縮末、縮初盈末一週爲限,因最高有行分,故其度在周天後,以較周天度,爲有餘分也。〔亦約爲七十分度之一。〕以一歲言之,三者並同大餘,即小餘亦不甚遠。〔歲周三百六十五日二十四刻奇,增一刻半即周天,又增一刻半即盈縮曆周,但差刻不差時。〕積其差至七十年,即各差一度,〔歲周不及周天,七十年差一度,即恒星東行之歲差,而盈縮曆至七十年,又過於周天一度,即最高之行。於是歲周與盈縮曆周共相差二度,並至七十年而後知之也。〕故其差難見。〔七十年只差一度,故難見也。〕然雖難見,其理則同。〔以周天之度爲主,則歲周之差度退行,亦如太陰交終差度之每交逆退也。而盈縮入曆之差度於周天爲順行,亦如太陰之轉終差度每轉順行也,而周天度則常不動。〕但以太陰之交轉周比例之,則判然三事,不相淩雜矣。

問:曆法中所設交差、轉差,即此事乎?

曰:亦微有不同。蓋交差、轉差是以交終、轉終與朔策相較,〔或言其日,或言其度,並同。〕兹所論者,是以交終、轉終與周天相較,故其數不同也。其數不同,而曆法中未言者,何也?緣曆家所驗在交食,故於定朔言之綦詳,而月之周天反略。惟陳星川〔壤〕、袁了凡〔黄〕所撰曆法新書,明立太陰周天日數,謂之月周,與交終、轉終並列爲三,實有裨於曆學,而人或未知,故特著之。

又徵之五星,亦皆有周天,有曆周,〔即盈縮,如月之入轉。〕有正交、中交,是故此三事者,日月五星之所同也。知斯三者,於曆學思過半矣。〔外此則月有朔望,五星有段目,並以距日之遠近而生,故太陽所與月、五星同者,惟此三事。〕

論月建非㒸言斗柄

問：行夏之時，謂以斗柄初昏建寅之月爲歲首。議者以冬至既有歲差，則斗柄亦從之改度，今時正月不當仍爲建寅，其説然乎？

曰：不然也。孟春正月自是建寅，非關斗柄。其以初昏斗柄建寅者，注釋家未深攷也，何則？自大撓作甲子，以十日爲天干，〔自甲至癸。〕十二子爲地支，〔自子至亥。〕天道圓，故以甲乙居東，丙丁居南，庚辛居西，壬癸居北，戊己居中，參同契所謂"青赤白黑，各居一方，皆禀中央，戊己之功"也。十干以配五行，圓轉周流，故曰天干也。地道方，故以寅卯辰列東，巳午未列南，申酉戌列西，亥子丑列北。易大傳所謂"帝出乎震，齊乎巽，相見乎離，致役乎坤，説言乎兑，戰乎乾，勞乎坎，成言乎艮"，自東而南而西而北，其道左旋，周而復始也。是十二支以配四時十二月，静而有常，故曰地支也。天干與地支相加，成六十甲子，以紀歲紀日紀時，而皆準於月，以歲有十二月也。此乃自然而然之序，不可增減，不可動移。是故孟春自是寅月，何嘗以斗柄指寅而後謂之寅月哉？如必以斗柄指寅而謂之寅月，則亦有寅年寅月寅時，豈亦以斗柄指寅而後得以謂之寅乎？是故堯典命羲仲宅嵎夷，平秩東作，以殷仲春；次命羲叔宅南交，平秩南訛，以正仲夏；次命和仲宅西，平秩西成，以殷仲秋；次命和叔宅朔方，平在朔易，以正仲冬。此四時分配四方，而以春爲歲首之證也。夫既有四仲月以居卯午酉子之四正,則自各有孟月季月以居四隅。仲春既正東爲卯月,其孟春必在東之北,而爲寅月,何必待斗柄指寅乎?故日中星鳥、日永星火、宵中星虚、日短星昴,並祇以晝夜刻之永短爲憑,以昏中之星爲斷,未嘗一言及於斗柄也。

又攷孔子去堯時已及千五百歲,歲差之度已二十餘度,若堯時斗柄指寅,孔子時必在寅前二十度,而指丑矣,豈待今日而後知乎?然孔子但言行夏之時,蓋以孟春爲歲首,於時爲正,非以斗柄指寅而謂之寅月也。

又攷歲差之法,古雖未言,然而月令昏中之星,已不同於堯典,則實測當時之星度也。然堯典祇舉昏中星,而月令兼言旦中,又舉其日躔所在,又於堯典四仲月之外,兼舉十二月而備言之,可謂詳矣,然未嘗一語言斗杓指寅爲孟春。

又攷史記律書,以十律配十二月之所建地支而疏其義,兼八風二十八舍以爲之説,而並不言斗建。惟天官書略言之,其言曰:“杓攜龍角,衡殷南斗,魁枕參首。用昏建者杓,夜半建者衡,平旦建者魁。”是則衡亦可言建,魁亦可言建,而非僅斗杓;夜半亦有建,平旦亦有建,而非止初昏,其言甚圓。以是而知正月之爲寅,二月之爲卯,皆一定不可移,而斗之星直之即謂建,固非以初昏斗柄所指而命之爲何月也。然則謂行夏之時,是以斗柄建寅之月爲歲首者,蓋注釋家所據一家之説,而未詳厥故也。今乃遂據其説,而欲改正月之建寅,可乎?不可乎?

再論斗建

問：説者又以各月斗柄皆指其辰，惟閏月則斗柄指兩辰之間。由今以觀，其説亦非歟？

曰：非也。周天之度以十二分之，各得三十度奇。〔在西法爲三十度。〕凡各月中氣皆在其三十度之中半，各月節氣皆居其三十度之首尾。今依其説，斗柄所指各在其月之辰，則交節氣日斗柄所指，必在兩辰之間矣。〔假如立春爲正月節，則立春前一日斗柄所指在丑，立春後一日斗柄指寅，而立春本日斗柄所指，必在丑與寅之間。餘月皆然。〕十二節氣日皆指兩辰之間，又何以别其爲閏月乎？若夫閏月，則只有節氣無中氣，其節氣之日固指兩辰之間矣。然惟此一日而已，其前半月後半月，並非兩辰之間也。〔假如閏正月，則雨水中氣在正月晦，春分中氣在二月朔。而閏月只有驚蟄節在月望，則其前半月必指寅，後半月必指卯，惟驚蟄日指寅與卯之交界縫中，可謂之兩辰間。閏在餘月亦然。〕地盤周圍分爲十二辰，首尾鱗次，如環無端，又何處設此三十度於兩辰間，以爲閏月三十日之所指乎？凡若此等習説，並由未經實測，而但知斗杓所指爲月建，遂岐中生岐，成此似是而非之解。天下事每壞於一知半解之人，往往然也。

又按：斗杓之星距北極只二十餘度，必以北極爲天頂，而後可以定其所指之方。今中土所處在斗杓之南，仰而觀之，斗杓與辰極並在天頂之北。其斗杓所指之方位，原難清楚，故古人祗言中星，不言斗杓，蓋以此也。〔如淮南子等書，言招摇東指而天下皆春，不過大概言之，原非以此定月。〕

又按：傳言“營室之中，土功其始，火之初見，期於司里”，又言“水昏正而栽，日至而畢”。詩亦言“定之方中，作於楚宫”，又言“七月流火，九月授衣”。古之人以星象授人時，如此者不一而足也。若以歲差攷之，則於今日並相差一二旬矣。然而當其時，各據其時之星象爲之著令，所以使民易知也。而終未有言斗杓指何方而作何事者，則以其方位之難定也，十二月建之非關斗柄明矣。是故斗柄雖因歲差而所指不同，正月之建寅，不可易也。

論古頒朔

問：論語子貢欲去告朔之餼羊，孔子不然其説，曰：“我愛其禮。”不知周制頒曆其式如何？

曰：頒朔，大典也，蓋王政在其中矣。古者天子常以冬月頒來歲十二月之朔於諸侯，諸侯受而藏諸祖廟，月朔則以特羊告廟，請而行之。如是其隆重者，何也？蓋既曰請而行之，則每月内各有當行之政令頒於天子，而諸侯奉行惟謹焉。故告朔之後，即有視朔、聽朔之禮，所以申命百官有司以及黎庶，相與恪遵，以奉一王之大法，此之謂奉正朔也。是故大之有朝覲會同之期，有隣國聘問之節，有天子巡狩、朝於方岳之時。〔此等大禮皆以年計，而必有定期，如虞書東巡狩必於仲春、南巡狩必於仲夏之類。〕其於宗廟也，有禴祠烝嘗四時之祭，有畊藉田、夫人親蠶以預備粢盛衣服之需。其於群神也，有山川社稷、祈穀報歲、八蜡五祀之典。

其於黌序也，有上丁釋菜、冬夏詩書、春秋羽籥之制。其於農事也，有田畯勸農、播種收穫、溝洫隄防、築場納稼之務，有飲射讀法、遒人狗鐸之事。其於軍政也，有蒐苗獮狩、振旅治兵之政。其於土功也，有公旬三日之限。其於刑罰也，有宥過釋滯、折獄致刑之月。又如藏冰用冰，出火内火，仲夏斬陽木，仲冬斬陰木，獺祭魚，然後漁人入澤梁，豺祭獸，然後田獵之類。凡若此者，皆順四時之序，以爲之典章，先王之所以奉若天道也。而一代之典制既藏之太府，恪守無斁矣，又每歲頒示諸侯，以申命之；諸侯又於每月之朔告於祖廟，請而奉行之。天子本天以出治，無一事敢違天時；諸侯奉天子以治其國，無一事不遵王命，以上順天時。唐虞三代，所以國無異俗，家無異教，道德一而風俗同，蓋以此也。故曰頒朔告朔，實爲大典，而王政因之以行也。周既東遷矣，王政不行，魯不告朔，他國可知，蓋視爲弁髦久矣。厥後遂有司曆再失閏之愆，而大夫陪臣之僭亂紛紛矣。以秉禮之國，而篾棄王朝大典，何怪其群相效尤。是故夫子曰“我愛其禮”，蓋庶幾因此羊而念及先王之典也。如謂頒朔祇以識月之大小，辨朔望生明死魄之干支，何取乎每月告廟之繁文也哉？由是以觀，則三代時所頒之曆可知已矣。

論曆中宜忌

問：曆法中宜忌之説，古有之乎？

曰：無之也，蓋起近代耳。堯之命羲和也，曰"敬授人時"，曰"東作西成"，曰"允釐百工，庶績咸熙"，曆之大用，蓋如此也，何嘗有選擇之事乎？司馬遷曰："閱陰陽之書，使人拘而多畏。"其説蓋起於戰國之時。夫箕子陳洪範，其七曰稽疑。古者有大政，既斷之於主心，又謀及卿士，謀及庶人矣，然必謀及卜筮，古聖人不敢自專自用，而必協謀於神人，蓋其慎也。戰國力爭，此義不明，太卜筮人之官廢，疑事無所决，陰陽家言乃紛然以出矣。隋唐之季，其説愈多，故吕才援引古義，著論以非之，可謂深切著明矣。然而教化不行，吉凶福禍之説深中於人心，黠者乘之，各立異説，以恫喝聾俗，愈出愈支。六十干支，而選擇之書乃有九十餘家。同此一日，而此以爲大吉，彼以爲大凶，令人無所適從。誣民惑世，莫此爲甚。今官曆宜忌，本於選擇曆書，不知其爲元時所定？明初所定？然攷史志，歷代言曆者，初無一字及於選擇。又如羅、計四餘，郭守敬曆經所無，而大統增入之。然則此等不經之説，並元統、郭伯玉等所爲耳。原其初意，或亦欲假此以定民之趨。然官曆雖頒宜忌，而民間徧惑通書。通書既非一種，而術者私書更多，雖户説以渺論，不能止也。今若能一切删去，只載宜行政事及南北耕耘收穫之節，則唐虞三代敬天勤民之至意，復覩今日，豈不快哉！

洪武中，解大紳庖西封事曰：治曆明時，授民作事，但申播植之宜，何用建除之謬？方向煞神，事甚無謂；孤虚宜忌，亦且不經。東行西行之論，天德月德之云，臣料唐虞之曆必無此等之文。所宜著者,日月之行,星辰之次,仰觀俯察,事合逆順,七政之齊,正此類也。”按此説甚正,惜當時不能用,然實爲定論,聖人所不能易也。

論治曆當先正其大其分秒微差可無深論

問:曆法至今日,可謂詳且密矣。然徵諸交食,亦或有微差之刻,何歟?

曰:此可以不必深論者也。攷漢時不知定朔,故日食或不在朔,或差而前則食於晦,差而後則食於初二日。直至唐李淳風麟德曆始用定朔,於是蝕必在朔,無差日矣,然尚有差時。厥後大衍曆所推益密,宣明曆又立氣刻時三差,至宋統天曆、紀元曆又加詳焉。迨元授時曆,遂無差時,但有差刻。今西曆言東西南北差,以黄道九十度限爲宗,其理益明,其法益善。然而亦或有時而差刻分者,何也?今夫盆盎之中可以照物,池沼澄清,則岸上之人物花鳥、山陵樹木畢現其中,然而其邊際所域,必有所改易。兩鏡相照,則多鏡層現於一時,而六層以上,必有所窮。況乎以八尺之璣衡測大圓之宫度,其大小之比例,道里之遼闊〔一〕,不可以億計。而因積候之多,用算之巧,遂至交食應期,虧復應候,東西南北方向胥符。而但有晷刻之後先,分秒之同異,即謂之不差可矣。國家治曆,所重

〔一〕闊,原作“濶”,據輯要本改。

者順天出治，以敬授人時。日食之類，所重在於修省。至於時刻小差，原非所重，但當令司曆者細加測候，詳紀其所差之數，以待後來修曆者，使有所據依，以益精其推步而已，斷不可因小節之微差，而輒更成法也。漢唐宋曆法屢改，而多不效。元明三四百年，守一授時法，而交食不效，只數事而已。況今新曆又加精於授時，何必復加更變乎？或謂曆算之差，由於尾數。予謂此一端耳，尾數有丢收，無關大數，所難者乃根數耳。盈縮遲疾之根，雖有離朱，無所施其目，並由年深日久，然後知之。又如最高之行，利氏所定，與今所用不同。皆根數之差，曆所以取象於革也。

兼濟堂纂刻梅勿菴先生曆算全書

交會管見〔一〕

〔一〕是書成於康熙四十四年，勿庵曆算書目曆學類著録爲“交食管見一卷”。本書卷末附“月食圖訂誤”，與勿庵曆算書目著録的“交食作圖法訂誤一卷”部分内容相同。梅瑴成兼濟堂曆算書刊謬云此書有梅氏家刻本，今未見。乾隆元年，鵬翮堂刊宣城梅氏算法叢書，收録梅氏曆算著作五種，第四種即交食管見。鵬翮堂本無卷末“黄道九十度算法之理”“月食圖訂誤”兩目内容，卷前小引後鈐兩枚墨印，一爲陰文方印“梅印／文鼎”，一爲陽文方印“定／九”。兩枚印章與康熙間梅氏家刻本勿庵曆算書目序後所鈐同名印章款識不同，亦未見他書。梅氏叢書輯要將此書與交食蒙求訂補三卷合爲一種，題作“交食”，將此書作爲“交食四”收入卷五十四中。四庫本收入卷二十五。

交會管見小引

交食爲驗曆大端，其事之著者有三：一曰食分深淺，一曰加時早晚，一曰起復方位。古法至授時，立法已詳。新法有西洋，所測更密，幾於無可復議，獨其所謂起復方位，並以東西南北爲言，〔如日食八分以上，初虧正西，復員正東。八分以下，陽曆初虧西南，食甚正南，復員東南；陰曆初虧西北，食甚正北，復員東北。月食八分以上，初虧正東，復員正西。八分以下，陽曆初虧東北，食甚正北，復員西北；陰曆初虧東南，食甚正南，復員西南之類。〕而東西南北並以日月光體中心爲主，故其邊向北極處斯謂之北，向南極處斯謂之南。而東西從之，亦以日月之邊向東昇處即謂之東，向西没處即謂之西，此中西曆法所同也。然天既北倚，赤道之勢與北極出地相應，皆南高而東西下。黄道斜交赤道，又因節氣而殊，初虧、食甚、復圓各限加時又别。是故人所見日月光體之東西南北，非日體之東西南北也，故於仰觀不能盡合。密測者以日月體匀爲細分，而求其虧、甚所當之處，於理爲盡。然必測器精良，用法取影，庶幾可知，終不能若食分深淺、加時早晚之可以萬目同觀，衆著無疑也。愚今别立新術，凡虧、復各限，並於日月光體之上下左右，直指其蝕損所在，而不用更雜以東西南北之名。欲令測候之時，舉目共見，即步算之疏密，纖毫莫遁，或於測學不無小補。猶冀高賢深明理數，有以進而教之也。

康熙四十有四年歲在旃蒙作噩，勿庵梅文鼎謹識，時年七十有三。

交會管見

宣城梅文鼎定九著
柏鄉魏荔彤念庭輯　男　乾斆一元
士敏仲文
士説崇寬同校正
錫山後學楊作枚學山訂補

求初虧復員定交角

以初虧、復員定時分，依法求其距午時分。午後以加，午前以減，各加減日實度所對時分，〔入九十度表取之。〕爲初虧、復員時定總時。

以定總時各求其日距限，限距地高，遂以得其交角加減之，得初虧、復員時定交角。

求初虧復員時先闕後盈之點在日體上下左右

法自天頂作垂弧，過日心以至地平，分日體員周左右各一百八十度。次依定交角度分，日在限西，初虧爲右下之角，復員爲左上之角，其度右旋；日在限東，初虧爲右上之角，復員爲左下之角，其度左轉。並自垂弧左右起算，數至定交角度分，即得太陽員周初虧時先闕、復員時後盈之點。其定交角或爲鈍角者，上下相易，〔如本爲右下者，變爲右上；本爲右上者，變爲右下。左亦然。〕是爲虧復時交道中徑。

食十分者用此，即中西舊法所謂八分以上初虧正西、復員正東者也。〔初虧、復員各依其定交角度分取之。〕

若食九分以下，當先求蝕緯差角。法爲并徑與月視黄緯，若半徑與蝕緯差角之正弦也。以月視黄緯化秒乘半徑爲實，以并徑減一分化秒爲法除之，得蝕緯差角之正弦。查正弦得度分，以加減虧復時交道中徑，得日體周邊先缺後盈之點。

視緯北者，日在限西，初虧以加，復員以減；日在限東，初虧以減，復員以加。視緯南者，日在限西，初虧以減，復員以加；日在限東，初虧以加，復員以減。並置交道中徑，以蝕緯差角度分加減之，得數，仍自垂弧左右起算，得初虧何處先缺、復員何處後盈，上下左右皆可預定。

求食甚在日體上下左右

惟食十分者，食甚時兩心相掩，或全黑，或作全環，皆無上下左右可論。其食九分以下，皆以陰陽曆論南北視緯。若食甚時正在黄平象限，則視緯北者，食甚在日體上半，缺口正向天頂，形如仰瓦，即舊法所謂正北；視緯南者，食甚在日體下半，餘光厚處正對天頂，缺處正向地平，兩角下垂，形如覆梳，即舊法所謂正南也。若此者，只有上下可言，而無左右偏側之度。其餘日在限西，則南緯在左下，北緯在右上；日在限東，南緯在右下，北緯在左上。

並以食甚時定交角之餘度,或左或右,並從天頂垂弧之兩旁起算,即得食甚在日體上下左右之度。

求日體周邊受蝕幾何

法用太陽、太陰兩半徑相并爲和,相減爲較,和較相乘爲實,月視黄緯爲法除之,得數以加減月視黄緯訖,乃折半以乘半徑,又爲實,以太陽半徑爲法除之,得餘弦。查表得度,倍之,即食甚時日體受蝕度分。〔以太陽全周分三百六十度,内該受蝕者幾何度。〕加減例。〔日半徑大於月,以得數加黄緯;日半徑小於月,置黄緯以得數減之。〕

求日食三限在地平上高度

食甚時日距地高,即可徑用。◎初虧、復員各以定時求其距午分,依日赤緯南北度,入高弧表,即各得虧復時地平上高度。〔如無正表,取前後二表數,以中比例酌之。假如其地極出地三十一度,則查三十度表及三十二度表,以兩表數并而半之,即是本地高弧之數。〕又算法。〔以限距地高度與日距限之餘度相加爲總,相減爲較。總、較各取餘弦,視總弧過象限,則兩餘弦相并;不過象限,兩餘弦相減,並折半得高弧正弦,檢表得高度。〕

求日食三限地平經度

法以地平緯度之餘度分與極出地之餘度分相加爲總,相減爲較,總弧、較弧之餘弦相減,若總弧過象限,則相加,並折半爲法。〔初數。〕又取較弧矢與日距北極度之矢，〔對弧矢也。日赤緯在南者，以加象限；赤緯在北者，置象限以赤緯減之，即各得距北極度。〕相減得較，較乘半徑爲實，實如法而一，得角之矢。〔以矢命度。〕若日食在午前，其角度爲距正北子正之度；食在午後，以減半周，爲距正南午正之度。〔正矢與大矢並同一法。〕三限皆如是。

求帶食分在日體上下左右

以日出入時距緯爲法，半徑乘月視黄緯爲實，實如法而一，得正弦，查表得帶食緯差角度分。如求初虧、復員之法，以帶食緯差角加減白道中徑，得帶食分在日體上下左右。若帶食在初虧後食甚前，其加減用初虧法；帶食在食甚後復員前，其加減用復員法。

帶食在初虧後食甚前者	陰曆日在限西加	日在限東減
	陽曆日在限西減	日在限東加
帶食在食甚後復員前者	陰曆日在限西減	日在限東加
	陽曆日在限西加	日在限東減

右並置月道中徑，以帶食緯差角度分加減之，得數，仍自垂弧左右起算，即得帶食時食分最深之處在日體上下左右。〔凡帶食出入時，或微虧，或見蝕半，或半以上，其餘光皆成兩角外向，均折兩角取其中，即帶食分最深之處。〕

求帶食出入時日邊受蝕幾何

以太陽、太陰兩半徑相併爲和，相減爲較，和較相乘爲實，日出入時距緯爲法除之，得數以加減日出入時距緯，〔日半徑大於月，以得數加入距緯；日半徑小於月，置距緯以得數減之。〕乃折半，用乘半徑，又爲實，太陽半徑爲法除之，得餘弦。查表得度，倍之，爲帶食出入時太陽周邊受蝕之分。〔以三百六十度分太陽全周内該缺幾何度分。〕

作日食分圖法〔交食之驗，非圖莫顯。圖必分作，其象始真。故不憚反覆詳明，以著其理。〕

一定日食時交道斜正

作立綫以象垂弧，此綫上指天頂，下指地平，即地平經度圈之一象限也。綫上取一點爲心，規作員形，以象太陽。其員周爲地平經綫所分，左右各一百八十度。依本限定交角作點，〔或初虧，或復員，或食甚，各有定交角。〕若日距限在西，其度右旋；日距限在東，其度左旋。於太陽員周上下，並從垂線分處數至定交角度止，得兩點聯爲一直綫，必過太陽之心。兩端稍引長之横出，是爲日食時月道交於垂弧之象。若日距限西，交道左昂右低；日距限東反之。其初虧、食甚、復員三限，距限東西有時而異；雖其不異，亦必有遠近高下之殊。則交道低昂異勢，未可以一法齊也。今三限各求定交角，依度作圖，不論東西南北，一以太陽邊左右上下言其虧甚之狀，即測算可以相符，曆法之疏密可以衆睹，更無絲毫可容假借。

定交角圖一

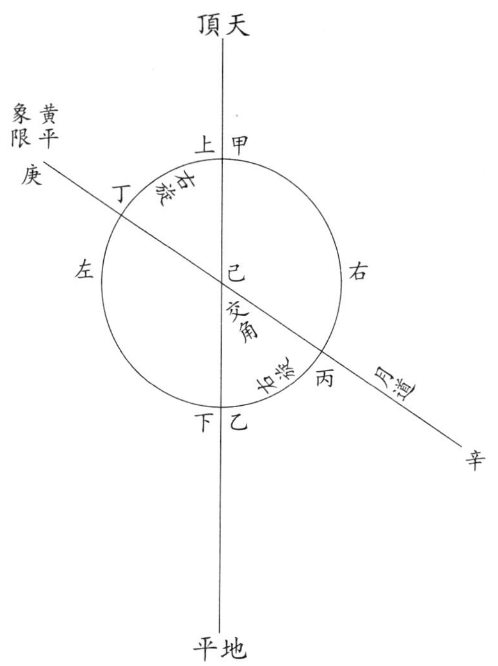

如圖，甲乙爲垂弧，甲丁乙丙爲日體。乙己丙爲定交角，丁己甲爲對角，乙至丙、甲至丁皆定交角之度。因日距限在限西，故右旋數其度。丙、丁爲上下兩點，己爲日心，聯丙、丁爲直綫，則過日心，稍引長之至庚，則成交道。因在限西，故月道左昂右低。〔交道即月道也，爲月視緯所成，在食十分時，可名月道；其食不滿十分者，可名月道平行綫。〕

定交角圖二

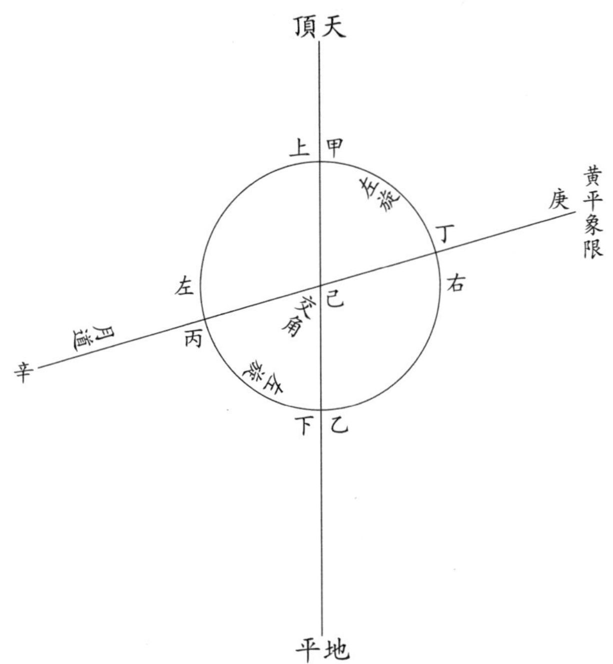

各號並與前同，惟日距限在限東，故從乙至丙、從甲至丁，並左旋數定交角度，而庚辛月道右昂左低。

定交角圖三〔一〕

如圖，月道平過，與天頂垂弧相交成十字正角，而又在午方，則上北下南，左東右西，各如本位矣。〔如舊法，食十分，初虧正西，復圓正東；食八分以下者，陰曆初虧西北，食甚正北，復圓東北；

〔一〕圖見下頁。本篇下同者不再説明。

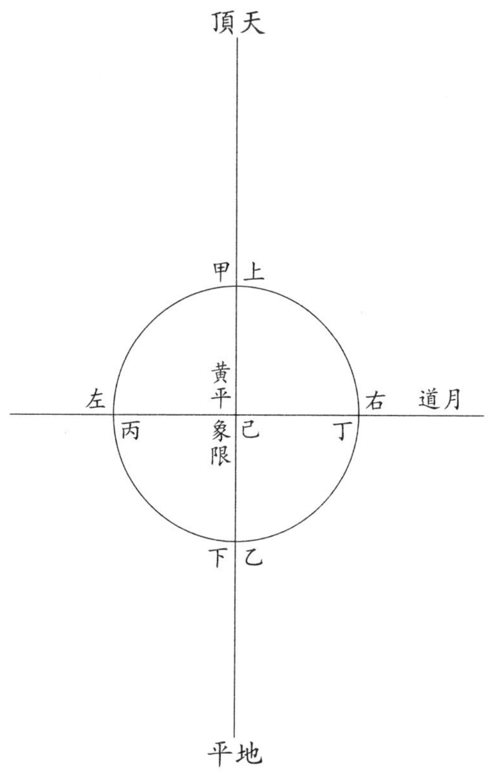

陽曆初虧西南，食甚正南，復圓東南，惟此時爲然。〕此必日食在黄平象限左右，因定交角加減而成正角。然不常有，即有之，又未必在正南方，則與東西南北之名不相叶應，故不如用定交角，直以上下左右言其方向。〔黄平象限有離午正二十三四度時，又有定交角加減，則雖離午正三十餘度之遠，而能有此象，蓋即月道之九十度限也。食既者遇之，虧必正右，復必正左。北緯者虧右上，復左上，而食甚正向天頂；南緯者虧右下，復左下，而食甚向地平。〕

定交角圖四

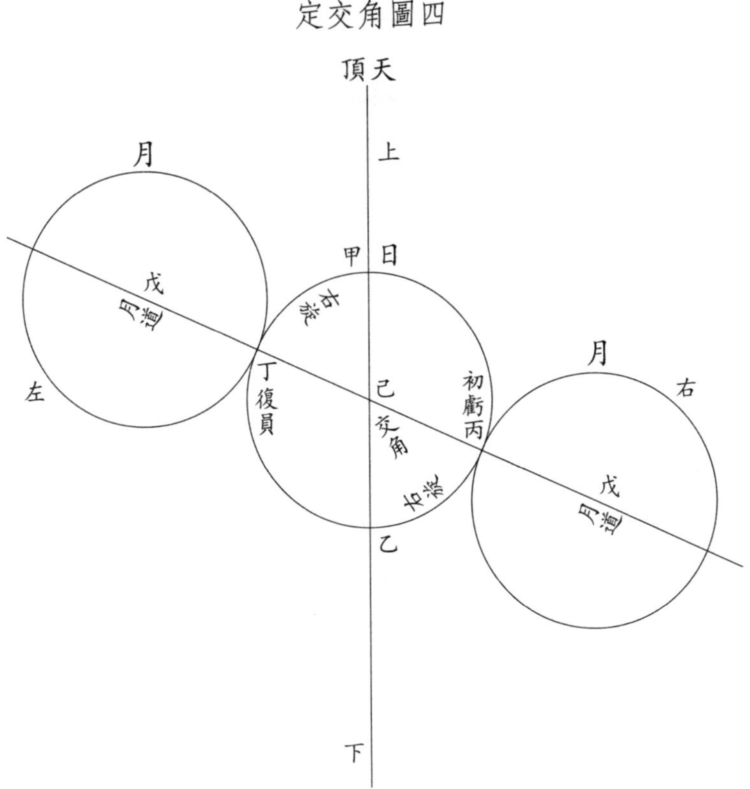

己爲日，戊爲月。乙至丙、甲至丁，皆交角之度。丙爲初虧，丁爲復圓，戊丙己丁爲月道。此因日食十分，故即用丙、丁二點爲初虧、復圓，即舊法所云初虧正西、復圓正東者也。然以日距限西，故初虧在日體右下，復圓在日體左上。

定交角圖五

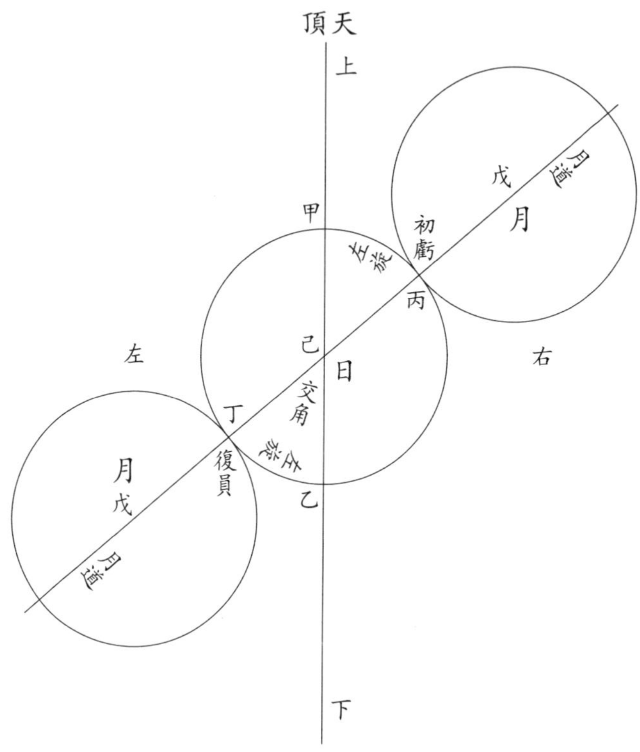

此亦日食十分，因距限在東，故初虧在日體爲右上，復圓在日體爲左下。

凡日距限西者，復圓交角必小於初虧；日距限東者，復圓交角必大於初虧，故必分作其圖，始能合算。今從簡省，以交角相同者合爲一圖，非謂一食中虧復同角也。

一圖初虧

先以初虧定交角，如法，作垂弧及交道，安太陽於交點。若食十分者，於太陽右方截取交道，如月半徑之度，以此爲心，規作月體，與太陽邊相切，即初虧時先缺之點。〔圖已見前。〕

若食不滿十分者，用緯差角度算太陽邊周之度，月視黄緯在北，向上數之；在南，向下數之。並從太陽右方交道起算，數至緯差角度止，即爲初虧時先缺之點。自太陽心向此點作直線透出其外，稍引長之，以并徑爲度，從心截取引長線作點，即初虧時兩心之距也。以截點爲心，太陰半徑爲度，作圓形，即初虧時太陰來掩太陽相切之象也。從太陰心作直綫，與交道平行，則月視行之道也。從太陽心作垂綫，至視行綫成十字角，即月視黄緯也。

以上並不論初虧是午前午後，亦不論地平方位或在正南，或偏東西，並同一法。食甚、復圓倣此。

初虧圖一

乙己丙交角，乙丙其度。從丙過己心至丁，而引長之，即月道平行綫。

丙己庚爲緯差角，丙庚其度。因月視黄緯在北，故從交道丙向上數其度至庚，庚即初虧時先缺之點。

從太陽心己作直綫，過庚點而透出其外，爲己庚戊綫。乃併日月兩半徑〔得己戊。〕爲度，截己庚戊綫於戊，戊

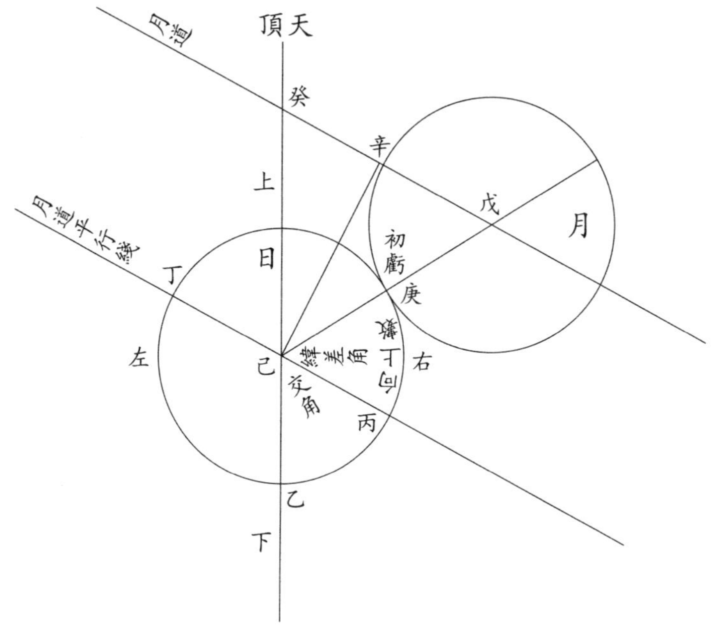

即太陰心也。以戊庚月半徑，從戊心作圓，爲太陰，與太陽邊相切於庚，初虧象也。

從月心戊作戊辛癸綫，與丙己丁平行，月視行道也。〔此月視行綫乃人所見月心所行，故以丙己丁交綫爲月道平行綫。〕從太陽己心作十字垂線至月視行綫上，如己辛，月視黄緯也。

初虧圖二

乙己丙交角，以乙丙爲度，從丙過己心作月道平行綫。丙己庚緯差角，以丙庚爲度，因月視黄緯在南，故從交道丙向下數其度至庚，庚即初虧時先缺之點。〔此爲緯差角大於定交角，故易右爲左。〕

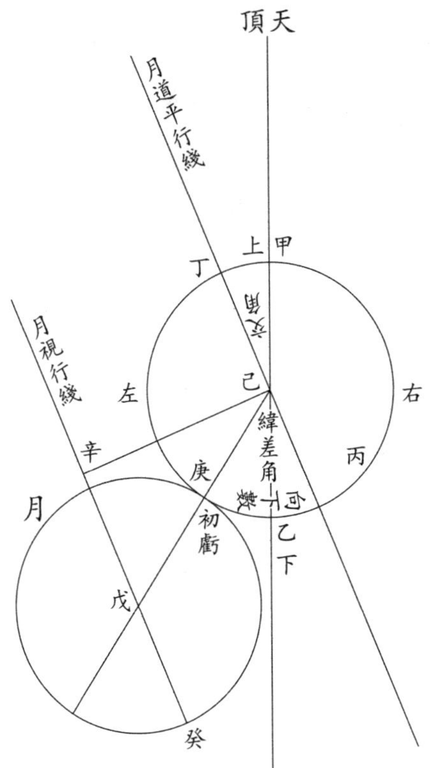

從己心向庚作己庚戊線，而以己戊并徑度截之於戊，用爲月心，規作月體，與太陽相切於庚，象初虧也。從戊心作癸戊辛綫，與丙己丁平行，月視行道也。從己心作己辛線，與戊辛相遇成方角，月視黄緯也。

以上二宗，爲日距限西。日距限西者，初虧定交角並爲右下之角。然惟食十分時，則初虧右下，與定交角同點。其餘則北緯者能易右下爲右上，前條是也；南緯者能易右下爲左下，此條是也。

初虧圖三

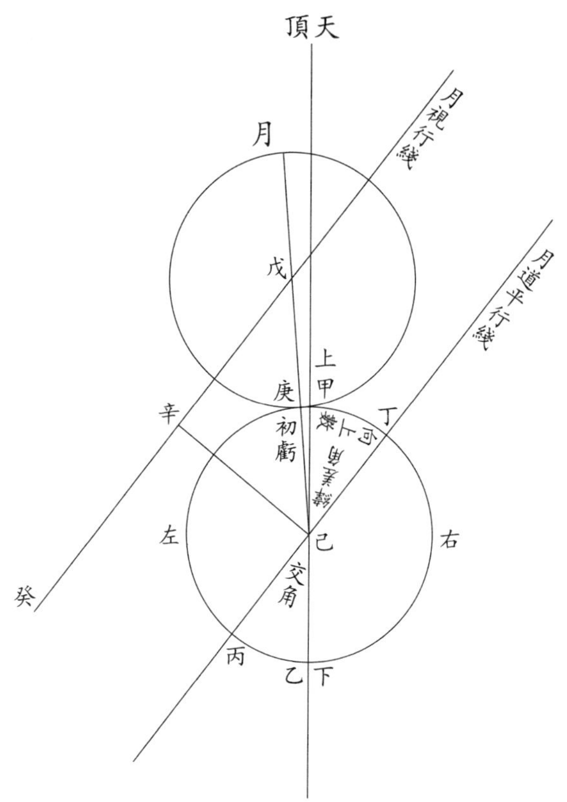

甲己丁交角，以丁甲爲度，從丁過己心作丁己丙月道平行綫。丁己庚緯差角，以丁庚爲度，因月視黄緯在北，從交道丁向上數至庚，以庚爲初虧之點。〔此亦緯差角大於定交角，故易右爲左。〕

如前，從己心向庚作透出綫，截之於戊，使己戊同并徑，則戊爲月心。從戊心作圓形，象初虧時太陰以其邊切太陽於庚。從戊作戊辛癸線，爲月視行之道，與丁己丙平行。又從己作己辛綫，爲月視黄緯，辛爲正角。

初虧圖四

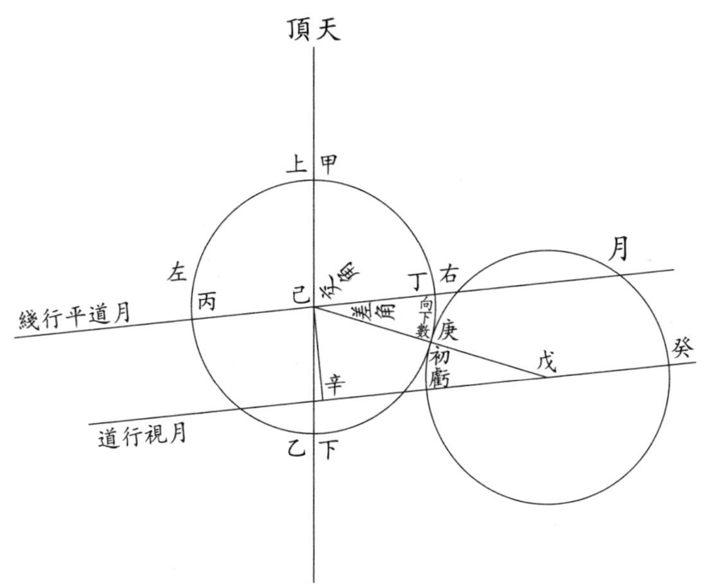

諸號同前，惟以月視黄緯〔即己辛。〕在南，故緯差角〔丁己庚角。〕從交道〔丁。〕向下數其度，〔至庚。〕爲初虧之點。

以上二者，爲日距限東。凡初虧在限東者，其定交角爲右上之角。然惟日食十分，與定交角同點，而初虧右上。其餘北緯者能易右上爲左上，南緯者能易右上爲右下。此二條可以推矣。

一圖食甚

先以食甚定交角作垂弧月道，於交點安太陽，並如初虧法。次於太陽周邊數定交角餘度，若日距限西，其度左旋；日距限東，其度右旋。並於日體上下方從垂綫數起，至定交角餘度止，各作點，聯爲一直線，稍引長之。此線與月道爲正十字，能過月道之極，即月道之經圈，食甚時，太陽、太陰並在此線之上。乃以月視黄緯求其距，若視緯在北，向上量之；視緯在南，向下量之。並從太陽心截取視緯，於月道經綫作點，即食甚時兩心之距也。以此爲心，月半徑爲度，規作月體，即見食甚時月掩太陽在日體上下左右幾何度分。此時兩心之距爲最近，其食分最深。於此線上分太陽光體爲十平分，即所食之分可見。若於太陽之邊數其所蝕光界，即知太陽周邊受蝕幾何度分。

若於月心作線，與月道經綫爲十字正角，即自虧至復月行之道也。兩端稍引長之，用并徑爲度，從太陽心截之，左右各得一點，即初虧、復圓之點也。〔右爲初虧，左爲復圓。〕如此即爲總圖。〔總圖惟食甚爲正形，初虧、復圓亦得大概，仍當於分圖攷之。〕

若食十分者，或全黑，或作金環，並無視緯，更無上下左右可論，不用此法。

又若食甚時定交角滿九十度，則北緯正對天頂，餘光有如仰盂；南緯正對地平，餘光有如覆椀。其月道左右平衡，其南北視緯即於垂弧取距，〔北緯自太陽心向上，南緯自太陽心向下，並以月視黄緯取其度，爲兩心之距。〕不須另作月道經綫。又於月道經綫以月視黄緯量其距，若陰曆向上量之，陽曆向下量之，並自太陽心量至視黄緯止。從此作線，與月道經綫爲十字角，即與虧復月行之道平行，南北差之理亦自可見。

食甚圖一

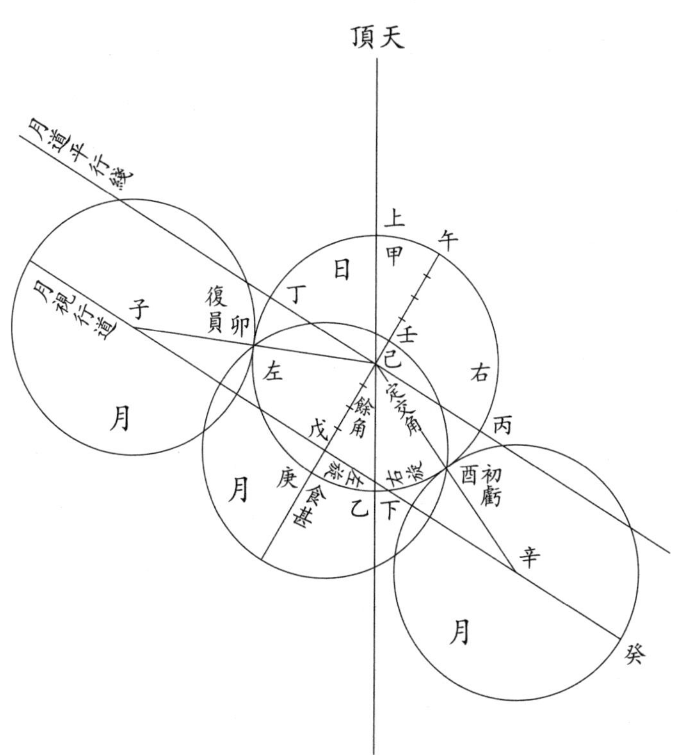

乙己丙爲定交角，其度自乙右旋至丙。丙己丁綫過太陽心，爲月道平行綫。乙己庚爲定交角之餘角，其度自乙左旋至庚，庚爲食甚所向之方。從庚過太陽心作午己庚線，爲太陽全徑分，爲十分。依月視黄緯，自太陽心己截至戊，以戊爲心、月半徑壬戊爲度作圓，以象食甚時掩日之月。計所掩徑自庚至壬，得蝕六分；餘光自壬至午，得四分。計所掩邊自酉過庚至卯，得缺光之邊一百三十分；餘光自酉過午至卯，得未掩之邊二百三十分，約爲蝕三之一而强。〔此以太陽邊周爲三百六十分也，分亦可名度。〕

從月心戊作戊癸線，與太陽徑爲十字角，與交線平行，是爲月視行之道。以并徑爲度，自太陽心己截戊癸月道於辛於子，各爲心，作太陰象，即見初虧於酉、復圓於卯，可當總圖。

食甚圖二

此與前圖皆食在限西，故乙己丙定交角同勢，惟月視黄緯在北，故用甲庚餘角，從甲左旋數至庚，爲食甚所向之方。亦作午己庚十分全徑，而透出之，用月視黄緯截之於戊。戊爲心，戊壬半徑作月體，交加於太陽光體之上。計所掩自庚至壬，得蝕四分有奇，其自未過庚至丑爲所蝕之邊。又如法，從戊心作月視行之道，以并徑截之於辛於子，各作月體，即見卯、酉爲虧復之點。

凡食在限西者，南緯必食甚左下，北緯必食甚右上。惟交角大者餘角小，交角小者餘角大，而大致不改，即二

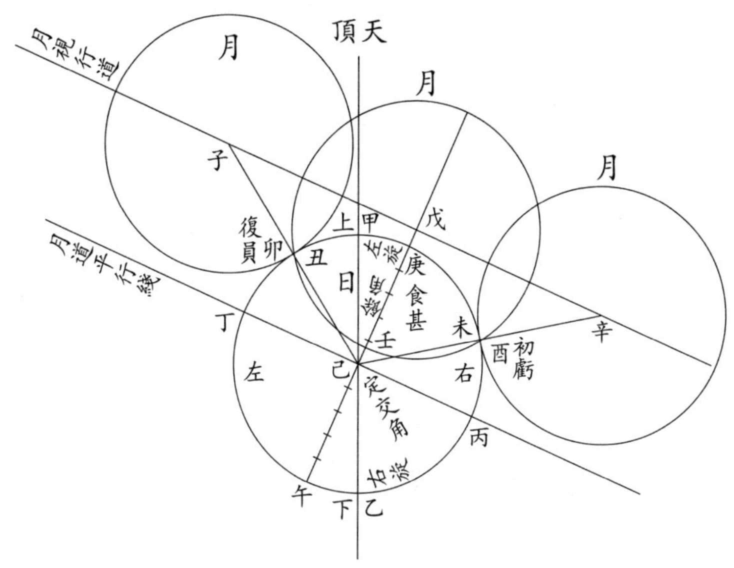

圖可概其餘。

其初虧交角必大於食甚，復員交角必小於食甚。全圖聊舉大意，仍以分圖爲定。

食甚圖三

乙己丙定交角，其度自乙左旋至丙，丙己丁過太陽心，爲月道平行綫。乙己庚餘角度，自乙右旋至庚，庚己午太陽全徑引長之，以月視黄緯度截之於戊，戊爲食甚時月心所到，其邊掩太陽至壬。午壬爲食甚所向之方，分太陽全徑爲十分，午壬爲所掩之分，得二分有奇，未午丑爲所缺之邊，約得九之二。

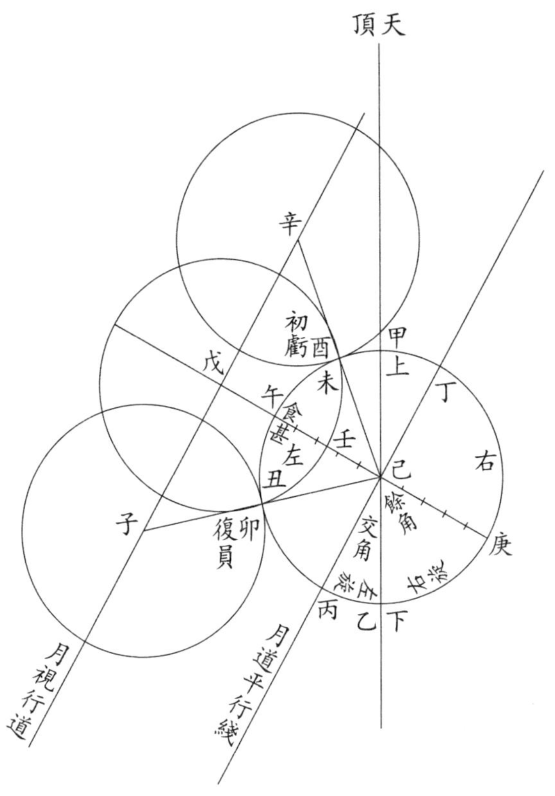

食甚圖四〔一〕

此與前圖皆食在限東，乙己丙交角同勢，惟月視黄緯在南，故用甲己午餘角。〔即乙己庚。〕右旋從乙至庚，庚點爲食甚所向。庚己午太陽全徑十分，以月視黄緯截己戊，戊爲月心，作太陰體，掩太陽至壬，得八分有奇。未庚丑爲所

〔一〕原圖"月道平行綫"訛作"月視平行綫"。

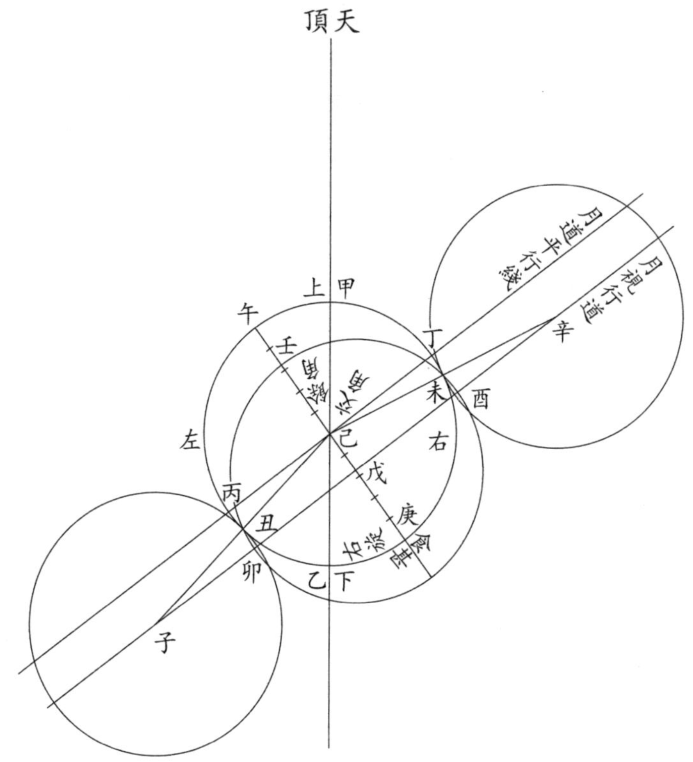

缺之邊，約得九之四。凡食甚在限東者，北緯必左上，南緯必右下，雖角有大小，其大致不變。以上二圖可概其餘。

以上食甚四圖，或居太陽體之左上、左下、右上、右下，並以定交角論其餘角，不論地平經度之東西南北，並同一理。即令食甚正午，而距限有東西，即交道有低昂，必無正北正南如舊法所云者也。

食甚圖五

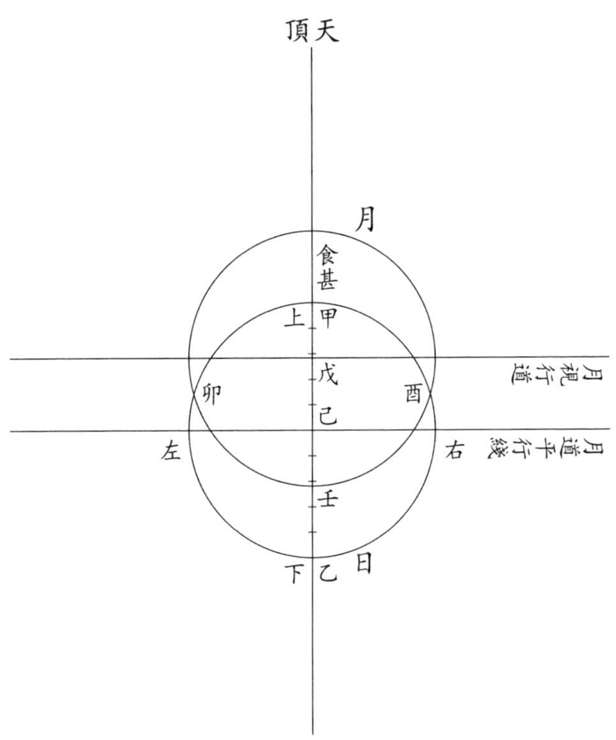

此月視緯在北，日食七分奇。

甲爲食甚，在日體上方，餘光如仰盂。

食甚圖六

此月視緯在南，日食五分。

戊爲食甚，在日體下方，餘光如覆椀。

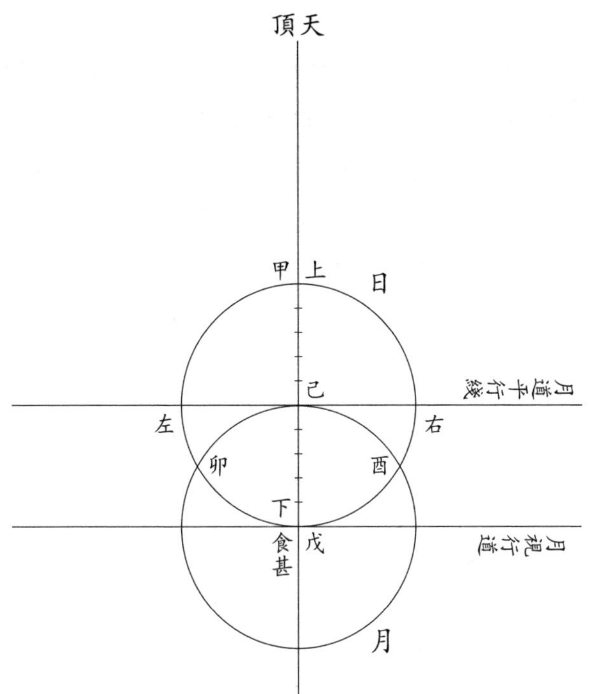

惟此二圖，是交角成象限。若〔一〕又居正南方，則北緯食甚可稱正北，南緯食甚可稱正南。

一圖復圓

以復圓定交角作垂弧、月道，安太陽，並如上法。

若食十分者，於太陽左方截取月道如月半徑之度，以此爲心，規作月體，與太陽邊相切，即復圓時後盈之點。

〔一〕輯要本"若"下有"食甚"二字，後文"北緯食甚""南緯食甚"之"食甚"並删。

〔圖亦見前。〕

若食不滿十分者，用緯差角度算太陽邊周之度，北緯向上數之，南向下數之，並從太陽左方交道起，數至緯差角度止，即爲復圓時後盈之點。自太陽心向此點作直線，透出其外，稍引長之，以并徑爲度，從心截取引長線作點，即復圓時兩心之距。以截點爲心，規作太陰，與太陽相切，即復圓時太陰行過太陽初離之象也。

復圓圖一

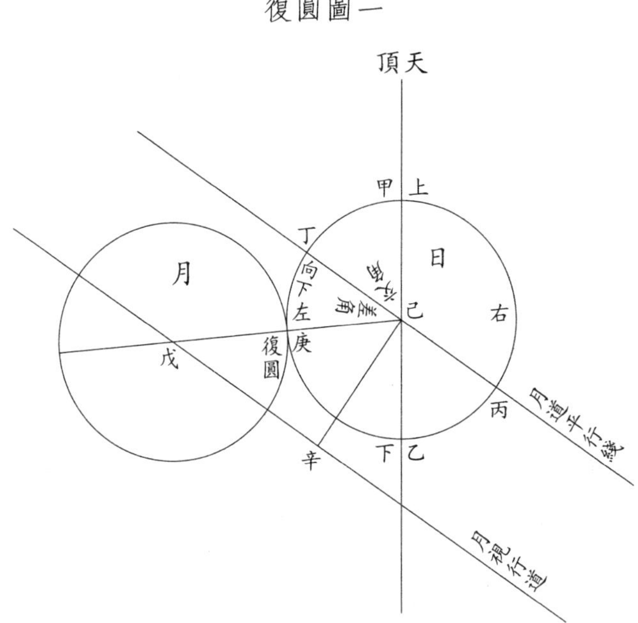

甲己丁交角，〔即乙己丙。〕其度甲丁。從丁過己心作丙己丁綫，引長之，即月道平行綫。

丁己庚爲緯差角，其度丁庚。因月視黄緯在南，從交道丁向下數其度至庚，庚即復圓時後盈之點。從太陽心己出直線過庚，而透出其外，爲己庚戊線，以并徑爲度，截之於戊。以戊爲心，月半徑爲界，作太陰圓體，切太陽邊於庚，即太陰行過太陽初離之象也。從月心戊作戊辛直綫，月視行之道也，而己辛者，月視黄緯也。

復圓圖二

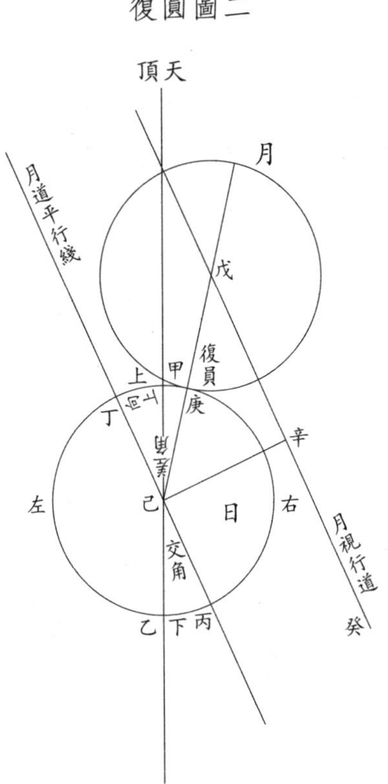

甲己丁交角，〔即乙己丙。〕其度甲丁。從丁作月道平行線，過己心至丙，而引長之。

丁己庚緯差角大於交角，而月視黄緯在北，法當從交道丁向上數丁庚之度，跨甲而至庚，庚即復圓時復光最後之點。又法：從己心作丙己丁之十字垂綫，乃以月視黄緯爲度，截之於辛，則己辛即食甚兩心之距也。從辛又作十字長垂綫〔一〕，與丙己丁交道平行，如戊辛癸，即月視行之道也。次以并徑爲度，截月視行道於戊，以戊爲心，月半徑爲度，作復圓時太陰象，即其邊切太陽於庚。

以上二圖，皆復圓距限西也。凡復圓限西者，其定交角爲左上之角，然惟食十分，其點不改，其餘則有易爲正左稍下如前圖者，有易爲右上如此圖者，餘可類推。

復圓圖三

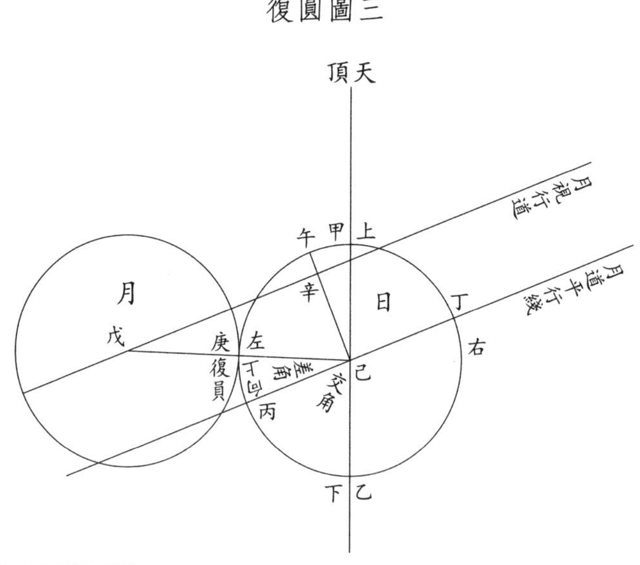

〔一〕長垂線，輯要本無“長垂”二字。

乙己丙交角，以乙丙爲度，從丙作月道平行線，過己心至丁，而引長之。

因月視黄緯在北，從交道丙向上數緯差角丙己庚之度至庚，即庚爲復圓之點。又法：以丁午丙半周度折半於午，從午作線至太陽心己，爲丙己丁之十字垂線。於此垂綫上截取辛己如月視黄緯，即於辛點作十字交線，與交道綫〔即月道平行綫。〕平行，爲月視行之道。於此月視行道取戊己斜距如并徑，則戊點即復圓時太陰之心。從心作太陰體，即切太陽於庚，而正居太陽左方。

復圓圖四

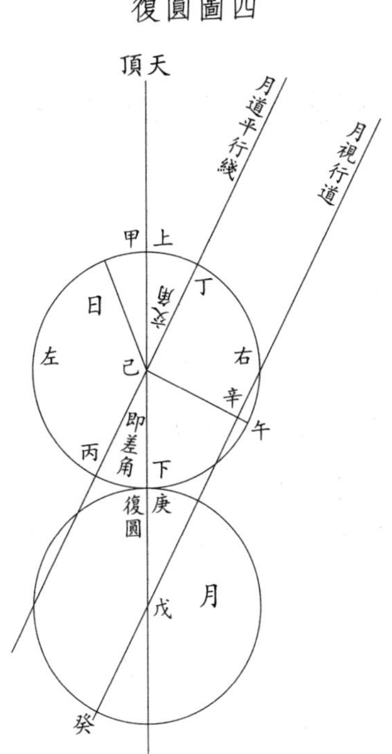

此交角與差角同度也。庚己丙交角，其度自庚數至丙點，爲月道平行綫所過。〔丙己丁過心綫爲交道，即月道平行綫。〕丙己庚差角自丙數至庚，〔因南緯，向下數。〕庚點爲復圓時太陰初離太陽邊，猶相切之處也〔一〕。差角丙庚之度與交角庚丙等，故相减至盡，而正居太陽之底也。如用又法，從己心作己午垂綫，以月視緯截辛點。從辛作十字綫如辛癸，與交綫平行，爲月視行道。即可以戊己并徑截戊點爲太陰心，其邊即切太陽於庚，亦同。

凡復圓限東者，定交角必居左下。然惟食十分者則然，其餘則有變爲日體正左或日體正下者，如以上二條者，可類推也。

黄道九十度算法之理〔二〕〔與張簡庵問答。〕

曆書有求九十度限距天頂及距子午規法，今正厥圖。

天頂過黄極之線必爲直角

甲爲九十度限，乙爲黄道過午規交角，乙丙爲黄道在午規距天頂之度。今用乙甲丙正弧三角形，有甲正角、乙交角、乙丙弧，而求甲丙弧，爲九十度距天頂之度。法爲半徑與丙乙弧正弦，若乙角之正弦與丙甲正弦也。

〔一〕太陰初離太陽邊猶相切之處也，輯要本作“太陰將離太陽之處”。
〔二〕自此以下至卷末，鵬翮堂本無。

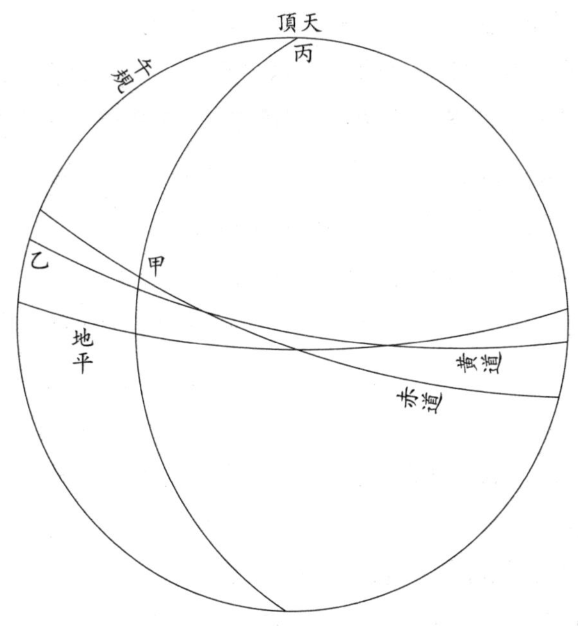

一　半徑

二　丙乙正弦

三　乙角正弦

四　丙甲正弦

增沿曆書,乃以丙乙餘弦與乙角餘弦相乘爲實,半徑除之,得丙甲正弦,失其旨矣。

簡菴曰:甲角非正角也,何以言之?自天頂出線過赤道則爲正角,其過黄道不能成正角。甲角既爲天頂線過黄道所作之角,則必非正角。勿菴曰:不然。甲點者九十度限也,若甲非正角,則不得爲九十度限矣。

簡菴曰:赤道能爲正角者,以天頂線能過北極也。若黄極則不能過天頂,天頂線既不串黄極,則甲必不能爲正角,明矣。勿菴曰:子午線所以能穿天頂與北極者,以赤道在地平上半周一百八十度而交子午圈處,爲其折半最中之處,故天頂線交赤道成十字角也。天頂線與赤道作正角,惟此一處。蓋惟此處能使地平經線〔即天頂出線至地平分方位之線。〕與赤道經線〔即北極出線至赤道分時刻之線。〕合而爲一,〔從地平經線言之爲子午規,從赤道言爲過極圈。〕他處則不能也。黄道亦然,其在地平上亦一百八十度,每度並從黄極出經線,至黄道上成正角,但不能過天頂。而必有一度爲黄道半周折半之處,則此一經線必過天頂而穿黄極。天頂線既穿黄極,則其交黄道處,必成十字正角矣。天頂線與黄道作正角,亦惟此一處。〔亦如赤道之有子午規。〕蓋亦惟此處能使地平經線與黄道經圈合而爲一,而他度不能。西法用九十度限,其理如此。故甲角必正角。簡菴聞此,欣然首肯焉。

求九十度距天頂又法

本法用乙甲丙形,求丙甲爲九十度距天頂。今依簡菴説,用丁戊丙形,求得戊丙爲天頂距黄極之度,以減象限,即得丙甲距天頂之度。

法曰:以正午黄經之赤道同升度取丁角,〔從冬至數之即得。〕以各地北極出地餘度取丁丙邊,以兩極相距二十三度半爲丁戊邊。

是爲一角兩邊,可求戊丙邊。

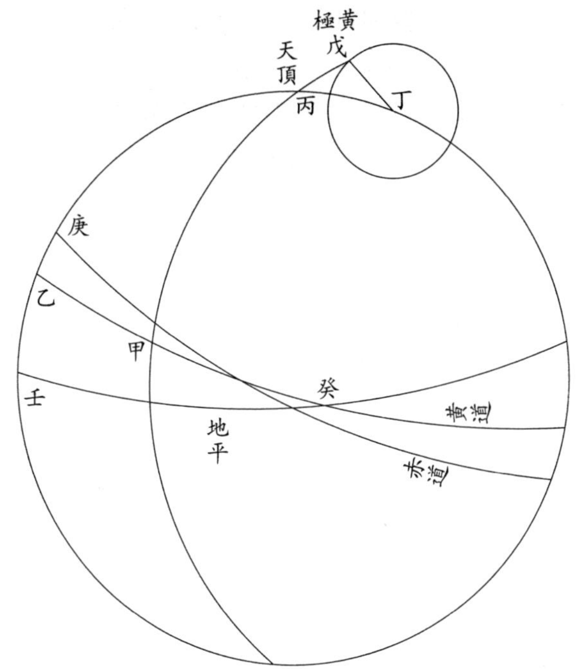

若用垂弧法，雖多轉折，其理無訛。若用加减代乘除，法乃捷矣〔一〕。

又按：此以正弧形爲本形，改用斜弧爲次形，亦弧三角中一法，往所未及也。可見學問相長之無窮〔二〕。

既得甲丙邊，又原有乙丙邊、甲正角，可求甲乙邊，爲九十度距午規〔三〕。

〔一〕“若用垂弧法”至“法乃捷矣”，輯要本删。

〔二〕可見學問相長之無窮，輯要本删。

〔三〕“既得甲丙邊”至“九十度距午規”，輯要本删。

新立算白道九十度限高法

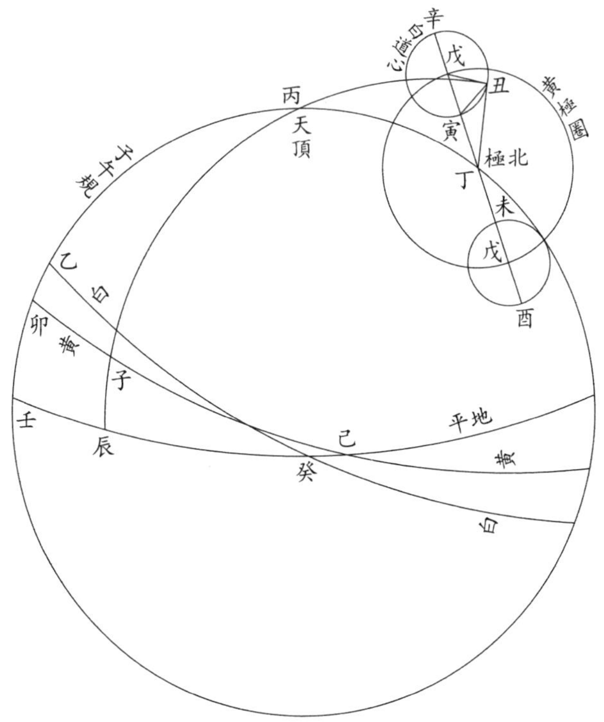

丁北極，戊黄極，丑寅圈徑五度，爲白道極所行之跡，丑爲今所求月道心。〔即白道極所到。〕得丑寅邊，爲丑戊寅角之度，亦即爲丁戊丑角度。

先用丁戊丑弧三角形，有丁戊邊，〔爲兩極距二十三度半。〕有丑戊邊，〔爲月道大距五度。〕有戊角，〔即上所論。〕可求丑丁邊，爲白道極距北極之弧，可求丑丁戊角。

次用丁丑丙弧三角形，有丑丁弧，〔爲先所求。〕有丙丁丑角，〔以先有之戊丁丙角與今得之丑丁戊角相加減，得丙丁丑角。〕有丁丙邊,〔即本地北極出地餘度。〕可求丑丙邊,爲白道極距天頂之弧,亦即爲白道九十度距地平之高度。

求白道極所在。〔即丑點。〕法曰:凡白道極,隨交點而移,交點逆行,故白道極亦逆行也。先求正交〔或中交。〕在黄道度分,離此一象限,即爲半交最遠之所。此點與白道極相應,若係半交是陽曆,則白極在黄極南;半交是陰曆,則白極在黄極北。極距黄極五度奇,即丑戊也。丑戊弧五度,循黄極而左旋,有時而合於兩極距綫,爲寅戊或戊辛,則無丑戊丁角。自此以外,皆有戊角,此算之根也。

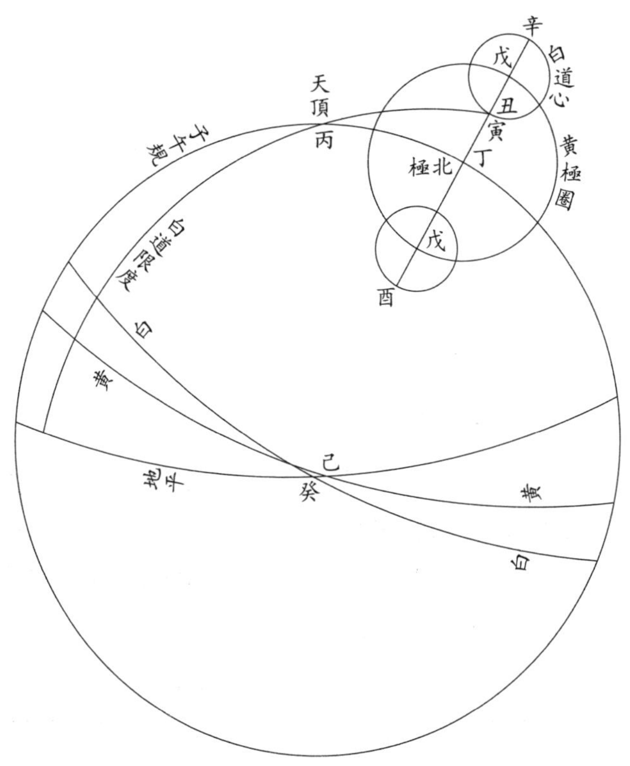

設白道極〔丑〕在寅，即無丑戊寅角，法當以戊寅五度〔白極距黄極。〕與丁戊二十三度半相減，餘十八度半爲寅丁。寅丁丙弧三角形有寅丁邊，〔爲白極距北極。〕有丁丙邊，〔北極距天頂。〕有丁角，可求寅丙邊，爲白極距天頂。

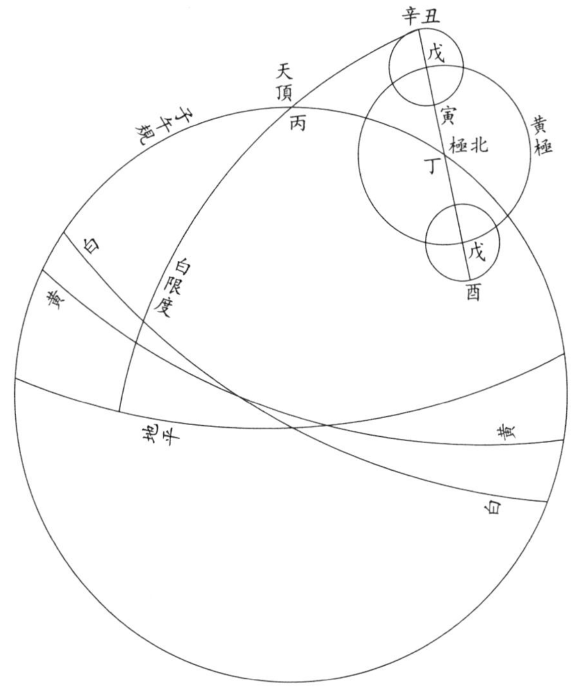

又設〔丑〕點在辛，即以戊辛加戊丁爲一邊，〔辛丁。〕如上法可求辛丙弧，爲白極距天頂。

以上二者，因白極距黄極之線與黄極距北極，同一大圈之經度，故丁戊線有加減，而丁角無加減，故只用一弧三角形，即可得之。此惟月邊半交在二至度，然後能如是。

設正交在秋分之度，中交在春分之度，則陽曆半交在冬至黄道外，陰曆半交在夏至黄道内，各五度奇。而白道極在兩極距線外，亦五度奇，如辛如酉。

法當以白黄大距五度奇〔辛戊或酉戊。〕加兩極距二十三度半，〔戊丁。〕共得二十八度半奇，〔辛丁或酉丁。〕爲一邊，丁丙爲一邊，〔北極距天頂。〕丁爲一角，〔或辛丁丙，或酉丁丙。〕可求辛丙邊，〔或酉丙邊。〕即白道極距天頂度。以減九十度，餘爲白道距天頂度。〔捷法：即以所得白道極距天頂命爲白道九十度距地平。〕

此圖丁辛線已用弧線，不能作兩白道極圈。

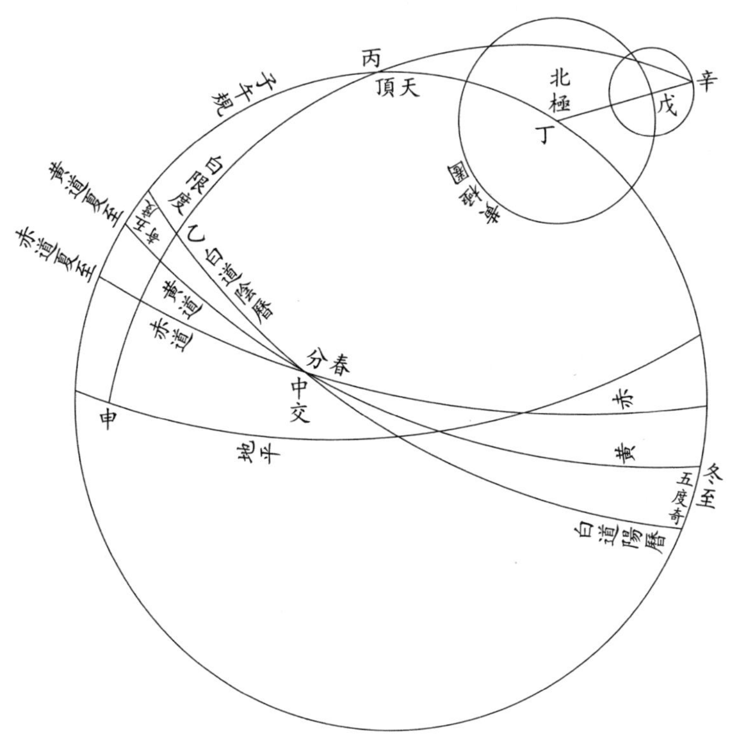

如圖，丙爲天頂，丁爲北極，丁戊二十三度半。即以丁爲心，戊爲界，運規作圓，即黄極繞北極之圈。再以丁戊引長之，至於辛。又以戊爲心、辛爲界作圓，爲白極繞黄極之跡戊辛，爲黄白距五度奇。〔此圖則戊酉可省。〕

今聯丁辛丙成三角形，如上論，餘觀圖自明。

更當明者，白道限度之不能與黄平象限同在一度，即若黄平象限之不能與赤道高度同在一度同也。黄平象限與赤道高度能在一經度者，惟極至圈在子午規之度爲然。白道限度之能與黄平象限同在一經度者，惟兩交在二分之度，又極至圈同在午規時也。

又設正交在春分之度，中交在秋分之度，則陽曆半交在夏至黄道外，陰曆半交在冬至黄道内，各五度奇。而白道極在兩極距線内，亦五度奇，如寅如未。

法當以白黄大距五度奇〔寅戊或未戊。〕去減兩極距二十三度半，〔戊丁。〕得餘十八度半弱，〔寅丁或未丁〕爲一邊，丁丙爲一邊，丁爲一角，〔或寅丁丙，或未丁丙。〕可求寅丙邊，〔或未丙邊。〕爲白極距天頂，即命爲白道九十度距地平之高。圖如後。

以上二者，並只用一弧三角形，何則？以交點在二分也。交點在二分，則半交與白極並在極至交圈，故丁戊弧自有加減，而丁角無加減。若交點離二分則否，何則？交點逆行，即羅計度也。交點周於天，而半交大距亦一周天，而白極亦周於黄極左右之小圈，故丁角有加減，而必用兩三角形也。

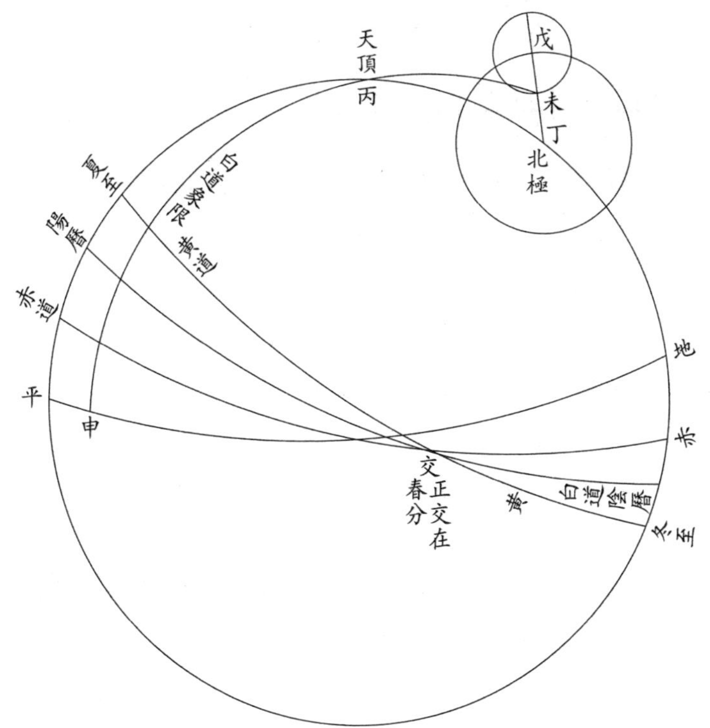

求戊角。〔用兩三角形，必先取戊角。〕法曰：正交在秋分，則白極在辛。〔即在酉。〕從辛左旋，過丑至寅，而復於辛，以生戊角。戊角之度，或鋭或鈍，皆以交點距分之度命之。

白極小圈以羅計一周，而復於元〔一〕度。〔假如正交自秋分向夏至逆行，過秋分二十度，則白極離辛點亦二十度，以減半周，餘百六十度，爲戊鈍角。〕

求丁角。〔戊丁丙角。〕法曰：視極至交圈距午圈若干度

〔一〕元，輯要本作"圓"。

分，即得戊丁丙角。〔以加時午正黄道度取之。〕

白道九十度限用法

依前所論，以求加時白道九十度限在地平上之高，的確不易。〔用斜弧三角形。〕但如此，則交食表所算九十度限俱可不用，當另算白道九十度表。

法曰：丑戊丁三角形，以丁戊邊、〔兩極距二十三度半。〕丑戊邊、〔白極距黄極五度。〕戊角〔白極距冬至經圈之度，亦即正交離秋分之餘度。〕爲二邊一角，可求丁丑邊、〔此邊之度天下所同。〕丁角。〔此角亦天下所同。〕其法並以戊角之大小立算。〔只算半周，可以立表矣。〕

正交在〔秋分前，以過夏至而至春分
春分前，以過冬至而至秋分〕之度，角在極至圈〔西
東〕。

戊丁丙三角形，求丁角。

法曰：以應時法求加時午正黄道，〔可借用黄道九十度表。〕取其赤道同升度，即得丁角。

視同升度在冬至後半周，其距冬至度即爲丁角。〔其角在子午線西。〕若同升度在夏至後半周，即以距夏至度去減半周，餘爲丁角。〔其角在子午線東。〕此丁角亦天下所同。

丑丁丙三角形，先求丁角。

法曰：以先有之兩丁角相減，或相併，即得丁角。

兩丁角俱在西，或俱在東；〔則相併。〕兩丁角一在西，一在東。〔則相減。〕此丁角亦天下所同。

次求丁丙邊。

法曰：丁丙者，各地之北極距天頂也。以北極高度減象限得之。

次求白道九十度限之高。

法曰：既有丁角、〔即上所求。〕丁丑邊、〔即先所求。〕丁丙邊，〔即極距天頂。〕爲一角兩邊，可求丑丙邊，〔爲白極距天頂度。〕以減象限，得白道九十度限距天頂，亦即得其距地平之高。

既得白道九十度限距地平之高，再求得月在白道上距九十度限之度分，〔法以月距交前交後度，減象餘即得。〕可求其交角。〔白道交天頂經度之角也。〕

此交角可借黄道交角表用之，但須補作黄道北五度表。既得交角，則高下差可知，而東西南北差悉定矣。

月食圖訂誤

康熙四十三年五月十七日乙卯望月食分秒時刻并起復方位

京師月食十分三秒

初虧子正二刻二分　東北

食既丑初三刻八分

食甚丑正一刻二分

生光丑正二刻一分

復圓寅正初刻一分　正北稍偏西

欽天監月食圖

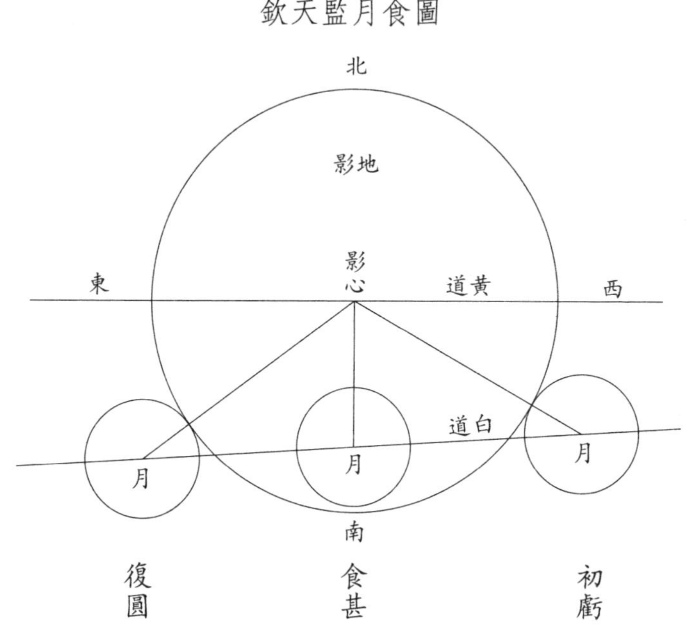

右計食限内凡十三刻十三分。

按：食限内共十三刻十三分，折半得六刻十四分，故以此減食甚時刻得初虧，〔自初虧子正二刻三分至食甚丑正一刻二分，正得六刻十四分。〕加食甚亦得復圓。〔自食甚丑正一刻二分至復圓寅正初刻一分，亦得六刻十四分。〕是虧至甚、甚至復時刻適均也。時刻所以適均者，月行天之度均也。然則作圖之法，自當以食甚月體置於虧、復兩限適中之處，而不宜偏側矣。今監頒蝕圖，乃偏置於東。若是，則虧至甚月行之度分多，甚至復月行之度少，度既不均，則時刻亦宜增減。若時刻既無增減，則圖之偏者，必非正法矣。

又按：食既至食甚、食甚至生光，時刻亦宜適均，與虧至甚、甚至復之理無二。〔曆書本法，虧、復折半之數謂之食甚距分，以減食甚得初虧，若以加食甚，得復圓。其食既至生光折半數謂之食既距分，以減食甚得食既，以加食甚亦得生光，並無長短伸縮。〕今圖中所注食既至食甚時刻多，〔食既是丑初三刻八分，至食甚丑正一刻二分，計一刻〇九分。〕食甚至生光時刻少，〔食甚丑正一刻二分〔一〕，至生光丑正二刻一分，只十四分。〕相差十分，何也？豈以食甚圖偏而自疑其法耶？不然，何以若是？

又按：交食表食甚距分是一時四十四分，〔即監推六刻十四分。〕食既距分是四十二分，〔實計二刻十二分。〕月食只十分〇三秒，食既生光不得有五刻九分之久。〔倍食既距分得八十四分，實五刻〇九分。〕蓋覺其非是，而棄表不用也。然表之數宜改，而其法不宜改。〔表自既至生光五刻九分，監推只二刻〇八分，是改數也。曆書以距分加減食甚，得既與生光，而監推相差三分刻之二，是改法也。〕今改其數，并改其法，不知何所見而云然也。

或疑月行有遲疾，自生光至食甚行遲，故歷時刻多；食甚至生光行疾，故歷時刻少。此亦説之可通者也，然月之遲疾必以漸成，決無於二刻八分中頓有十分之差。〔月平行二刻八分，只行天三分度之一而弱。〕且食既、生光既有遲疾之差，初虧、復圓何以獨無？可謂進退失據矣。

又按：食甚云者，以月於此時侵入闇虛獨深也，則其距前後之時刻，必爲折中均平之處也。故月食未既者，必於食甚時定其食分，以此時所蝕之分最大也，〔假如月食九分，

〔一〕二分，原脱，據前文補。

則惟食甚時能滿九分，前後皆少。食八分以下盡然。〕是以謂之食甚。若圖有偏側，不得謂之食甚矣。

食未既時，有食分以攷之；〔食分最多時，始爲食甚。〕食既矣，則食甚無可指，惟賴食既、生光時刻折半取中。而今乃相差若此，又何所據而爲食甚耶？

又詳檢之，初虧至食既，〔計五刻五分。〕食既至食甚，〔計一刻九分。〕食甚至生光，〔計十四分，不滿一刻。〕生光至復圓，〔計六刻。〕無一相同，而遲疾皆不倫。初限較末限既先疾而後遲，〔初虧至食既五刻五分，是初限行疾也；生光至復圓整六刻，是末限行遲也。〕二限較三限又先遲而後疾，〔食既至食甚一刻九分，是次限行遲也；食甚至生光只十四分而不滿刻，是三限又行疾也。〕是初虧行疾限，至食既而忽遲；食既行遲限，至食甚而頓疾；食甚行疾限，至生光以後而又遲。不識月轉遲疾，有如此行度否乎？

兼濟堂纂刻梅勿菴先生曆算全書

交食蒙求〔一〕

〔一〕此書最早刻本是康熙四十四年前後李光地保定刊本，書名題作交食蒙求訂補，凡二卷，卷一爲日食蒙求，卷二爲日食蒙求附説。與勿庵曆算書目曆學類著録的交食蒙求訂補二卷、交食蒙求附説二卷中的日食部分相當。康熙刻本卷一附"算赤道宿度用弧三角形法"，與勿庵曆算書目著録的求赤道宿度法内容相當。曆算全書在康熙本基礎之上，增加月食蒙求一卷，同時在卷二日食附説後附"日食三差圖"。乾隆元年，鵬翮堂刊宣城梅氏算法叢書五種，收録此書，題交食蒙求訂補，與曆算全書本内容大致相同，但無卷二"日食三差圖"。梅氏叢書輯要將交會管見一卷與交食蒙求三卷合爲一種，題作交食，收入卷五十一至卷五十四，其前三卷交食一至交食三與曆算全書本各卷一一對應。四庫本收入卷二十六至卷二十八。

<table>
<tr><td colspan="2">**步日食式**〔一〕</td><td>**依京師立算**</td></tr>
<tr><td colspan="3">康熙　年　月　朔日食分秒時刻及方向</td></tr>
<tr><td>計開</td><td colspan="2">附帶食</td></tr>
<tr><td>食　分　十　秒</td><td colspan="2">日　時帶食　分　秒　地平</td></tr>
<tr><td>初虧　刻　分
食甚　刻　分
復圓　刻　分
限内共　時　分</td><td>日出　刻　分
在日出　分　見
在日　分　見
在日入　分　見
日入　刻　分</td><td></td></tr>
<tr><td colspan="3">日躔黄道　宫　度　分　宿　度　分
赤道　宫　度　分　宿　度　分</td></tr>
</table>

〔一〕以下"步日食式"、日食四圖、"算式"凡七紙，康熙本與底本同在卷首，雍正二年本、鵬翮堂本在卷二日食附説補遺後，四庫本與輯要本在卷一"日食蒙求補遺"後。

總圖〔一〕

初虧正形以後三圖並依管見法。

食甚正形

復圓正形〔二〕

〔一〕四庫本"總圖"後有小字"缺"。以下日食四圖均有目無圖，輯要本删。底本原缺"初虧正形""食甚正形"二目，二年本爲空白頁，今據康熙本、鵬翮堂本補。

〔二〕四庫本"復圓正形"後有小字"缺"。

算式

一求諸平行		日		時		分		秒
首朔根								
紀日								
朔策								
平朔								
太陽引根								
朔策								
太陽平引								
太陰引根								
朔策								
太陰平引								
交周度根								
朔策								
交周平行								
太陽經度根								
朔策								
太陽經平行								
二求日月相距		宫		度		分		秒
日定均								
月定均								
距弧								
距時								

續表

三求實引		日 宮		時 度		分		秒
置太陽平引								
日引弧								
日實引								
置太陰平引								
月引弧								
月實引								
四求實距								
日實均								
月實均								
實距弧								
實距時								
五求實朔		日		時		分		秒
置平朔								
實朔								
六求實交周		宮		度		分		秒
置交周平行								
交周距弧								
交周次平行								
置月實均								
實交周								
七求日實度								

續表

置日經度平行								
日距弧								
日次平行								
置日實均								
日實度								
八求視朔								
置實朔								
加減時								
視朔								
九求徑距較數		日 宮		時 度		分		秒
月距地								
月半徑								
日半徑								
并徑								
月實行								
十求近時		宮 日		度 時		分		秒
日實度變時								
午後距視朔時								
總時								
黄平限度								
置日實度								
日距限度								
限距地高								
日赤緯								

續表

日距地高								
月高下差								
兩圈交角								
定交角								
時差								
近時距分								
置視朔								
近時								
十一求真時		日		時		分		秒
置總時								
置近時距分								
近總時								
黄平限度								
置日實度								
日距限度								
限距地高								
日距地高								
月高下差								
兩圈交角								
定交角								
置先得時差								
倍先得時差								
近時差								
視行								
真時距分								
置視朔								

續表

真時								
十二求考定真時		宮		度		分		秒
置總時								
置真時距分								
真總時								
黄平限度								
置日實度								
日距限度								
限距地高								
日距地高								
月高下差								
兩圈交角								
定交角								
氣差								
真時差								
真距度								
距較度分								
距時損益分								
置真時距分								
定真時距分								
置視朔								
考定真時								
十三求食分		日		時		分		秒
置實朔								
置定真時								

續表

距時								
置實交周								
距時交周								
定交周								
月實緯								
置氣差								
月視緯								
并徑減一								
并徑減距								
食分								
十四求初虧時刻		宫 日		度 時		分		秒
日食月行								
置真總時								
異號〔一〕								
前總時								
黄平限度								
置日實度								
日距限度								
限距地高								
日距地高								

〔一〕此列及前三空列，四庫本删。底本此後空兩行，無欄線。

續表

月高下差								
定交角								
前時差								
置真時差								
差分								
置月實行								
視行								
初虧距分								
置定真時								
初虧時刻								
十五求復圓時刻		日 宮		時 度		分		秒
後總時								
黄平限度								
置日實度								
日距限度								
限距地高								
日距地高								
月高下差								
定交角								
後時差								
置真時差								
差分								
置月實行								
視行								
復圓距分								
置定真時								

續表

復圓時刻								
置初虧時刻								
限内共時								
十六求宿度		日宫		時度		分		秒
黄道宫度								
宿鈐加歲差								
黄道宿度								
赤道宫度								
宿赤宫度								
赤道宿度								

交食蒙求卷一〔一〕

宣城梅文鼎定九著

柏鄉魏荔彤念庭輯　男　乾斅一元
士敏仲文
士説崇寬同校正

錫山後學楊作枚學山訂補

曆書有交食蒙求、七政蒙引二目〔二〕，刻本逸去。兹以諸家所用細草補之，并稍爲訂定，以便初學。

日　食

一求諸平行

首朔根	檢二百恒年表，本年下首朔等五種年根并紀日録之。
朔策	用十三月表，以所求某月五種朔策之數，録於各年根下。
平朔	以首朔日時與朔實及紀日并之。〔滿二十四時進一日，滿六十日去之。〕

〔一〕原無此題，據底本中縫加。本篇下同。

〔二〕目，原作"日"，據諸本改。

太陽平引　以太陽引根與朔策并之。
太陰平引　以太陰引根與朔策并之。
交周平行　以交周度根與朔策并之。
隨視其宫度：
〇宫二十度四十分内；
五宫〇九度二十分外；
六宫十一度二十分内；
十一宫十八度四十分外；
以上俱有食，再於實交周詳之。
太陽經平行　以太陽經度根與朔策并之。

二求日月相距

日定均　以太陽平引宫度檢一卷加减表，如平引滿三十分，進一度查之。〔記加减號。〕
月定均　以太陰平引宫度檢一卷加减表，如平引滿三十分，進一度查之。〔記加减號。〕
距弧　以日月定均同號相减，異號相加，即距弧。
距時　以距弧度分於四行時表月距日横行内，檢取相當或近小數，以减距弧得時。〔視相當近小數本行上頂格所書時數録之，即是。〕其餘數再如法取之，得時之分秒。〔依上法，用相當近小數取之。〕并所得數，即爲距時。
隨定其加减號：
兩均同减者，日大則减，日小則加。

兩均同加者，日大則加，日小則減。
兩均一加一減者，加減從日。

三求實引

日引弧　以距時時及分，入四行時表，取太陽平行兩數〔兩數謂時及分，下同。〕并之。〔依距時加減號。〕

日實引　置太陽平引，以日引弧加減之，即得。

月引弧　檢四行時表，取距時〔時分〕下太陰平引兩數并之。〔依距時加減號。〕

月實引　置太陰平引，以月引弧加減之，即得。

四復求日月相距

日實均　以日實引宮度檢一卷加減表，如實引滿三十分，進一度查之。〔記加減號。〕

月實均　以月實引宮度檢一卷加減表，如實引滿三十分，進一度查之。〔記加減號。〕

實距弧　以日月實均同減異加，即得。

實距時　以實距弧度分檢四行時表，與前距時同。〔加減號亦同前。〕

五求實朔

實朔　置平朔，以實距時加減之，即得。如加滿二十四時者，進一日；不及減者，借二十四時減之，則退一日爲實朔也。

六求實交周

交周距弧　檢四行時表，以實距時〔時分〕取交周平行兩數并之，即得。〔依實距時加減號。〕

交周次平行　置交周平行，以交周距弧加減之，即得。

實交周　置月實均，〔記加減號。〕以加減交周次平行，即得實交周。

隨視其宮度以辨食限：

凡陰曆〇宮十七度四十分以内，

五宮十二度二十分以外；

凡陽曆六宮〇八度二十分以内，

十一宮廿一度四十分以外。

實交周入此限者，並有日食。

七求躔離實度

日距弧　以實距時〔時分〕檢四行時表，取太陽平行兩數并之，即得。〔依實距時加減號。〕

日次平行　置太陽經度平行，以日距弧加減之，即得。

日實度　置日實均，〔記加減號。〕以加減日次平行，即日實度。

八求視朔

加減時　以日實度檢一卷加減時表，〔如日實度滿三十分，進一度取之。〕記加減號。

視朔　置實朔，以加減時加減之，即得。

九求徑距較數

月距地　以月實引查二卷視半徑表月距地數，即得。〔度取相近者用之。〕

月半徑　查月距地下層有太陰之數，即月半徑。

日半徑　以日實引加減六宮，檢視半徑表，取太陽之數，即得。〔日實引在六宮以下加六宮，如四宮則用十宮；實引在六宮以上減六宮，如十宮則用四宮。〕

并徑　以日月二半徑并之，即是。

月實行　以月實引宮度〔滿三十分，進一度查。〕檢二卷太陰實行表。〔度取相近者用之。〕

十求近時

總時　檢四卷九十度表，〔九十度表，一名黄平象限表。其表隨地不同，如在京師立算取四十度，在江南取三十二度，各依極出地，取本表用之。〕以日實度取表第一行宮度，得相對第二行幾時幾分。另以視朔時分與十二時相加減，得數以加入之，即爲總時。總時過二十四時去之，用其餘。

加減十二時法：

視朔在十二時以上，減去十二時；〔止用

餘數。〕

視朔在十二時以下，加上十二時用之。

日距限　以總時〔時分〕入黄平象限本表第二行，取其相對第三行九十度限下之宫度分。用中比例，得數與日實度相減，即得日距限度分，并東西號。

定東西法：

日實度大，内減限度，日在限東。

日實度小，去減限度，日在限西。

限距地高　以總時〔時分〕相對本表第五行限距天頂數，置象限九十度減之，餘數即限距地高。

日赤道緯　以日實度在三宫以下者加九宫，在三宫以上者減去三宫，用檢五卷太陽距赤緯表，即得。〔記書南北號。〕

日距地高　以日赤緯、視朔時檢六卷高弧表，〔高弧隨地不同，各依北極高度取用。〕先以緯度或南或北之數檢右直行，次以視朔檢上横行，其視朔滿十二時去之，用其餘刻入表；〔假如十二時三十三分，止以三十三分作二刻入表。〕不滿十二時，則置十二時減之，用其餘入表。〔如減餘一時，即作四刻。〕

月高下差　以九求月距地數及日距地高度，〔滿三十分進一度。〕檢八卷太陽太陰視差表，先以月距地數檢右直行，次以日距地高檢上横行,得數内減去本數上之太陽視差分秒,即月高下差。

兩圈交角　用本求日距限、限距地高,〔滿三十分進一度。〕檢七卷交角表,〔以限距地查左右直行,以日距限檢上横行,用中比例取之。〕得數以減象限,即得。

定交角　置交角,加減白道角五度,爲定交角。〔實交周是〇宫、十一宫,日距限在限西則減,在限東則加;若實交周是五宫、六宫,日距限在限西則加,在限東則減。〕

時差　用定交角、月高下差檢八卷時氣差表。〔以定交角檢左右直行,以月高下差檢上横行。〕即得時差。〔順度用上時差號,逆度用下時差號。〕

近時距分　月實行化秒爲一率,六十分爲二率,時差化秒爲三率。二三相乘,一率除之,即得。〔零及半者,收作一數。〕

近時　置視朔,以近時距分加減之,即得。〔日在限西則加,限東則減。如定交角大於象限,則反其加減;若適足象限,則無時差,即以視朔爲食甚真時,不用後法。〕

十一求真時

近總時　置總時,以近時距分加減之,即近總時。〔日在限西則加,限東則減。〕

日距限　以近總時,如前法取之,記東西號。

限距地高　以近總時,如前法取之。

日距地高　以日赤道緯及近時，如前法檢高弧表。
月高下差　以九求月距地及本求日距地，如前法檢視差表。
兩圈交角　以日距限、限距地高，如前法檢交角表。〔如前加減爲定交角。〕
近時差　以定交角度及月高下差，如前法檢時氣差表。
視行　以近時差與先得時差相減爲較。若先得時差小，以較減之；若先得時差大，以較加之，即爲視行。又捷法：倍先得時差，内減去近時差，得視行，亦同。
真時距分　以十求内先得時差化秒，與近時距分相乘爲實，以視行化秒爲法除之，即得。
真時　置視朔，以真時距分加減之，即真時。〔亦以限西加、限東減。〕

十二求考定真時

真總時　復置總時，以真時距分加減之，〔日在限西則加，限東則減。〕即真總時。
日距限　限距地高〔並以真總時查。〕　日距地高〔以真時。〕
月高下差　兩圈交角〔定交角。〕　以上並如前法。
真時差氣差　以本求定交角、月高下差，如前法取時差表内，得時差，即得氣差。

真距度　以真時距分與月實行化秒相乘爲實，一小時化秒爲法除之，得數爲真距度。〔秒六十收爲分。〕

食甚定時　以所得真距度與本求真時差相較，若相等者，即用真時爲食甚定時。〔如此，即不用後條距較考定法。〕

距較度分　若真距度、真時差相較有餘分，即爲距較度分。〔差數秒不論。〕

距時損益分　以真時距分與距較度分化秒相乘爲實，十求内先得時差化秒爲法除之，得數爲距時損益分。若真時差大於真距度，則爲益分；真時差小於真距度，則爲損分。〔須記損益號。〕

考定真時距分　置真時距分，以所得損益分如號損益之，即是。

考定食甚時　復置視朔時，以考定真時距分加減之。〔東減西加，並如原號。〕爲考定食甚時。

十三求食分

距時交周　以實朔與真時相減得較數，如前法取四行時表交周度，即得。〔限東爲減號，限西爲加號。〕

定交周　置實交周，以距時交周加減之，即得。

月實黄緯　以定交周檢太陰距度表。〔依中比例求之，式如左。〕

假如定交周〇宫十度十四分，求其黄緯。

先取十度	緯	五十一分四十六秒	較五分〇七秒
次取十一度		五十六分五十三秒	

一率　全度六十分

二率　三百〇七秒

三率　小餘十四分

四率　七十一秒

以所得四率〔七十一秒，收爲一分一十一秒。〕加十度黄緯，共得黄緯五十二分五十七秒。其緯在北。

中比例加減法。〔表上數前少後多者加，前多後少者減。〕

辨月緯南北	並視定交周是〔〇宫、五宫／六宫、十一宫〕，其緯在〔北／南〕。
月視黄緯	置月實黄緯，以氣差加減之，即得視緯。凡月實緯在南，以氣差加；月實緯在北，以氣差減。若實緯在北而氣差大於實緯，當以實緯轉減氣差爲視緯，其緯變北爲南。
并徑減距	置前并徑，内減去一分，再以月視緯減之，即并徑減距。如月視黄緯大於并徑，不及減，則不得食矣。
食分	倍日半徑爲一率，十分爲二率，并徑減距爲三率，求得四率爲食甚分秒。

十四求初虧時刻

日食月行〔復圓同用。〕　以日實引檢八卷日食月行表，〔分三表查。〕五、六、七宫在最高限取，二、三、四、八、九、十宫在中距限取，〇、一、十一宫在高衝限取。〔如日實引滿十五度，進一宫查之。〕法以月實引宫檢直行，〔如月實引滿十五度，亦進一宫查之。〕又以月視黄緯分檢上横行，取縱横相遇之數，即所求日食月行度分。

前總時　以十二求真總時内減一時，即前總時。

日距限〔記東西號。若真時在限西而初虧限東，則爲異號。〕　限距地〔並以前總時如法求之。〕

日距地高　置真時，内減一時，如前法以日赤緯檢高弧表。

月高下差　以九求月距地及本求日距地高，如前法檢視差表。

兩圈交角〔定交角〕　以本求日距限及限距地檢交角表。〔如前法求之。〕

前時差　以本求定交角及月高下差，如前法檢時氣差表。

差分　以前、真時差相減併，即差分。〔法恒用減，惟定交角過九十度，則相併。其東西異號者恒相併，惟定交角過九十度則相減。〕

視行　置月實行，以差分加減之，即得視行。

日在限〔西/東〕，前時差大則〔加/減〕，小則〔減/加〕。若差分用併者，則恒減。〔又若食甚真時定交角

滿象限,無真時差可較,即用前時差減。或初虧定交角滿象限,無前時差,即用真時差減,並減實行爲視行。〕

初虧距時分	以本求視行化秒爲一率,一小時六十分爲二率,置日食月行分,内減一分,化秒爲三率。二三相乘爲實,一率爲法除之,得數,即初虧距時。〔以滿六十分爲一時。〕
初虧時刻	置真時,〔即食甚。〕内減去初虧距時分,即初虧時刻。

十五求復圓時刻

後總時	用十二求真總時加一時,即後總時。
日距限	以後總時如前法求之。〔記東西號。若真時在限東,復員在限西,爲異號。〕
限距地高	以後總時取之,並如前法。
日距地高	用真時加一時,以日赤緯檢高弧表。〔如前法。〕
月高下差	以月距地〔九求。〕及本求日距地高檢視差表。〔如前法。〕
兩圈交角〔定交角〕	以本求日距限、限距地高檢交角表。〔如前法。〕
後時差	以本求定交角及月高下差檢時氣差表。〔如前法。〕
差分	以後時差與真時差相減併,得差分。〔法同初虧。〕
視行	置月實行,以差分加減之,即得視行。

日在限〔西東〕，後時差大則〔減加〕，小則〔加減〕。〔若差分用併者，恒減。又若食甚真時定交角滿象限，無真時差可較，即用後時差。或復員定交角滿象限，無後時差，亦即用真時差。法恒用減，與初虧同。〕

復圓距時分　置日食月行分，〔即初虧所用。〕內減一分，化秒爲三率，一小時六十分爲二率，本求視行化秒爲一率。二三相乘爲實，一率爲法除之，得復圓距時。〔分滿六十爲時。〕

復圓時刻　置真時，恒以復圓距時加之，即得。

十六求宿度

黄道宿度　置日實度，命黄道宫名，即食甚時黄道宫度。〔〇宫起星紀。〕以各宿黄道宿鈐近小者去減黄道宫度，即得食甚時黄道宿度。〔記寫宿名。〕法以所求年距曆元戊辰之算，乘歲差五十一秒，加入宿鈐，然後減之。如加歲差後，宿鈐轉大於食甚黄道，不及減，退一宿，再如法減之。〔如角宿不及減，用軫宿是也。〕

赤道宫度　以黄道宫度入一卷升度表，對度取之，〔黄道滿三十分，進一度查。〕即得所變食甚時赤道宫度。〔記寫宫名。〕

或檢儀象志八卷取用，亦同。

赤道宿度　以所入宿黄道宫度并其宿南北緯度，入儀象志八卷内，如法求其宿赤道宫度。置所得食甚時赤道宫度，以本宿赤道宫度减之，餘爲食甚時赤道宿度。

又法：以弧三角求之，其法别具。〔見補遺。〕

定日食方位　食八分以上者，初虧正西，復圓正東。不及八分者，看月實黄緯號在南者，初虧西南，食甚正南，復圓東南；黄緯號在北者，初虧西北，食甚正北，復圓東北。

〇宫至五宫爲陰曆，其號在北。

六宫至十一宫爲陽曆，其號在南。

又法：不論東西南北，惟以人所見日體上下左右爲憑，詳交會管見。

補　遺

帶食法

求日有帶食

若食在朝者，初虧時刻在日出前；食在暮者，復圓時刻在日入後，是有帶食也。

求帶食距分

若帶食在朝者，以日出時刻；在暮者，以日入時刻，並與食甚時刻相减，餘即爲帶食距分。

辨食分進退

凡日出入時刻在食甚前，其所帶食分爲進也；〔食在朝，

爲不見初虧，尚可見食甚、復圓；日在暮，爲但見初虧，不得見食甚、復圓。〕

若日出入時刻在食甚後，其所帶食分爲退也。〔食在朝，爲不見初虧、食甚，但見復圓；食在暮，爲可見初虧、食甚，不見復圓。〕

若日出入時刻與食甚同，則不用更求帶食分，即以原算食分爲日出入時刻所帶食分。其食十分者，爲帶食既出入。〔食在朝，爲不見初虧；食在暮，爲不見復圓。〕

求帶食出入之分

帶〔已退/方進〕之分者，以〔復圓/初虧〕距分化秒爲法，並以帶食距分化秒、日食月行化秒相乘爲實，實如法而一，得數自乘；又以月視黄緯化秒自乘。并而開方，得數收爲分，〔以六十秒爲分。〕得日出入時距緯。以減并徑，餘數以十分乘之爲實，太陽全徑爲法除之，得日出入時帶食之分。

算赤道宿度用弧三角法

一求赤道緯度

兩極距二十三度三十一分半爲一邊，本宿距星去黄極度爲一邊，二邊相加爲總，相減爲較，總弧、較弧各取餘弦，以總弧不過象限，兩餘弦相減，過象限相加，並折半得初數。又以黄道經度爲對角，取其矢，〔黄道春分後三宫以正弦，夏至後三宫以餘弦，並與半徑相減爲正矢。秋分後三宫以正弦，冬至後三宫以餘弦，並與半徑相加爲大矢。〕以乘初數爲實，半徑爲法除之，得矢較。以加較弧矢，得赤道緯度矢。矢與半徑相加減，得本宿赤道緯度正弦。〔加矢較後得數小於半徑，則轉減半徑爲正弦，其緯在北；若加後得數大於半徑，則於内減去半徑爲正弦，其緯在南。〕

一求赤道經度

以所得赤道緯度，是北緯與象限相減，南緯與象限相加，爲去北極度。用與兩極距度相加爲總，相減爲較，總較各取餘弦。以總弧不過象限，兩餘弦相減，過象限相加，並折半爲初數。又以宿去黄極度取矢，與較弧矢相減得較，以乘半徑爲實，初數爲法除之，得角之矢，與半徑相加減，得本宿赤道經度之弦。〔角之矢小於半徑爲正矢，其經度在南六宫；若矢度大於半徑爲大矢，其經度在北六宫。〕

春分至秋分半周爲北六宫，所得爲大矢。當於得數内減半徑，爲赤道經度之弦。

春分後三宫爲赤道正弦，夏至後三宫爲赤道餘弦。

秋分至春分半周爲南六宫，所得爲正矢。當置半徑，以得數減之，爲赤道經度之弦。

秋分後三宫爲赤道正弦，冬至後三宫爲赤道餘弦。

作日食總圖法〔依舊法稍爲酌定。〕

先定東西南北之向

作正十字線，其横者黄道也，以左爲東，以右爲西；其立者黄道經圈也，以上爲北，以下爲南。次以十字交處爲心，太陽半徑爲界，規作圓形，以象太陽光體。太陽居十字正中，則東西南北各正其位矣。

次定食限

十字心爲心，太陽、太陰兩半徑相并爲度，〔用太陽半徑原度，以後量視緯亦同。〕規作大圓於太陽之外，是爲食限。太陰心到此圈界，始得與太陽相切，過此則不食也。

次求月道

實交周在〇宫、十一宫，爲月道由陽曆入陰曆也，法於圓周上下，各自南北線左旋，數五度識之。〔圓周並分三百六十度。〕若實交周是五宫、六宫，爲月道由陰曆入陽曆也，則於圓周上下，各自南北線右旋，數五度識之，並以所識聯爲直線，必過圓心，是爲月道上經線也。於此線上，從圓心量至月視黄緯爲度，〔視緯在北，自圓心向上量之；視緯在南，自圓心向下量之。〕即食甚時月心所到點也。於此點作横線，與月道經線相交如十字，則自虧至復月行之道也。此線兩端引長，與大圈相割，東西各有一點，即爲初虧、復圓時月心所到之點也。〔西爲初虧，東爲復圓。〕

次考食分

初虧、食甚、復圓三點各爲心，以太陰半徑爲度作圓形，以象月體。即見初虧時太陰來掩太陽，其邊相切；復圓時太陰已離太陽，其光初滿；食甚時太陰心與太陽心相距最近，食分最深，若以太陽全徑分爲十分，則所掩分數惟此時與所算相符，故謂之食甚也。

又初虧時或在日體正西，或在西南、西北。復圓時或在日體正東，或在東南、東北。食甚時或在日體正南，或在正北；或食十分，則正相掩，無南北。並以太陽心爲中，論其南北東西，一一皆如所算。又或有時太陰全徑小於太陽全徑十秒以上，兩心雖正相掩，不能全食，當依月徑，於太陽光界之内規作太陰，即見四面露光之象，爲金環食也。

辨日實度大小法

凡論日食在限東西,並以日實度大於黄平限度,則食在限東;若小於黄平限度,則食在限西。其法有三:

其一,日實度與限度同在一宫之内,即以度分之多少爲大小。

假如限度在寶瓶宫十度,日實度在寶瓶宫十五度,是日實度大,則内減限度,得食在限東五度也。若日實度在寶瓶宫七度,是日實度小,則置限度,以日實度減之,得食在限西三度也。

其二,日實度與限度不同宫,則以一宫通作三十度,然後相較。

假如限度在寶瓶宫十度,日實度在雙魚宫十五度,法以寶瓶宫十度作四十度,〔寶瓶是一宫,一宫者三十度也,既原帶有三十度,加入今限度十度,共得限度四十度,爲自〇宫初度算起也。〕以雙魚宫十五度作七十五度,〔雙魚是二宫,原帶有六十度,加入今日實度十五度,共得日實度七十五度,亦自〇宫初度算起也。〕相減,得日實度大於限度三十五度,爲食在限東之距也。

若限度在寶瓶十度,而日實度在磨羯十五度,法以寶瓶十度作四十度,〔解見上。〕與磨羯十五度相減,〔磨羯是〇宫,故只用本度,亦是從〇宫初度起算。〕得日實度小於限度二十五度,爲食在限西之距也。

其三,日實度與限度不同宫,而其宫相隔太遠,如一在磨羯、寶瓶、雙魚,一在天秤、天蝎、人馬,則以加十二宫之法通之,然後相較。

假如限度在天蝎十五度,日實度在寶瓶十度,相隔太遠,〔天蝎是十宫,寶瓶是一宫,相隔九宫,是太遠也。〕法當於寶瓶加十二宫,得十三宫十度,内減天蝎十宫,餘三宫十度,作一百度。内又減天蝎宫原有十五度,餘八十五度,爲日實度大於限度之距,而食在限東。

又如限度在雙魚宫五度,日實度在人馬宫二十五度,〔雙魚是二宫,人馬是十一宫,相隔九宫。〕法當於雙魚加十二宫,得十四宫〇五度,内減人馬十一宫,餘三宫〇五度,作九十五度。内又減人馬宫原有二十五度,餘七十度,爲日實度小於限度之距,而食在限西。

凡限度爲地平上黄道半周之最高度,日實度或在其東,或在其西,皆距限度在一象限内。若過象限,即在地平以下,不得見食矣,故無隔三宫以上之事。然反有隔九宫以上者,右旋一周之度,畢於人馬,〔十一宫。〕而復起磨羯,〔〇宫。〕故以加十二宫之法通之,而隔九宫以上者,距度反近,亦只在三宫以下,爲象限内而已。

交食蒙求卷二

日食附説

第一求

恒年表以首朔爲根,何也?曰:首朔者,年前冬至後第一朔也。因算交會必於朔望,故以此爲根也。根有五種,曰干支也,太陽、太陰各平引也,太陰交周、太陽經度各平行也。太陽、太陰各二,而干支者所以紀之也。西曆於七政皆起子正,而此處首朔日時有小餘者,交會無一定之時故也。紀日者,年前冬至次日之干支也;首朔日時者,年前十二月朔距冬至之日時也。以此相加,得首朔之干支及其小餘矣。於是再以逐月之朔實加之,得各月平朔干支及其小餘矣。

太陽平引與其經度不同,何也?曰:太陽引數從最高衝起算,而經度從冬至起算也。冬至定於〇宫初度,最高衝在冬至後六七度,且每年有行分,此西曆與古法異者也。

第二求

日定均者,即古法之盈縮差也。月定均者,遲疾差也。距弧者,平朔與實朔進退之度也。距時者,平朔、實朔進退之日時也。因兩定均生距弧，因距弧生距時，即古法之加減差也。

第三求第四求五求

平朔既有進退矣，則此進退之時刻内，亦必有平行之數，故各以加減平行而爲實引也。實引既不同平引，則其均數亦異，故又有實均，以生實距弧及實距時也。夫然後以之加減平朔，而爲實朔也。

平朔古云經朔，實朔古云定朔。然古法定朔，即定於第二求之加減差。其三求、四求之法，古亦有之，謂之定盈縮、定遲疾，則惟於算交食用之。而西曆用於定朔，此其微異者也。

第六求〔原爲第九。〕

朔有進退，則交周亦有進退，故有實交周。按：古法亦有定交周，其法相同，然必先求次平行者，以實朔原有兩次加減也。只用月實均者，其事在月也。其序原居第九，今移此者，以辨食限也。

第七求〔原爲第六。〕

經度有次平行者，以實朔有兩次加減，故經行亦有兩次加減，乃得日實度也。只用日實均者，其事在日也。

第八求

問：平朔者，古經朔也。實朔者，古定朔也。何以又有視朔？曰：此測驗之理，因加減時得之，古法所無也。

何以謂之加減時？曰：所以求實朔時太陽加時之位也。蓋曆家之時刻有二，其一爲時刻之數，其一爲時刻之位。凡布算者，稱太陽右移一度稍弱爲一日，又或動天左旋行三百六十一度稍弱爲一日。此則天行之健，依赤道而平轉，其數有常。於是自子正歷丑寅，復至子正，因其運行之一周而均截之爲時爲刻，以紀節候，以求中積，所謂時刻之數也。凡測候者，稱太陽行至某方位爲某時爲某刻，此則太虛之體依赤道以平分，其位一定。於是亦自子正歷丑寅，復至子正，因其定位之一周而均分之爲時爲刻，以測加時，以候凌犯，所謂時刻之位也。之二者並宗赤道，宜其同矣。然惟二分之日黄赤同點，〔經緯並同。〕二至之日黄赤同經，〔緯異經同。〕則數與位合，〔所算時刻之數，太陽即居本位，與所測加時之位一一相符。〕不用加減時。其過此以往，則二分後有加分，加分者，太陽所到之位在實時西；二至後有減分，減分者，太陽所到之位在實時東也。然則所算實朔，尚非實時乎？曰：實時也。實時何以復有此加減？曰：正惟實時，故有此加減。若無此加減，非實時矣。蓋此加減時分，不因里差而異，〔九州萬國加減悉同，非同南北、東西差之隨地而變。〕亦不因地平上高弧而改，〔高弧雖有高下，加減時並同，非若地半徑及濛氣等差之以近地平多、近天頂少。〕而獨與實時相應。〔但問所得實時入某節氣,或在分至以後,或在分至以前。其距分至若同,即其加減時亦同,是與實時相應也。〕故求加減時者,本之實時。而欲辨實時之真者,亦即徵諸加減時矣。

其以二分後加,二至後減,何也?曰:升度之理也。凡二分以後,黄道斜而赤道直,故赤道升度少,升度少則時刻加矣。二至以後,黄道以腰圍大度行赤道殺狹之度,故赤道升度多,升度多則時刻減矣。

假如所算實朔已定於某日午正時,而以在二分後若干日,當有加分,則太陽加時之位必在午正稍西。從而測之,果在午正之西,與加分數合,即知實朔之在午正者真也。

又如所算實朔是未正,而在二至後,當有減分,太陽加時之位必在未正稍東。從而測之,果在未正之東,與減分數合,即知實朔之在未正者確也。

加減時即視時也,一曰用時。其實朔時,一曰平時。

加減時之用有二:其一,加減實時爲視時,則施之測驗,可以得其正位。如交食表之加減,是其正用也。其一,反用加減,以變視時爲實時,則施諸推步,可以得其正算。如月離表之加減,是其反用也。然其理無二,故其數亦同也。〔月離表改用時爲平時,即是據所測視時求其實時,以便入算。〕

古今測驗而得者,並以太陽所到之位爲時,故曰加時,言太陽加臨其地也,然則皆視時而已。視時、實時之分,自曆書始發之,然有至理,曆家所不可廢也。

第九求〔原爲十求。〕

月距地者何？即月天之半徑也。月天半徑而謂之距地者，地處天中故也。地恒處天中，則半徑宜有恒距，而時時不同者，生於小輪也。月行小輪，在其高度，則距地遠矣；在其卑度，則距地近矣。每度之高卑各異，故其距地亦時時不同也。

日半徑、月半徑者，言其體之視徑也。論其真體，日必大於月；論其視徑，日月略相等。所以能然者，日去人遠，月去人近也。然細測之，則其兩視徑亦時時不等，此其故，亦以小輪也。日月在小輪高處，則以遠目而損其視徑；在其卑處，則以近目而增其視徑矣。

檢表法不同者，視半徑表並起最高，而加減表太陽引數起最卑，太陰引數起最高，故月實引只用本數，而日實引加減六宫也。

并徑者，日月兩半徑之總數也。兩半徑時時不同，故其并徑亦時時不同，而食分之深淺因之，虧復之距分因之矣。

月實行者，一小時之實行也。其法以月距日之平行，每日分爲二十四限，即一小時平行也。各以其應有之加減分加減之，即一小時之實行也。雖虧、復距甚未必皆爲一小時，而以此爲法，所差不遠。〔此與授時用遲疾行度内減八百二十分者同法。〕

第十求〔原爲十一。〕

總時者何也？以求合朔時午正黄道度分也。何以不言度而言時？以便與視朔相加也。然則何不以視朔變爲度？曰：日實度者，黄道度也。時分者，赤道度也。若以視朔時變赤道度，亦必以日實度變赤道度，然後可以相加。今以日實度變爲時，即如預變赤道矣。此巧算之法也。

其必欲求午正黄道，何也？曰：以求黄平象限也。〔即表中九十度限。〕何以爲黄平象限？曰：以大圈相交，必互相均剖爲兩平分，故黄赤二道之交地平也，必皆有半周百八十度在地平之上。〔黄道、赤道、地平並爲渾圓上大圈，故其相交必皆中剖。〕其勢如虹，若中剖虹腰，則爲半周最高之處，而兩旁各九十度，故謂之九十度限也。此九十度限，黄赤道並有之。然在赤道，則其度常居正午，以其兩端交地平常在卯正酉正也。黄道則不然，其九十度限或在午正之東，或在午正之西，時時不等。〔惟二至度在午正，則九十度限亦在午正，與赤道同法。此外則無在午正者，而且時時不同矣。〕其兩端交地平，亦必不常在卯正酉正，〔亦惟二至度在午正爲九十度限，則其交地平之處即二分點，而黄道與赤道同居卯酉。此外則惟赤道常居卯酉，而黄道之交於地平，必一端在赤道之外，而居卯酉南；一端在赤道之内，而居卯酉北。〕而時時不等故也。〔黄道東交地平在卯正南，其西交必酉正北，而九十度限偏於午規之西；若東交地平在卯正北，其西交地平必酉正南，而九十度限偏於午正之東。則〔一〕半周如虹者，時時轉動，勢使然也。〕蓋黄道在地平上半

〔一〕則，康熙本作“其”。

周之度自此中分，則兩皆象限。若從天頂作線，過此以至地平，必成正角〔一〕，而其勢平過如十字，故又曰黄平象限也。〔地平圈爲黄道所分，亦成兩半周。若從天頂作弧線，過黄平象限而引長之，成地平經度半周，必分地平之兩半周爲四象限，而此經線必北過黄極，與黄經合而爲一。〕

問：黄平象限在午正，必二至日有之乎？曰：否，每日有之也。凡太陽東陞西没，成一晝夜，則周天三百六十度皆過午正而西，故每日必有夏至、冬至度在午正時。此時此刻即黄平象限與子午規合而爲一，每日只有二次也。自此二次之外，二至必不在午正，而黄平象限亦必不在二至矣，觀渾儀當自知之。

黄平象限表以極出地分，何也？曰：準前論，地平上黄道半周，中折之爲黄平象限，其兩端距地平不〔二〕等。而自非二至在午正，則黄道之交地平，必一端近北，一端近南。〔亦前論所明。〕極出地漸以高，則近北之黄道漸以出，近南之黄道漸以没，而黄平象限亦漸以移，此所以隨地立表也。

求黄平象限何以必用總時？曰：黄平象限時時不同，即午規之度亦時時不同，是午正黄道與黄平象限同移也，則其度必相應，是故得午正即得黄平。〔黄平限爲某度，其午正必爲某度，謂之相應。然則午正爲某度，即黄平限必某度矣，故得此可以知

〔一〕正角，原作“三角”，據康熙本改。
〔二〕不，康熙本作“必”。

彼。〕而總時者，午正之度也。此必用總時之理也。

日距限分東西，何也？曰：所以定時差之加減也。〔凡用時差，日在限西則加，日在限東則減。〕

限〔一〕距地高何也？曰：所以求黄道之交角也。〔時差、氣差並生於交角，又生於限距地及日距限〔二〕。〕二者交食之關楗，而非黄平象限，無以知之矣。

日距地高何也？謂合朔時太陽之地平緯度也，亦曰高弧。高弧之度隨節氣而殊，故論赤緯之南北。赤緯之南北同矣，又因里差而異，故論極出地。極出地同矣，又以加時而變，故又論距午刻分。極出地者，南北里差。距午刻分者，東西里差也。合是數者，而日距地平之高可見矣。

日赤緯加減宫數者何也？緯表〇宫起春分，而日實度〇宫起冬至，故三宫以下加九宫，三宫以上減去三宫，以宫數變從緯表也。

視朔時加減十二時者何也？求太陽距午刻分也。日在地平上之弧度，惟正午爲高，其餘則漸以下，或在午前，或在午後，皆以距午爲斷。其距午同者，高弧之度亦同也。視朔滿十二小時，是朔在午後也，故内減十二時，用其餘，爲自午正順數；若不滿十二時，是朔在午前，則置十二時，以視朔減之，而用其餘，爲自午正逆推，即各得其

〔一〕限，原作“日”，據康熙本改。
〔二〕日距限，原作“限距日”，據康熙本改。

距午之刻分矣。

其必求高弧者何也？所以求月高下差也。高下差在月，而求日距地高者，日食時經緯必同度，故日在地平之高即月高也。

何以爲月高下差？曰：合朔時太陰之視高必下於真高，其故何也？月天在日天之内，其間尚有空際，故地心與地面各殊。地面所見謂之視高，以較地心所見之真高，往往變高爲下。以人在地面傍視而見其空際也，故謂之月高下差。〔地心見食謂之真食，地面見食謂之視食。真食有時反不見食，見視食時反非地心之真食。縱使地心、地面同得見食，而食分深淺亦必不同。凡此皆月高下差所爲也。〕

月高下差時時不同，其緣有二：其一爲月小輪高卑，即第九求之月距地數也。在小輪卑處，月去人近，則距日遠而空際多，高下差因之而大矣；在小輪高處，月去人遠，則距日近而空際少，高下差因之而小矣。其一爲高弧，即本求之日距地高也。高弧近地平，從旁視，而所見空際多，則高下差大矣；高弧近天頂，即同正視，而所見空際少，則高下差小矣。〔若高弧竟在天頂，即與地心所見無殊，無高下差。〕小輪高卑，天下所同；高弧損益，隨地各異，故當兼論也。

兩圈交角何也？曰：日所行爲黄道圈，以黄極爲宗者也。人在地平上所見太陽之高下爲地平經圈，以天頂爲宗者也。此兩圈者各宗其極，則其相遇也必成交角矣。因此交角，遂生三差。日食必求三差，故先論交角也。

何以謂之三差？曰：高下差也，東西差也，南北差也，是爲〔一〕三差。

三差之内，其一爲地平緯差，即高下差，前條所論近地平而差多者也。其一爲黄道經差，即東西差。其一爲黄道緯差，即南北差。此三差者，惟日食在九十度限，則黄道經圈與地平經圈〔即高弧。〕相合爲一，而無經差，故但有一差。〔無經差，則但有緯差，是無東西差而有南北差也。而兩經緯既合爲一，則地平之高下差又即爲黄道之南北差，而成一差。〕若日食不在九十度，而或在其東，或在其西，則兩經圈不能相合爲一，遂有三差。〔月高下差恒爲地平高弧之緯差，而黄道經圈自與黄道爲十字正角，不與地平經合，以生經度之差角，是爲東西差。又黄道上緯度自與黄道爲平行，不與地平緯度合，以生緯度之差角，是爲南北差。東西南北並主黄道爲言，與地平之高下差相得而成句股形，則東西差如句，南北差如股，而高下差常爲之弦，合之則成三差也。〕因此三差，有此方見日食，彼方不見，或此見食分深，彼見食分淺之殊。故交食重之，而其源皆出於交角。

得數減象限何也？以表所列爲餘角也。表何以列餘角？曰：三差既爲句股形，則有兩圈之交角，即有其餘角。而交角所對者爲氣差，〔即南北差。〕餘角所對者爲時差。〔即東西差。〕作表者蓋欲先求時差，故列餘角。然與兩圈交角之名不相應，故減象限而用其餘，以歸交角本數也。

定交角何也？所以求三差之真數也。何以爲三差

〔一〕爲，四庫本作“謂”。

真數？曰：日食三差，皆人所見太陰之視差，而其根生於交角，則黄道之交角也。殊不知太陰自行白道，與黄道斜交，其交於地平經圈也，必與黄道之交不同角，則所得之差容有未真。今以陰陽曆交黄道之角加減之，爲定交角，以比兩圈交角之用爲親切耳。〔詳補遺。〕時差古云東西差，其法日食在東，則差而東爲減差。減差者，時刻差早也。日食在西，則差而西爲加差。加差者，時刻差遲也。其故何也？太陽之天在外，太陰之天在内，並東陞而西降。而人在地面所見之月度既低於真度，則其視差之變高爲下者，必順於黄道之勢。故合朔在東陞之九十度，必未食而先見；〔限東一象限，東下西高，故月之真度尚在太陽之西，未能追及於日。而以視差之變高爲下，亦遂能順黄道之勢變西爲東，見其掩日矣。〕若合朔在西降之九十度，必先食而後見。〔限西一象限，黄道西下東高，故月之真度雖已侵及太陽之體，宜得相掩。而以視差之故變高爲下，遂順黄道之勢變東而西，但見其在太陽之西尚遠，而不能掩日矣。〕而東西之界並自黄道九十度限而分，此黄平象限之實用也。

問：日月以午前東升，午後西降，何不以午正爲限，而用黄平象限乎？曰：此西法之合理處也。何以言之？日月之東升西降，自午正而分者，赤道之位終古常然者也。日月之視差，東減西加，自九十度限而分者，黄道之勢頃刻不同者也。若但從午正而分，則加減或至於相反。授時古法之交食有時而疏，此其一端也。

問：加減何以相反？曰：黄平限既與午正不同度，則在限爲西者，或反爲午正之東；在限爲東者，或反爲午正之西。日食遇之，則加減相違矣。假如北極出地四十度，設午正黄道〔即總時。〕爲寶瓶十七度，其黄平限爲雙魚十一度，在午正東二十四度，而日食午初，日實度躔二宫二度，在限西九度，宜有加差。若但依午正而分，則食在午前，反當有減差，是誤加爲減，算必先天矣。又設午正爲天蝎二度，其黄平象限爲天秤八度，在午正西二十四度，而日食午正後二刻，日實度躔九宫二十四度，距限東十六度，宜有減差。若但依午正而分，則食在午後，反有加差，是又誤減爲加，算必後天矣。

時差表有倒用之説，何也？曰：此亦因交角表誤列餘角也。今既以交角表之數減九十度爲用，則交角已歸原度，而此表不須倒用矣。

近時距分者何也？即視朔時或加或減之時刻分也。所以有此加減者，時差所爲也。然何以不徑用時差？曰：時差者，度分也。以此度分求月之所行，則爲時分矣。

〔查曆指所謂時差即近時距分，而東西差即時差，表皆易之。今姑從表，以便查數也。〕

近時何也？所推視朔時與真朔相近之時也。食在限東，此近時必在視朔時以前，故減；食在限西，近時必在視朔時以後，故加。

十一求〔原爲十二。〕

近總時何也？近時之午正黄道度也。朔有進退，午正之黄道亦因之進退，故仍以近時距分加減十求之視朔午正度，爲本求之近時午正度。

既有近時，又有近時之午正度，則近時下之日距限及距限地高、日距地高，以及月高下差、兩圈交角，凡在近時應有之數，一一可推，因以得近時之時差矣。〔内除月距地數在九求、日赤緯在十求並用原數，其餘並改用近時之數，故皆復求，然求法並同十求。〕既得時差，可求視行。

視行者何也？即近時距分内人目所見月行之度也。何以有此視行？曰：時差所爲也。蓋視朔既有時差，則此時差所到之度，即視朔時人所見月行所到差於實行之較也。視朔既改爲近時，則近時亦有時差，而又即爲人所見近時月行所到差於實行之較矣。此二者必有不同，則此不同之較，即近時距分内人所見月行差於月實行之較矣，故以此較分加減時差爲視行也。本宜用前後兩小時之時差較加減月實行爲視行，〔如用距分減視朔者，則取視朔前一小時之時差；若距分加視朔者，則取視朔後一小時之時差。各取視朔時差，相減得較，以加減月實行，即爲一小時之視行。〕再用三率比例得真時距分，法爲月視行與一小時，若時差度與真時距分也。今以近時内之視行取之，其所得真時距分等。

何以明其然也？曰：先得時差，即近時距分之實行也。實行之比例等，則視行之比例亦等。

法爲一小時之實行與一小時，若時差度與近時距分，則一小時之視行與一小時，亦若視行度與近時距分也。

一　一小時實行　　　　一小時視行

二	一小時	一小時
三	時差〔近時距分之實行。〕	視行〔即近時距分之視行。〕
四	近時距分	近時距分

今一小時視行與一小時,既若時差與真時距分,則視行與近時距分,亦必若時差與真時距分矣。

一	一小時視行	視行
二	一小時	近時距分
三	時差	時差
四	真時距分	真時距分

問:視行之較一也,而或以加,或以減,其理云何?曰:凡距分之時刻變大,則所行之度分變少,故減實行爲視行;若距分之時刻變小,則所行之度分變多,故加實行爲視行。假如視朔在黄平限之東,時差爲減差,而近時必更在其東,其時差亦爲減差,乃近時之時差所減大於視朔所減,是爲先小後大,其距分必大於近時距分,而視行小於實行,其較爲減。又如視朔在黄平限之西,時差爲加差,而近時必更在其西,時差亦爲加差,乃近時之時差所加大於視朔所加,是亦爲先小後大,其距分亦大於近時距分,而視行亦小於實行,故其較亦減,二者東西一理也。若視朔在黄平限東,其時差爲減,而近時時差之所減反小於視朔所減;又若視朔在黄平限西,其時差爲加,而近時時差之所加反小於視朔所加。此二者並先大後小,則其距分之時刻變小矣。時刻變小,則視行大於實行,而其較應加,東西一理也。

近時差大減實
行爲視行之圖

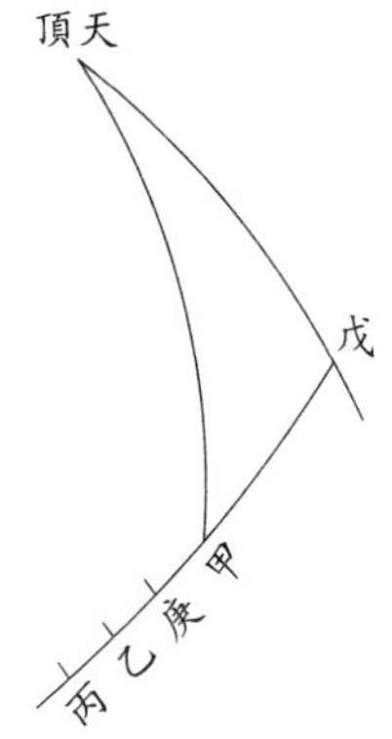

近時差小加實
行爲視行之圖

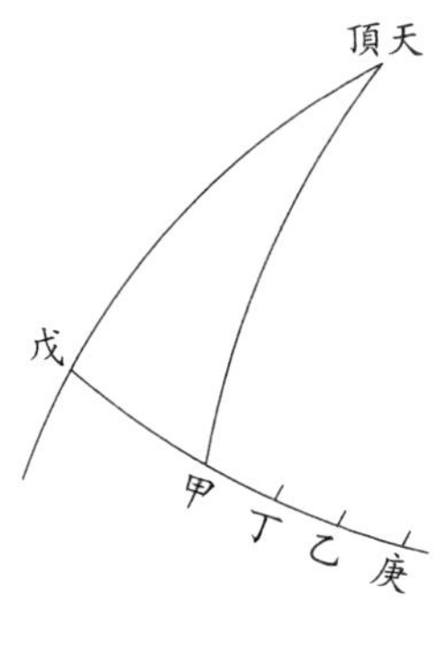

如圖,戊爲黄平象限,甲爲視朔,甲乙爲視朔時差,甲丙、甲丁並近時時差,其甲乙時差爲視朔時順黄道而差低之度,變爲時,即爲近時距分。此分在限東爲減差,若在限西,即爲加差,其理一也。若以甲丙爲近時差,則大於甲乙,其較度乙丙,依實行比例求其較時,則距分變而大矣。距分變大者,行分變小,法當於甲乙差度内減去乙丙較度,〔即乙庚。〕其餘如甲庚。則是先定甲乙距分行〔一〕甲乙度者爲實行,而今定甲乙距分只行甲庚度者爲視行也,故在東在西皆減也。

又若以甲丁爲近時差,則小於甲乙,其較乙丁,依實行比例求其較時,則距分變而小矣。距分變小者,行分變

〔一〕原"行"下衍一"行"字,各本皆同,據文意删。

大，法當於甲乙差度外加入乙丁較度，〔亦即乙庚。〕成甲庚。則是先定甲乙距分行甲乙度者爲實行，而今定甲乙距分能行甲庚度者爲視行也，故在東在西皆加也。

捷法用倍時差減近時差，何也？曰：即加減也。何以知之？曰：凡時差，先小後大者宜減，今於倍小中減一大，是於先得時差内加一小時差，減一大時差也，即如以較數減先時差矣。先大後小者宜加，今於倍大内減一小，是於先得時差内加一大時差，減一小時差也，即如以較數加先時差矣。數既相合，而取用不煩，法之善者也。

真時距分者何也？即視朔時或加或減之真時刻也。其數有時而大於近時距分，亦有時而小於近時距分，皆視行所生也。視行小於實行，則真時距分大於近時距分矣；視行大於實行，則真時距分小於近時距分矣。其比例爲視行度與〔一〕近時距分，若時差度與真時距分也。

真時何也？所推視朔之真時刻也。真時在限東，則必蚤於視朔之時；真時在限西，則必遲於視朔之時。此其於視朔，並以東減西加，與近時同。惟是真時之加減，有時而大於近時，有時而小於近時，則惟以真時距分爲斷，不論東西，皆一法也。

若真時距分大於近時距分，而在限東，則真時更先於近時，在限西，則真時更後於近時，是東減西加皆比近時爲大也。若真時距分小於近時距分，而在限東，則

〔一〕與，原作"於"，據刊謬改。

真時後於近時，在限西，則真時先於近時，是東減西加皆比近時爲小也。

十二求〔原爲十三。〕

真總時何也？真時之午正黄道也，故仍以真時距分加減視朔之總時爲總時。〔即是改視朔午正度爲真時午正度。〕

近時既改爲真時，即食甚時也，然容有未真，故復攷之。攷之則必於真時復求其時差，而所以求之之具，並無異於近時，所異者皆真時數耳，〔謂日距限、限距地高、日距地高、月高下差、兩圈交角等項，並從真時立算。〕是之謂真時差。

既得真時差，乃别求真距度，以相參攷，則食甚定矣。〔考定真時，全在此處。〕何以爲真距度？曰：即真時距分内應有之月實行也。蓋真時差是從真時逆推至視朔之度，真時距分内實行是從視朔順推至真時之度，此二者必相等，故以此攷之。攷之而等，則真時無誤，故即命爲食甚定時也。

其或有不等之較分，則以法變爲時分而損益之，於是乎不等者亦歸於相等，是以有距較度分攷定之法也。

距較度分者，距度之較也。損益分者，距時之較也。其比例亦如先得時差度與真時距分，故可以三率求也。

真時差大者，其距時亦大，故以益真時距分。益之則減者益其減，原在限東而真時早者，今乃益早；若加者亦益其加，原在限西而真時遲者，今則益遲矣。真時差小者，其距時亦小，故以損真時距分。損之則減者損其減，原在限東而真時早者，今改而稍遲；若加者亦損其加，原在限西而真時遲者，今改而稍早矣。

如是弦定真時距分，以加減視朔爲真時，即知無誤，可謂之弦定食甚時也。

氣差，古云南北差，準前論，月在日内，人在地面，得見其間空際，故月緯降高爲下。夫降高爲下，則亦降北爲南矣，此所以有南北差也。〔南北差生於地勢，中國所居在赤道之北，北高南下故也。〕然又與高下差異者，自天頂言之曰高下，自黄道言之曰南北。惟在正午，則兩者合而爲一，高下差即爲南北差，其餘則否。

氣差與時差同根，故有時差，即有氣差。而前此諸求但用時差者，以食甚之時未定，重在求時也。今則既有真時矣，當求食分，故遂取氣差也。〔時差、氣差，並至真時始確。〕

十三求〔原爲十四。〕

距時交周何也？即實朔距真時之交周行分也，故以實朔與真時相減之較查表數。然何以不用視朔？曰：原算實交周是實朔故也。

定交周者何也？真時之月距交度也。食甚既定於真時，則一切視差皆以食甚起算，故必以實朔交周改爲食甚之交周，斯之謂定交周也。月實〔一〕黄緯者，食甚時月行陰陽曆實距黄道南北之緯度也。月視黄緯者，食甚時人

〔一〕實，原作“食”，據康熙本、鵬翮堂本改。

所見月距黄道南北緯度,則氣差之所生也。月行白道,日行黄道,惟正交、中交二點,月穿黄道而過,正在黄道上而無距緯。其距交前後並有距緯,而每度不同,然有一定之距,是爲實緯。實緯因南北差之故,變爲視緯,即無一定之距,隨地隨時而異。但其變也,皆變北爲南。假如月行陰曆,實緯在黄道北,則與黄道實遠者視之若近焉,故以氣差減也;若月行陽曆,實緯在黄道南,則與黄道實近者視之若遠焉,故以氣差加也。至若氣差反大於實緯,則月雖陰曆,其實在黄道北,而視之若在南,故其氣差内減去在北之實緯,而用其餘數,爲在南之視緯也。

并徑減距者何也?并徑所以定食分,減距所以定不食之分也。距者何也?即視緯也。并徑則日月兩半徑之合數也。假令月行陰曆,其北緯與南北差同,則無視緯可減,而并徑全爲食分,其食必既。其餘則皆有距緯之減,而距大者所減多,其食必淺;距小者所減少,其食必深。是故并徑減餘之大小,即食分之所由深淺也。若距緯大於并徑,則日月不相及;或距緯等於并徑,則日月之體相摩而過,不能相掩,必無食分矣。

并徑内又先減一分何也?曰:太陽之光極大,故人所見之食分必小於真食之分,故預減一分也。

然則食一分者,即不入算乎?曰:非也。并徑之分,度下分也;〔每六十分爲一度。〕食分之分,太陽全徑之分也。〔以太陽全徑十平分之,假令太陽全徑三十分,則以三分爲一分。〕是故并徑所減之一分,於食分只二十餘秒。

問：日月兩半徑既時時不同，則食分何以定？曰：半徑雖無定，而比例則有定，但以并徑減餘與太陽全徑相比，則分數覩矣。〔分太陽全徑爲十分，即用爲法，以分并徑減距之餘分，定其所食爲十分中幾分。〕有時太陰徑小於太陽，則雖兩心正相掩，而四面露光，曆家謂之金環。是其并徑亦小於太陽全徑，雖無距緯可減，而不得有十分之食故也。〔細草原用表，今改用三率，其理較明，法亦簡易。〕

十四求

日食月行分者何也？乃自虧至甚之月行度分也。〔自甚至復同用。〕其法以并徑減一分常爲弦，視緯常爲句，句弦求股，即得自食甚距虧與復之月行度分矣。

〔按：此即授時曆開方求定用分之法。所異者，并徑時時增減，與舊法日月視徑常定不變者殊耳。〕

前總時何也？即食甚前一小時之午正度也。得此午正度，即可得諸數，以求前一小時之時差，謂之前時差。前時差與真時差之差分，即視行與實行之差分，故以差分加減實行，得視行也。假如日在限西而前時差大於真時差，是初虧所加多而食甚所加反少也，以此求虧至甚之時刻，則變而小矣。時刻小則行分大，故以差分加實行爲視行。若日在限西而前時差小於真時差，是初虧所加少而食甚所加漸多也，以此求虧至甚之時刻，則變而大矣。時刻大則行分必小，故以差分減實行爲視行。日在限東而前時差大於真時差，是初虧所減多而食甚所減漸少也，以此求虧至甚之時刻，則變而大矣。時刻大者行分小，故以差分減實行爲視行。若日在限東而前時差小於真時差，是初虧所減少而食甚所減反多也，以此求虧至甚之時刻，則變而小矣。時刻小者行分大，故以差分加實行爲視行。

食甚定交角滿象限，不用差分，何也？無差分也。何以無差分？曰：差分者，時差之較也。食甚在限度，即無食甚時差，無可相較，故初虧徑用前時差，復圓徑用後時差。又食甚在限度，則初虧距限東而前時差恒減，復圓距限西而後時差恒加。減時差則初虧差而早，加時差則復圓差而遲，其距食甚之時刻並變而大也。時刻大者行分小，故皆減實行爲視行。〔又若初虧、復員時定交角滿象限，亦無差分，而徑用食甚之時差減實行爲視行，與此同法。其初虧、復員距食甚之刻分亦皆變大，而行分變小也。視行之理，此爲較著。〕

初虧距時分者，初虧距食甚之時刻也。用上法得視行，爲食甚前一小時之數，而初虧原在食甚前，則其比例爲視行之於〔一〕一小時，猶日食月行之於初虧距時，故可以三率取之也。〔日食月行減一，義見前條。〕

既得此初虧距分，則以減食甚，而得初虧時刻也。

十五求

後總時者，即食甚後一小時之午正度分也。用此午

〔一〕於，輯要本作“與”。刊謬云：“‘與’，訛‘於’。”本段後文同。

正度得諸數，以求後一小時之時差，爲後時差。又以後時差與真時差相較得差分，以加減實行爲視行，並同初虧，但加減之法並與初虧相反。

假如日在限西，而後時差大於真時差，是食甚所加少而復圓所加多，則甚至復之時刻亦變而大矣。時刻大者行分小，故以差分減實行爲視行。

若日在限西，而後時差小於真時差，是食甚所加多而復圓所加反少，則甚至復之時刻亦變而小矣。時刻小者行分大，故以差分加實行爲視行。

假如日在限東，而後時差大於真時差，是食甚所減少而復圓所減反多，則甚至復之時刻變而小矣。時刻小者行分大，故以差分加實行爲視行。

若日在限東，而後時差小於真時差，是食甚所減多而復圓所減少，則甚至復之時刻變而大矣。時刻大者行分小，故以差分減實行爲視行。〔食甚在限度求視行之理，已詳十四求。〕

復圓距時分三率之理，並與初虧同。惟復圓原在食甚後，故加食甚時刻爲復圓時刻。

十六求

黄道宫度内減宿鈐，何也？黄道宫度起冬至，各宿黄道起距星也。凡距星所入宫度，必小於日實度宫度，故以相減之較爲食甚時所入本宿度分也。其每年加五十一秒者，恒星東行之度，即古歲差法也。因歲差所加，故有宿鈐在日實度以下而變爲日實度以上，則食甚時所入，非其宿矣，故退一宿用之也。其以歲差〔五十一秒。〕乘距算〔本年距曆元戊辰。〕之數，各宿並同，雖退一宿，所加不異也。

赤道宫度可以升度取者，黄道上升度一定也。若赤道宿度，則不可以升度取，何也？各宿距星多不能正當黄道，而在其南北，各有緯度，故必以弧三角求之，爲正法也。

此後原有十七求，以算東西異號，今省不用，何也？曰：東西異號之算，曆書語焉不詳，故細草補作之，亦有思致。但所求者仍爲黄平象限之東西，故必復求定交角。今於十四求、十五求即得定交角，爲白道限度之東西，簡易直捷，可不必更多葛籐矣，故省之也。

附説補遺

求總時條加減十二時

問：求總時與求日距地高二條，並以視朔與十二時相加減，然後用之，而用法不同，何也？曰：求總時條是欲得午正黄道距春分之升度，故並從午正後順推。〔如視朔過十二時，則内減十二時而用其餘數，是從午正後數其距視朔之時刻也；若視朔不及十二時，則以十二時加之，是從先日午正後數其距今視朔之時刻也，故其法皆爲順數。〕日距地高條是欲得視朔距午正之度，故各從午正前後順推逆數。〔如視朔滿十二時去之，而用其餘數，是從視朔時逆推其已過午正之刻也。若視朔不滿十二時，則置十二時以視朔時減之，而用其餘數，是從視朔順數其未及午正之刻也。其視朔滿十二時減去之，兩法並同；惟視朔不滿十二時，用法則異。〕

附又法

問：視朔在午前，若用減十二時法，亦可以得總時乎？曰：可。其法亦如求日距地高，置十二時，以視朔時減之，求到視朔未至午之刻，去減日實度距春分時刻，〔即九十度表第二行對日實度之時刻。〕亦即得總時，與上法同。此法可免加滿二十四時去之，然遇日實度距春分時刻不及減，又當加二十四時，然後可減矣。〔假如日實度是春分後，相距只一時，而視朔在午正前三時，是爲日實度小，不及減。法當以日實度加二十四時，作二十五時，減去三時，餘二十二時爲總時。〕

定交角或問

問：定交角滿象限以上，反其加減，何也？曰：此變例也。西曆西加東減，並以黄道九十度限爲宗。今用定交角，則是以白道九十度限爲宗，而加減因之變矣。問：白道亦有九十度限乎？曆書何以未言？曰：曆書雖未言，然以大圈相交割之理徵之，則宜有之矣。何則？月行白道，亦分十二宫，〔觀月緯表可見。〕則亦爲大圈。其交於地平也，亦半周在地平上，則其折半之處，必爲白道最高之處，而亦可名之爲九十度限矣。〔或可名白道限度。〕若從天頂作高弧，過此度以至地平，則成十字正角，而其圈必上過白道之極，成白道經圈，與黄平象限同。〔黄平象限上十字經圈串天頂與黄道極，故亦成黄道經圈，與此同理。〕月在此度，即無東西差，而南北差最大，與高下差等。〔前論月在黄平象限無東西差，而即以高下差爲南北差，其理正是如此。但月行白道，當以白道爲主而論其東西南北，始爲親切。〕若月在此度以東，則差而早，宜有減差；在此度以西，則差而遲，宜有加差。但其加減有時而與黄平象限同，有時而與黄平限異，故有反其加減之用也。

問：如是，則白道亦有極矣，極在何所？曰：白道有經有緯，〔凡東西差皆白道經度，南北差皆白道緯度。〕則亦有南北二極，爲其經緯之所宗。但其極與黄極恒相距五度，以爲定緯。〔雖亦有小小增減，而大致不變。〕其經度則歲歲遷動，至滿二百四十九交而徧於黄道之十二宫，則又復其始。〔約其數，十九年有奇。〕法當以黄極爲心，左右各以五緯度爲半徑，作一小圓，以爲載白道極之圈。再以正交、中交所在宫度折半取中，即於此度作十字經圈，必串白道極與黄道極矣。則此圈之割小圓點，即白道極也。問：何以知此圈能過黄白兩極也？曰：此圈於黄道、白道並作十字正角故也。〔凡大圈上作十字圈，必過其極。〕

問：此圈能串兩極，則限度常在此度乎？曰：不然也。此度能串黄白兩極，而未必其串天頂，如黄道上極至交圈也。若限度，則必串天頂以過白極，而未必其過黄極，如黄道上之黄平限也。是故白道上度處處可爲限度，亦如黄道上度處處可爲黄平限。但今〔一〕在地平上之白道半周某度最高，即其兩邊距地平各一象限，從此度作十字經

〔一〕今，康熙本作“令”。

圈，必過天頂而串白道之兩極，何也？此圈過地平處亦皆十字角，即與地平經圈合而爲一，所謂月高下差，即在此圈之上矣。〔惟白道半交爲限度，能與黄平限同度，此外則否，況近交乎？故必用定交角也。〕

以定交角推白道限度

白道限度大約在黄道交角之八十五度，〔定交角至〔一〕此滿象限，過此則有異號。〕若太陰定交周是〇宫、十一宫，而黄平限在午正之東，乃白道限度則更在其東。而原以限東宜減者，今或以定交角大，而變爲限西宜加矣。

若定交周是五宫、六宫，而黄平限在午正西，白道限度必更在其西。而原以限西宜加者，今或以定交角大，而變爲限東宜減矣。

以上二宗，並離午正益遠。交食遇此，則古法益疏，而新法猶近。

若定交周是〇宫、十一宫，而黄平限在午正西，乃白道限度或尚在其東。而原以限東宜減者，今以定交角大，而變爲限西宜加矣。

若定交周是五宫、六宫，而黄平限在午正東，乃白道限度或尚在其西。而原以限西宜加者，今以定交角大，而變爲限東宜減矣。

以上二宗，並離黄平限而近午正。交食遇此，則有

〔一〕至，原作“三”，據康熙本、鵬翮堂本、輯要本及刊謬改。

時古法反親，而新法反疏。若白道限度徑在午正，則古法密合矣。

由是觀之，加減東西差，宜論白道明甚。曆書略不言及，豈非缺陷之一大端？

問：定交角者，所以變黄道交角爲白道交角也。然何以不先求白道限度？曰：交角者，生於限度者也。交角變則限度移矣，故先得限度可以知交角；〔交角之向指，以距限東西而異；交角之大小，以距限遠近而殊。〕而既得交角，亦可以〔一〕知限度，故不必復求限度也。

其加減以五度，何也？曰：取整數也。古曆測黄白大距爲六度，〔以西度通之，得五度五十四分奇。〕西曆所測只五度奇。而至於朔望，又只四度五十八分半。今論交角，故衹用整數也。〔若用弧三角法，求白道限度所在及其距地之高，並可得交角細數。然所差不多，蓋算交食必在朔望，又必在交前交後故也。〕

問：五度加減後，何以有異號不異號之殊？曰：近交時，白道與黄道低昂異勢者也。〔惟月在半交，能與黄道平行，亦如二至黄道之與赤道平行也。若交前交後斜穿黄道而過，不能與黄道平行，亦如二分黄道之斜過赤道也，故低昂異勢。〕然又有順逆之分，而加減殊焉。其白道斜行之勢與黄道相順者，則恒減，減惟一法。〔減者角損而小也，雖改其度，不變其向。〕若白道與黄道相逆者，則恒加，加者多變，遂有異號之用矣。〔加者角增而大也，增之極，或滿象限，或象限以上，遂至改向。〕

〔一〕以，原作“一”，據康熙本、鵬翮堂本、輯要本、四庫本及刊謬改。

是故限西，黄道皆西下而東高；限東，黄道皆西高而東下。此黄道低昂之勢，因黄平象限而異者也。而白道正交，〔○宫、十一宫也，即古法之中交。〕自黄道南而出於其北，亦爲西下而東高；〔黄道半周在地平上者，偏於天頂之南，以南爲下北爲上，正交白道，自南而北，如先在黄道之下而出於其上，故比之黄道，爲西下而東高也。〕白道中交，〔五宫、六宫也，即古法之中交。〕自黄道北而出於其南，亦爲西高而東下。〔白道自北而南，如先在黄道之上而出於其下，故比之黄道，爲西高而東下也。〕

假如日食正交而在限西，日食中交而在限東，是爲相順。相順者，率於交角減五度爲定交角，是角變而小矣。角愈小者，東西差愈大，故低昂之勢增甚，而其向不易也。〔限西黄道本西下東高，而正交白道又比黄道爲西下東高，則向西之角度變小而差西度增大，其時刻遲者益遲矣。限東黄道本西高東下，而中交白道又比黄道爲西高東下，則向東之角度變小而差東之度增大，其時刻早者益早矣。是東西之向不易而且增其勢也。〕

假如日食正交而在限東，日食中交而在限西，是爲相逆。相逆者，率於交角加五度爲定交角，是角變而大矣。角愈大者，東西差愈小，故低昂之勢漸平，而甚或至於異向也。〔限東黄道本西高東下，而正交白道比黄道爲西下東高，則向東之角漸大而差東度改小，時刻差早者亦漸平。若加滿象限，則無時差，乃至滿象限以上，則向東者改而向西，時刻宜早者反差遲矣。限西黄道本西下東高，而中交白道爲西高東下，則向西之角漸大而差西度改小，時刻差遲者亦漸平。若加滿象限，則無時差，乃至滿象限以上，則向西者改而向東，而時刻宜遲者反差而早矣。〕

凡東西差爲見食甚早晚之根，如上所論，定交角所生之差與黄道交角無一同者，則欲定真時刻，非定交角不可也。若但論黄道交角，時刻不真矣。

凡東西差與南北差互相爲消長，而南北差即食分多少之根。如上所論，則欲定食分，非定交角不能也。但論黄道交角，食分亦誤矣。

差分有用併之理

問：差分本以兩時差相較而得，〔十四求已有備論。〕今乃有用併之法，何也？曰：異號故也。此其白道限度必在兩食限之間。〔或限度在甚與復兩限之間，則食甚在限東，而復員限西；或限度在虧與甚之間，則食甚在限西，而初虧限東。〕兩食限一距限東，一距限西，其兩時差必一爲減號，一爲加號，是爲東西異號，無可相較，故惟有相併之用也。

乃若定交角大於象限，則先爲同號而變爲異號，其食甚必在黄平限及白道限度之間。〔食甚在黄平限西、白道限度東，則先推食甚、復圓同號者，變爲異號矣；食甚在黄平限東、白道限度西，則先推食甚、初虧同號者，變爲異號矣。〕兩食限既變爲東西異號，則其兩時差亦一加一減，變爲相併矣。

問：異號恒相併，固也。乃復有定交角過九十度，而仍用相較爲差分者，何也？曰：此異號變爲同號也。其黄平限必在兩食限之間，而白道限度或反在食限之外，則能變異號爲同號。〔假令黄平限在復與甚之間，甚距限東，復距限西，本異號也。而復員之定交角過象限，則白道限度必又在復員之西，而先推黄平限復員在西者，今推白道限度復員在限東，即復員、食甚變爲同號矣。又如〔一〕黄平限在虧與甚之間，虧距限東，甚距限西，本異號也，而初虧之定交角過象限，則白道限度必又在初虧之東，而先推黄平限初虧在東者，今推白道限度初虧在限西，即初虧、食甚變爲同號矣。〕

又如前論，食甚在黄平限及白道限度之間，能變同號爲異號，即亦能變異號爲同號。〔準前論，食甚在黄平限西、白道限度東，能變食甚與復員異號，則先推食甚與初虧異號者，今反同號矣。若食甚在黄平限東、白道限度西，能變食甚與初虧異號，則先推食甚與復員異號者，今反同號矣。〕凡此之類，變態非一，皆於定交角取之，故可以不用十七求也。

相併爲差分者並減實行爲視行之理

問：用差分取視行，有減實行、加實行之異，而相併爲差分者一例用減，何也？曰：凡相較爲差分者，有前小後大、前大後小之殊，故其於實行有減有加。〔解見前條。〕減者常法，加者變例也。〔凡減實行爲視行者，在限東者益差而東，在限西者益差而西。食限中如此者多，故爲常法。若加實行爲視行者，限東者反損其差東之度，在西者反損其差西之度，乃偶一有之，故爲變例。〕若相減爲差分者，不論前後之大小，總成一差，故於實行有減無加，只用常法也。〔十四求附説，論食甚、初虧、復員三限定交角滿象限，並用時差減實行，與此同理。蓋彼以無可相較，故徑用一時差；此則雖有兩時差，不以相較，而且以相益。故其時刻並變大，而行分變小，故皆減實行爲視行也。〕

〔一〕如，原作“加”，據康熙本、鵬翮堂本、輯要本改。

日食三差圖〔一〕

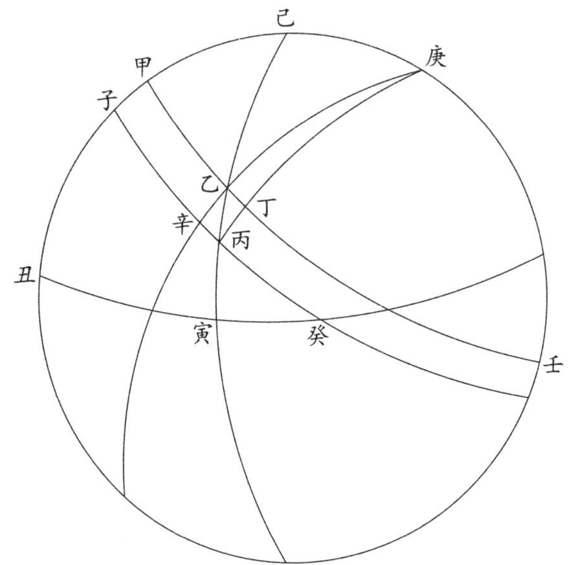

己爲天頂，庚爲黄道極，丑寅癸爲地平，子爲黄平象限度，子辛丙癸爲地平上黄道之一象限，甲乙丁壬爲黄道北緯，己乙丙寅爲地平經圈，乙爲天上太陰實緯，〔在黄道北。〕丙爲人所見太陰視度，〔正當黄道。〕乙丙爲高下差，〔是地平上高弧差。〕乙丁爲東西差，〔是黄道經度差。〕丙丁爲南北差。〔是黄道緯度差。〕蓋高卑差以天頂爲宗，下至地平爲直角；南北差以黄極爲宗，下至黄道爲直角；東西差以中限爲宗，下至黄極爲直角，而其根皆生於地面與地心不同視之故也。

〔一〕康熙本、鵬翮堂本無此篇。

三差圖一

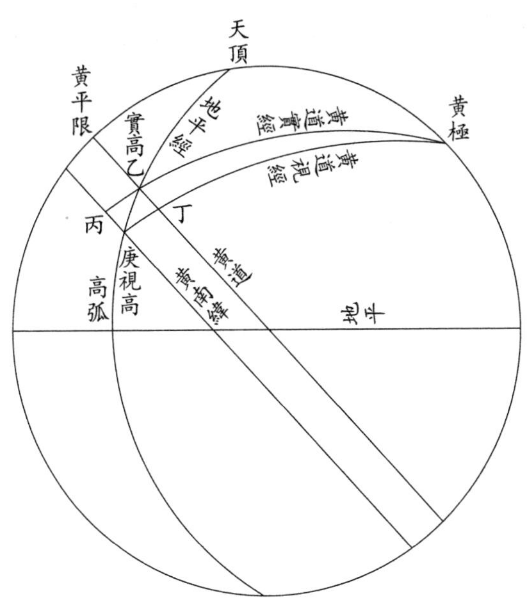

設太陰實高在乙，視高在庚，高弧上乙庚之距爲高下差。

從黄極出經綫至太陰實度乙，又從黄極出經綫至視度庚，必過丁。黄道上乙丁之距爲東西差。

實度乙正當黄道，視度庚在黄道南，其距丁庚緯度與乙丙等，是爲南北差。

三差圖二

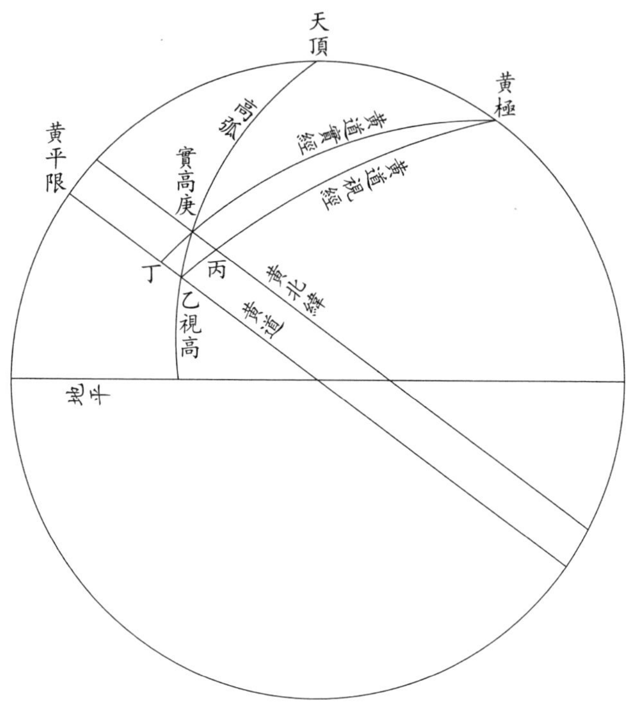

設太陰實高在庚,視高在乙,高弧上庚乙之距爲高下差。

從黃極出經綫二,一過實高庚,指黃道度丁;一過丙,至視度乙。黃道丁乙之距爲東西差。〔與丙庚等。〕

實度庚在黃道北,其緯度庚丁與丙乙等,視度乙正當黃道,無緯度,丙乙爲南北差。〔與丁庚等。〕

三差圖三

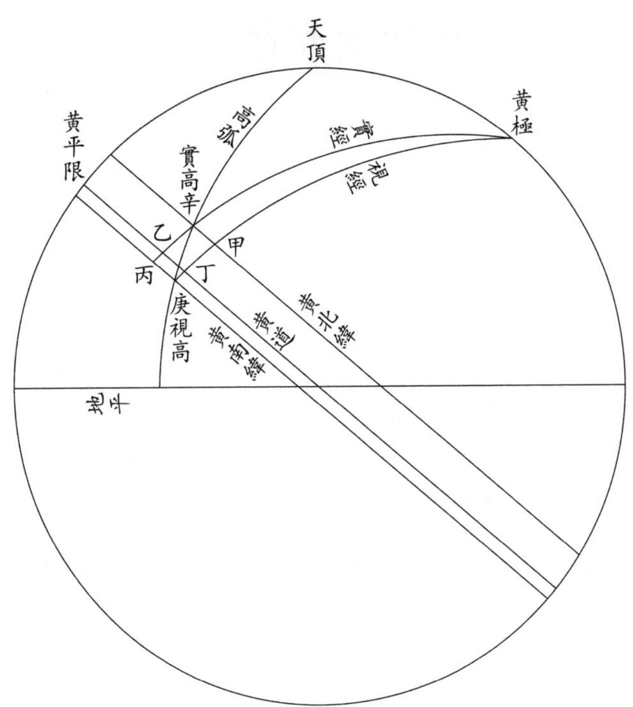

設太陰實高在辛，視高在庚，高弧上辛庚之距爲高下差。

從黃極出經綫二，一過太陰實高度辛，至黃道乙，乙爲實度；一過北緯甲及黃道丁，至太陰視高度庚，丁爲視度。黃道上乙丁之距爲東西差。〔與甲辛、丙庚等。〕

月實緯辛在黃道北，其距辛乙與甲丁等，視緯庚在黃道南，其距丁庚與乙丙等，甲庚爲南北差。〔與辛丙等。〕

交食蒙求卷三〔一〕

月　食

一求諸平行

首朔根　查二百恒年表，本年下首朔等五種年根并紀日録之。

朔策望策　用十三月表，以所求某月五種朔策并望策之數，録於各年根之下。

平望　以首朔日時與朔策望策并紀日并之。〔滿二十四時進一日，滿六十日去之。〕

太陽平引　以太陽引根與朔策望策并之。〔滿十二宫去之，後並同。〕

太陰平引　以太陰引根與朔策望策并之。

交周平行　以交周度根與朔策望策并之。

隨視其宫度，以辨食限：

〇宫、〇六宫十五度以内；

五宫、十一宫十五度以外。

以上宫度俱有食。

〔一〕交食蒙求卷三，原作“交食蒙求訂補”，據體例及中縫改。

太陽經平行　以太陽經度根與朔望二策并之。

二求日月相距

日定均　以太陽平引宫度查一卷加減表，如平引滿三十分，進一度查之。〔記加減號。〕

月定均　以太陰平引宫度查一卷加減表，如平引滿三十分，進一度查之。〔記加減號。〕

距弧　以日月定均同號相減，異號相併，即得。

距時　以距弧度分，於四行時表月距日横行内，查得相當或近小數，以減距弧，得時。〔視相當近小數本行上頂格所書時數録之，即是。〕其餘數再如法查取，得時之分秒。〔依上法，用相當近小數取之。〕并所查數，即爲距時。

隨定其加減號：

兩均同加者，日大則加，日小則減。

兩均同減者，日大則減，日小則加。

兩均一加一減者，加減從日。

三求實引

日引弧　以距時時及分查四行時表，太陽平行兩數并之。〔依距時加減號。〕

日實引　置太陽平引，以日引弧加減之，即得。

月引弧　查四行時表，取距時時分下太陰平行兩數

并之。〔依距時加減號。〕

月實引　置太陰平引，以月引弧加減之，即得。

四復求日月相距

日實均　以日實引宮度查一卷加減表，如實引滿三十分，進一度查之。〔記加減號。〕

月實均　以月實〔一〕引宮度查一卷加減表，如實引滿三十分，進一度查之。〔記加減號。〕

實距弧　以日月實均同減異加，即得。

實距時　以實距弧度分查四行時表，與前距時同。〔加減號亦同前。〕

五求實望

實望　置平望，以實距時加減之，即得。如加滿二十四時，則進一日；不及減，借二十四時減之。〔則實望退一日。〕

六求實交周

交周距弧　查四行時表實距時時分下交周平行兩數，并之即得。〔依實距時加減號〕

交周次平行　置交周平行，以交周距弧加減之，即得。〔凡加者，滿三十度進一宮，滿十二宮去之爲〇宮。減者，遇所

〔一〕實，原作"食"，輯要本同，據四庫本改。

減度數反小，則加三十度，退一宫減之。◎宫度不及減，則加十二宫，然後減之。〕

實交周　置月實均，〔記加減號。〕以加減交周、次平行，即得。

七求月距黄緯

月距黄緯　以實交周查太陰距度表，依中比例法求之。假如實交周十一宫十九度十四分，先以十九度查得五十六分五十三秒。又以十九度與二十度之數相減，得較五分〇七秒，化作三百〇七秒，與實交周小餘十四分相乘，用六十分爲法除之，得七十一秒，收作一分十一秒，以減十九度之數，得五十五分四十二秒，即月距緯。〔其緯在南。〕

中比例加減法：

視表上數，前〔少/多〕後〔多/少〕者〔加/減〕。

又法：

視表上宫名在上者，以所得中比例數加，〇宫、六宫是也；表上宫名在下者，以所得中比例數減，五宫、十一宫是也。

辨交食月緯南北法：

視實交周，是〔〇/六〕宫〔五/十一〕宫，其緯在〔北/南〕。

八求徑距較數

月半徑	以月實引查二卷視半徑表,即得。
影半徑	月半徑下層即景半徑。
景差	以日實引加減六宫,查視半徑表,即得。
實景	景半徑内減去景差,即實景。
并徑	以實景加月半徑,即得。
并徑減距	置并徑,以月距緯減之,即得。如距緯大於并徑,不及減,則不得食矣。

九求食分

食分	以月半徑倍之爲一率,并徑減距爲二率,月食十分爲三率。二三相乘,一率除之,即得食分。

十求躔離實度

日距弧	以實距時時分查四行時表太陽平行兩數,并之即得。〔依實距時加減號。〕
日次平行	置太陽經平行,以日距弧加減之,即得。
日實度	置日實均,〔記加減號。〕以加減日次平行,即得。
月實度	以日實度加減六宫,即月實度。〔記寫宫名。〕

十一求視望

加減時　以日實度查一卷加減時表,即得。〔記加減號。〕

視望　置實望,以加減時加減之,即得。

十二求所食時刻

月實行　以月實引查二卷太陰實行表,得之。〔實行表三度一查,假如某宫一度、二度,俱在〇度下查;若四度、五度,俱在三度下查。餘倣此。〕

初虧距弧　以距緯加并徑,與并徑減距相乘,平方開之,即得。

初虧距〔時分〕置距弧,用三率法化時,即得。

食既距弧　實景内減去月半徑,餘數與距緯相加爲和,相減爲較。和較相乘,平方開之,即得。

食既距〔時分〕置距弧,用三率法化時,即得。

三率法:

月實行化秒爲一率,六十分爲二率,〔初虧/食既〕距弧化秒爲三率,求得〔初虧/食既〕距〔時分〕爲四率。

初虧時刻　置視望,以初虧距〔時分〕減之,即初虧時刻。

復圓時刻　置視望,以初虧距〔時分〕加之,即復圓時刻。

食限總時　復圓時刻内減去初虧時刻,即總時。

食既時刻　置視望,以食既距〔時分〕減之,即食既時刻。

生光時刻　置視望,以食既距〔時分〕加之,即生光時刻。

既限總時　生光時刻内減去食既時刻,即得。

十三求宿度

黄道宿　以黄道距宿鈐减月實度,即得。〔記寫宿名。〕其宿鈐每年加歲差行五十一秒。如實度小於宿鈐,不及减,改前宿。

赤道宫度　以月實度用弧三角求之,即得。〔記寫宫名。〕〔求赤道經緯弧三角法,見日食蒙求,下同。〕

赤道宿度　以所入宿黄道經緯,〔加過歲差之宫度爲經,其緯用恒星表取之。〕用弧三角法求到本宿赤道經度,以减月赤道度,得食甚時赤道宿度。〔如不及减,取前一宿如法用之。〕

十四求各限地平經緯

各限交周　置實交周,以初虧、食既距弧加减之,得各限交周。〔以查月距度表,得各限月緯。〕

黄白差角　定爲四度五十九分。〔此朔望交角也,各限有微差,可以不論〕。

視實交周　是〇宫、十一宫上方差角,在黄經度西。是五宫、六宫上方差角,在黄經度東。

黄赤差角　用月實度,入極圈交角表取其餘度,即得。

視月實度　是〔〇、一、二、三、四、五〕宫上方差角,在赤經度西。是〔六、七、八、九、十、十一〕宫上方差角,在赤經度東。

月赤道差　以所推黄白、黄赤兩差角,東西同號者相併,異號者相减,即得。〔記東西號。〕其異號以小减大，並以度之大者爲主，命其東西。

以上所推食甚時差角，各限同用。〔各限亦有微差，可以勿論。〕

距午度分　置各限時刻，如在子後者，即爲距午時。〔此從午正順數。〕如食在子前者，置二十四時，以各限時刻減之，餘爲距午時。〔此從午正逆推。〕再以時變爲度，即得各限太陰距午度分。

時變度法：

每一時變十五度；每時下一分變度下十五分，時下四分成一度；時下一秒變度下十五秒，時下四秒成一分。秒滿六十收爲分，分滿六十收爲度。

各限高度〔即地平緯。〕　以極距天頂爲一邊，月實度距北極爲一邊，〔以黄赤距度南加北減象限，得之。〕二邊相加爲總，相減爲存。存總各取餘弦相加減，〔總弧不過象限相減，總弧過象限相加，若存弧亦過象限，則仍相減。〕並折半爲初數。〔各限同用。〕乃以各限距午度取其矢，〔距午度過象限，則用大矢。〕以乘初數，去末五位爲矢較，用加存弧矢，得對弧矢。矢減半徑得餘弦，命爲高度正弦，查表得高度。〔所得對弧即月距天頂，乃高度之餘，故其餘弦即高度正弦。〕

一率〔半徑〕　二率〔角之矢〕

三率〔初數〕　四率〔兩矢較〕

各限方向〔即地平經。〕　以極距天頂爲一邊，月距天頂爲一邊,〔高度之餘。〕二邊相加爲總,相減爲存。存總各取餘弦相加減,〔並如高度法。〕如法取初數。〔各限不同。〕乃以月距北極爲對弧,取其矢,〔月在赤道南,用大矢。〕與存弧矢相減爲矢較,進五位爲實,初數爲法,實如法而一,得所求矢。〔即地平經度,皆子午規所作天頂角度分之大小矢。〕矢與半徑相減得餘弦,查其度,命爲月距正子午方地平經度。〔凡正矢去減半徑,得鋭角餘弦,其度子後食者逆推,子前食者順數,並距正子方立算。大矢内減半徑,得鈍角餘弦,其度子後食者順數,子前食者逆數,並距正午方立算。即得各限月在地平上方位。〕

一率〔初數〕　二率〔兩矢較〕

三率〔半徑〕　四率〔角之矢〕

地經方位度分鈐〔鋭角用本度,鈍角用外角度,並以餘弦查表取之。〕

餘弦度分		七度半	二十二度半	三十七度半	五十二半	六十七半	八十二半
鋭角起子	順	癸	丑	艮	寅	甲	卯
	逆	壬	亥	乾	戌	辛	酉
鈍角起午	順	丁	未	坤	申	庚	酉
	逆	丙	己	巽	辰	乙	卯

地經赤道差　以月距北極爲一邊,月距天頂爲一邊,二邊相加爲總,相減爲存。存總各以餘弦相加減,〔如前法。〕取初數。〔各限不同。〕以天頂距北

極爲對邊，取其矢，〔各限同用。〕與存弧矢相減得矢較，進五位爲實，初數爲法，實如法而一，得差角矢。〔從北極作赤道經圈過月心，又從天頂作高弧過月心，得此差角。〕矢減半徑得餘弦命度。〔記東西號〕。

視各限時刻 在子前者，差角在高弧東，
在子後者，差角在高弧西， 並差而北。

地經白道差　置所推地經赤道差，以月赤道差加減之，〔東西同號者相併，異號者相減。〕即得各限白道經度差於地經高弧之數。〔記東西號。〕若月赤道差大於地經赤道差，法當反減，其號東西互易，並以月赤道差之號命其東西。〔月食有初虧子前、復圓子後者，各依本限論之。各限時刻在子前，用子前法；在子後，用子後法。〕此線所指，即月行白道之極。〔猶赤經線之指北極。〕

訂補月食繪圖法

赤經主綫　總圖，先作立線以象赤道經，此綫上指北極，下指南極，綫左爲東，綫右爲西，爲作圖主線。

闇虛食限　主線上取一點爲心，地景半徑爲度，作圓形以象闇虛。又以闇虛心爲心，併徑〔景半徑、月半徑相加。〕爲度，作大圓於闇虛之外，是爲食限。又徑較爲度,〔景半徑、月半徑相減。〕作小圓於闇虚之内,是爲既限。

黄道交角　以月實度入極圈交角表取之,命爲食甚時黄道與赤經所作之角。

黄道綫　依黄道交角度分,作角於主線左右。皆自主線起算,數食限上度分作識,向闇虚心作直線,令兩端透出,即上下各成相對二角,並如黄道交赤道之角,而此線象黄道。

視月食度

是〇、一、二、三、四、五宫,黄道左昂右低,〔上下〕方角度在〔左右〕。

是六、七、八、九、十、十一宫,黄道左低右昂,〔上下〕方角度在〔右左〕。

凡上方角度〔右順左逆〕,下方角度〔左順右逆〕,並自主線起算,數食限大圓周度分作識,從此作過心直綫至對邊,則角度皆等。

白道經度　依所推月赤道差角,於赤經左右數其度〔亦借圓邊數之,其左右如先所推。〕作識,嚮圓心作直線而透出之,即食甚時白道經線。

白道　虧復各取月緯,於黄道上下作兩平行虚線,〔陽曆用南緯,此二平行線作於黄道下方;陰曆用北緯,作兩平行綫於黄道上方。〕虚線兩端必與食限大圓相遇,而各成一點。依法各取其合用之點,聯爲一直綫,即自虧至復所行白道也。〔交前先遠後近,以遠點爲初虧,近點爲復圓;交後先近後遠,以

近點爲初虧，遠點爲復圓。初虧點在西，復圓點在東，陰陽曆並同一法。〕

白道線與經線相遇成十字角，十字中心一點即食甚時月心所到也。以月半徑爲度，從心作圓形，以象食甚時月體，即見其爲闇虚所掩分數，與所推月食分秒相符。〔法以月體匀分十分，即見此時月入闇虚若干分數。或全在其中，而爲食既；或深入其中，而食既外尚有餘分，一一皆可見。〕又此時月心與闇虚心正對，其相距之分即食甚時月緯，與所推亦合。

虧復真象　又以白道割外圓之點各爲心，月半徑爲度，作小圓二，以象初虧、復圓時月體，即見初虧時月以邊漸入闇虚，復圓時月體全出闇虚，其先缺後盈之點，皆有定在。

食既生光　若食既者，白道必横過内圓，〔即既限。〕亦相割成兩點，即食既、生光時月心所到也。兩點各爲心，月半徑爲度，作圓形二，以象食既、生光時月體，即見食既時月體全入闇虚而光盡失，生光時月體漸出闇虚而光欲吐。其欲既未既、欲吐未吐之時，月體必有一點正切闇虚之邊，皆有定處。

取白道簡法　不必求虧復月緯，但以月距黄緯，於白道經綫作識，〔陰曆在北，陽曆在南，並距闇虚心立算。〕爲食甚月心所到。從此作横綫，與經綫十字

相交，即成白道。〔餘同上。〕

右總圖，以上爲北，下爲南，左爲東，右爲西，中西曆法所同也。若月食子正，即赤道經與午規爲一，而所測如圖。然各限時刻不同，〔假如初虧子正，復圓必在子後；若復圓子正，初虧必在子前。相距有十二三刻以上，化爲度，有相距三四十度以上。〕則經綫午規相離，而南北東西易位，食近卯酉，變態尤多。非精於測算，不能明也，故有後法。

新增月食分圖法

高弧主綫　作立綫以象高弧，〔上指天頂，下指地平。〕不論東西南北，在何方位，並以天頂爲宗，直指其上下左右，是爲各限繪圖之主綫。

白道線　主線上取一點爲心，規作月體。〔並以所推月半徑度分爲半徑，其周分三百六十度。〕月邊上方，數所推各限地經白道差之度作識，〔差東者逆數向左，差西者順數向右，並從主線上方割圜周處起算。〕從此作過心直線，即白道經線也。於月心作横線，與白道經線十字相交，以象白道。

十分真像　白道經線上於月心起算，取月距黄緯作識，〔陰曆作識於月心之下方，陽曆作識於月心之上方，並如月距黄緯度分，以月半徑之度準之。〕即闇虚心也。〔月距黄緯,即食甚時兩心之距。〕闇虚心爲心,實景半徑爲度,作圓分於月體,即見食甚時月入闇虚被掩失光晦明邊際,了了分明。

受蝕處所　視月邊所缺若干度分,〔在月全周三百六十度中虧若干。〕其與白道經線相割處,必正對闇虚,〔即缺邊度折半取中之點。〕即舊法所謂月食方位也。此點或在月體之上,或在月體之下,與其左右,一一可指。其餘光若新月,或大或小,必皆曲抱此點,而斜側仰俯,皆可豫定其形。〔算缺邊度法别具。〕若食既者,不用此條。

食之深淺　又以月體全徑分爲十分,〔於白道經線上分之。〕即見食甚時虧食深淺,或被食若干分數,而有餘光;或全入闇虚,月光全失,而爲食既;〔即食十分。〕或深入闇虚,而食既之外尚有餘分,〔即食十一二分以上,至十六七分不等。〕並絲毫不爽。

初虧復圓　如法作主線及月體白道,〔並如食甚。〕乃於白道上自月心取初虧距弧之度作識,〔初虧於月心之左,復圓於月心之右,即食甚時月心所到。〕從此作垂線,截如月距黄緯之度。〔陽曆向上作之,陰曆向下作之,即食甚時兩心之距。〕垂線末爲闇虚心,從闇虚心作直線至月心,必割月邊,此點即初虧復圓時先缺後盈之點,〔在初虧則此處先缺,在復圓則此處後盈。〕並可以月體之上下左右命之。〔又捷法：於初虧距弧作識處，以月距黄緯爲度，依上下之向作弧分虚線。於月心以併徑爲度，亦作弧分虚線。兩虚線交處，即闇虚心。從闇虚心作虚直線，割月邊至月心，即於割點作識，命爲先缺後盈之點，可不作垂線直線。若以實景半徑爲度，從闇虚心向月邊作半圓，以象闇虚，其邊與月邊相切，即先缺後盈之像，益復分明。〕

食既生光　立主綫，繪月體，取白道經線作白道，〔並如初虧復圓。〕白道上以食既距弧度作識，〔食既於月心之左，生光於月心之右，並自月心起算，與虧復同。〕從此作垂線。尋闇虚心，〔陽曆向上，陰曆向下，並如月距黄緯之度，亦同虧復。〕作直線，自闇虚心過月心至邊，即食既生光時後入先出之點，〔欲既未既時，此處有餘光後没；光欲生時，此處有微光先吐。〕於月體之上下左右皆有定處。〔捷法：以月距黄緯，於食既距弧作識處，依陰陽曆之向作虚弧。又以徑較爲度，自月心依左右之向作虚弧。兩虚弧交處即闇虚心。從闇虚心作直虚線過月心至邊，即食既時後没、生光時先見之點。〕

〔若以實景半徑從闇虚心作半圓，以包月體，即見食既時月體全入闇虚，生光時月體將出闇虚，而各有二邊相切之一點。若闇虚半徑稍縮其度，則食既時後没餘光，生光時微光先吐，皆了然可見。〕

月帶食法

辨月有帶食　月食子後者，視復圓時刻若在日出後；月食子前者，視初虧時刻若在日入前，是有帶食也。若日出入時刻與食甚相同者，不用布算，即以所推食分爲帶食分。諸限時刻有與日出入同者亦然，皆不必推帶食。

帶食距時　帶食在朝者以日出時刻，在暮者以日入時刻，並與食甚時刻相減，餘即爲帶食距時。〔法同日食。〕

帶食距弧　初虧距時化秒爲法，初虧距弧化秒與帶食距時化秒相乘爲實，實如法而一，得數爲帶食距弧。〔秒滿六十收爲分。〕

帶食距心徑　以帶食距弧、月距黄緯各自乘，兩數相併，平方開之，得數爲帶食距心徑。〔法實俱化秒，得數收分。〕

帶食分秒　月全徑〔化秒〕爲一率，月食十分〔化秒〕爲二率。置併徑，内減帶食距心徑，餘數〔化秒〕爲三率，求得四率，即月出入時帶食分秒。〔秒滿六十收分。〕凡帶食分，必小於食分。〔食既者，帶食必不滿十分。若滿十分，爲帶食既出入，其減餘必大於月全徑。〕

一法：置帶食距心徑，内減徑較，〔月半徑、影半徑之較。〕餘數化秒爲三率，如上法求之，得

未食餘光分秒，以轉減月食十分，爲帶食分秒。〔如帶食距心徑小於徑較，不及減者，爲帶食既出入，其帶食距時必小於食既距時。〕

辨食分進退　凡月出入時刻〔即日出入時刻。〕在食甚前，其所帶食分爲進。〔帶食在朝者，爲但見初虧，不見食甚、復圓；在暮者，爲不見初虧，但見食甚及復圓。若食既者，在朝爲見初虧，不見食既，或見食既，而必不見生光、復圓；在暮爲不見初虧，但見食既，或并不見食既，而但見生光、復圓。〕

若月出入時刻在食甚後，其所帶食分爲退。〔在朝爲見初虧、食甚，不見復圓；在暮爲不見虧與甚，但見復圓。若食既者，在朝爲但見初虧、食既、食甚、生光，不見復圓，或并不見生光；在暮爲不見初虧、食既、食甚、生光，但見復圓，或并可見生光。〕

帶食作圖法

總圖　以帶食距心徑爲半徑，闇虚心爲心，作圓周。取其與白道横綫相割點，爲月出入時月心所到。用此爲心，如法作圓，以象出入地平時月體，即見其時月體有若干分秒在闇虚内，與所算帶食分相符。〔圓周割白道必有二點，當以帶食分進退詳其左右，如法取之〕。

視帶食分　是方進者，〔時刻在食甚前。〕當作圖於右方，〔取右點爲月心〕。
是已退者，〔時刻在食甚後。〕當作圖於左方，〔取左點爲月心〕。

分圖　如法先求月出入時地經白道差。

法曰：以黄赤距度〔用月實度取之。〕取餘弦，〔即存弧餘弦，又即總弧餘弦。〕命爲初數。〔總存兩餘弦同數故也。〕以極出地度正弦減半徑，命爲對弧矢，〔即極距天頂之矢。〕以黄赤距度取矢。〔即存弧矢。〕二矢度相減，得較數，進五位爲實，初數爲法，法除實，得差角矢。〔矢減半徑得餘弦，以餘弦查表得度。〕即月出入時地經赤道差。〔帶食在朝者，差角在西；若在暮者，差角在東。〕

捷法　以黄赤距度之餘弦，内減極出地之正弦，得餘數，進五位爲實。仍以黄赤距度之餘弦爲法除之，得差角矢。

若月實度正與二分同度，即以極距天頂度分命爲地經赤道差，不須布算。

凡各限時刻有與日出入同者，並可依此法求其地經赤道差角。

置地經赤道差，以各限同用之月赤道差加減之，〔東西同號者加，異號者減。〕即月出入時地經白道差，〔記東西號。〕次作高弧主線，〔如各限法。〕規作月體。於圜邊數地經白道差之度作識，〔依白道差東西之號，並自高弧上方交月邊處起算，差東者逆而向左，差西者順而向右。〕從此作過心直線，以象白道經線。又於月心作十字橫線，以象白道，〔其法並同各限。〕白道上以帶食距弧爲度作識，〔即食甚月心所到也。帶食分進者，此點在月體左方；退者，在月體右方。〕從此作垂線，〔陽曆作垂線向上，陰曆作垂線向下。〕截其長如月距黄緯之度，〔即闇虚心所在。〕從此向月心作直線至對邊，〔此即月出入時，月與闇虚兩心相對之徑線。〕乃分月體爲十勻分。〔即於徑線上分之。〕

末以闇虚心爲心，實景半徑爲度，作圓分於月體内，即見月體在闇虚内有幾何分，與所推帶食分秒相符。其餘光若新月者，偃仰縱横，皆如所見矣。

康熙五十七年戊戌二月十五甲午日夜子初二刻八分望月食分秒起復時刻方位〔一〕〔依曆書本法。〕

月食十七分三十一秒

初虧	亥初二刻十三分
食既	亥正三刻
食甚	夜子初二刻八分
生光	十六日子正二刻一分〔二〕
復圓	丑初二刻三分

〔一〕以下至卷末，二年本無，鵬翮堂本在月食蒙求訂補前。
〔二〕一分，輯要本無。

食限内共計十五刻五分。

既限内七刻八分。

食甚月離黄道鶉尾宫二十五度五十三分，爲翼宿六度。

食甚月離赤道鶉尾宫二十六度一十四分，爲翼宿十四度三〔一〕十八分。

以上諸數，並主京師立算，江南省月食分秒宿度並同，惟各限時刻加八分。

月食五限全圖

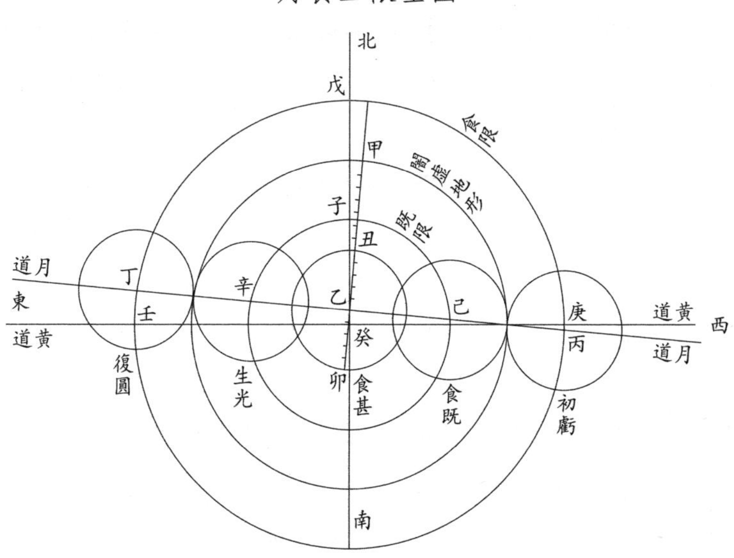

〔庚癸壬爲闇虛心所行黄道。〕

〔一〕三，輯要本作“二”。

〔丙己乙辛丁[一]爲月心所行白道。〕

〔甲圈即地影,古謂之闇虚。〕

〔月心行至丙,則其邊與闇虚相切,而光漸損,爲初虧。月心至丁,則其邊全出闇虚,而光盡復,爲復圓。故設戊丁丙大圈在闇虚外,謂之食限。〕

〔月心至己,則全入闇虚,而光盡失,爲食既。月心至辛,則漸出闇虚,而光徐吐,爲生光。故設子己辛小圈在闇虚内,謂之既限。〕

〔月心至乙,其時入闇虚最深,月食十七分正在此時,謂之食甚。問:月食何以得有十七分?曰:月全徑丑卯是十分,已全入闇虚内,尚餘丑甲七分,爲深入距闇虚邊數,合之得十七分也。〕

〔初虧時,月心在丙爲陽曆,在黄道南,其距庚丙。食甚時,月心行至乙爲陰曆,在黄道北,其距乙癸。癸即闇虚心。乙癸,月食黄緯也。自食既至復圓四限,並黄道北,爲陰曆交後,獨初虧是陽曆交前。其自南入北交黄道時,在初虧後食既前,月食五分時,其交點正切闇虚之邊,古曰中交,在今西曆謂之正交也。〕

右圖爲黄道上日月躔離右旋之度,自西而東,乃步算之根也。日行遲,月行疾,闇虚地影居日之衝[二],故闇虚之行即日行也。初虧時月在闇虚之西,及至復圓,遂出其東,日月並右旋而有遲速,於斯著矣。月道之交於黄道也,有陰曆焉,有陽曆焉,有交前交後焉。今二月月食,交後陰曆也。距交遠則黄緯大而受蝕淺,距交近則黄緯小而受蝕深。今距交未及一度,黄緯只四分,故入影最深,

---

〔一〕辛丁,原作"丁辛",據刊謬乙正。

〔二〕衝,原作"衢",輯要本同,據鵬翮堂本、四庫本改。

而食分最大。自甲至卯，共十七分奇，歷歷可數也。自丙至丁，爲自虧至復月行之度，折半於乙，爲食甚，故虧至甚、甚至復時刻俱等，與算術〔一〕相符，按圖索之，瞭如指掌矣。〔若乙點稍偏，即度有參差，與算理不合。〕

月食五限詳推

總圖〔二〕

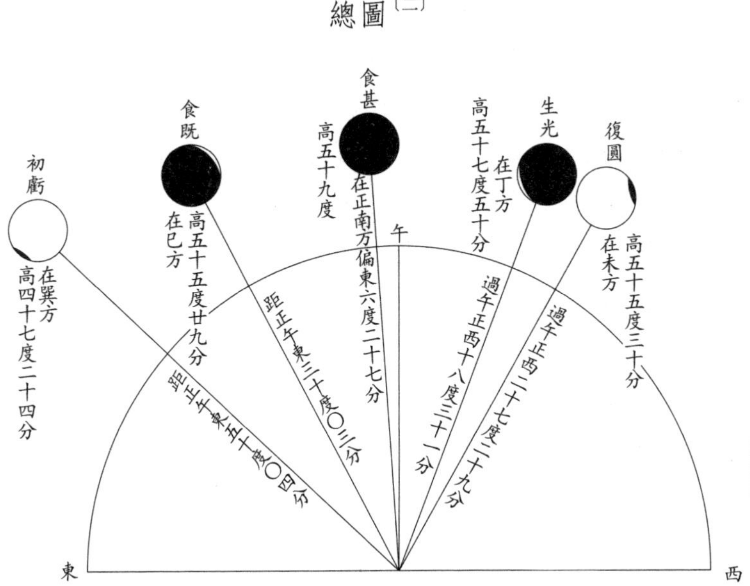

（一）術，四庫本作"數"。

（二）四庫本"總圖"誤植"食既圖"下。按：雍正元年本"總圖"葉與"初虧""食既"葉流水號同刻作二十一，或有前後順序裝訂錯亂者，四庫館臣未審其序，依原本抄録，遂致其誤。

各限辰刻及月在地平上高度，并所加臨方位，並依江南省城立算。

初虧〔亥初三刻六分。初見微蝕處在月體下方之左。〕

食既〔亥正三刻九分。欲既未既，些少微光，在月體右上。〕

食甚〔夜子初三刻一分。月體無光，聊可測其高度。〕

生光〔十六日子正二刻九分。微光初見，在月體左方稍下。〕

復圓〔丑初二刻十一分。光欲滿時，些少微缺，在月體右方略上。〕

右圖爲地平上太陰加臨方向，東升西没，其行左旋，乃測驗之用也。假如欲候初虧，法以盤針考定巽方，定爲月食初虧時地平經度。〔又法：擇平地，畫以圓圈，對子午卯酉作十字線，分圓周爲四。自卯至午匀分九十度，自午至酉亦如之。乃自午向卯數五十度，爲初虧方位。各限俱如是。〕候至亥時初三刻，〔用星晷、香漏或自鳴鐘定之。〕其時太陰已到巽方，在地平上高四十七度奇，〔用象限儀等器測之。〕即見月體下方偏左處漸有微缺，是爲月食初虧在月體下方之左也。此不論東西南北，惟以月體對天頂處爲上，對地平處爲下，左右亦然。測時須正身直立，向月平觀，即上下左右絲毫不爽。食既等各限並同。

分圖〔一〕

初虧圖

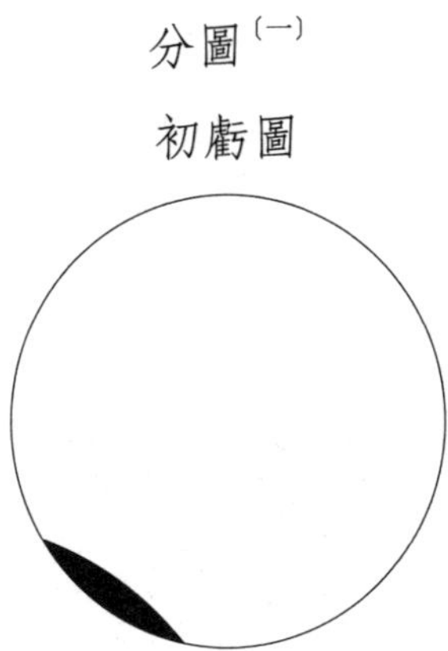

亥初三刻六分，月食初起。

高四十七度二十四分。

距正午東五十度〇四分，在巽方。

初見微蝕處在月體下方之左。

食既圖

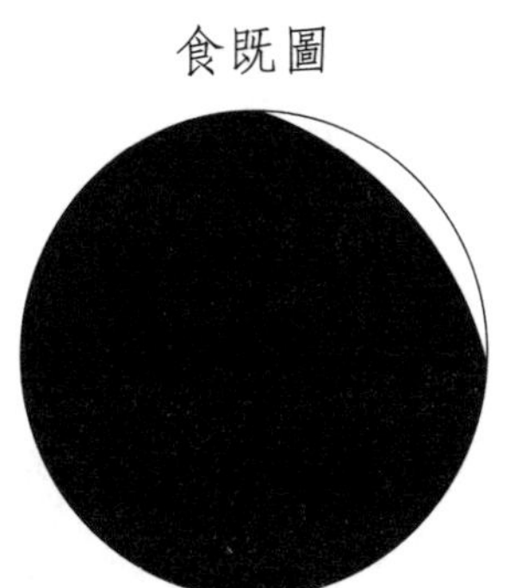

亥正三刻九分，月食至盡。

高五十五度二十九分。

〔一〕以下分圖四，輯要本無。

距正午東三十度〇三分，在巳方。
欲既未既，些少餘光，在月體右上。

生光圖

子正二刻九分，月光始生。
高五十七度五十分。
過午正西十八度三十一分，在丁方。
微光初見時，在月體左方稍下。

復圓圖

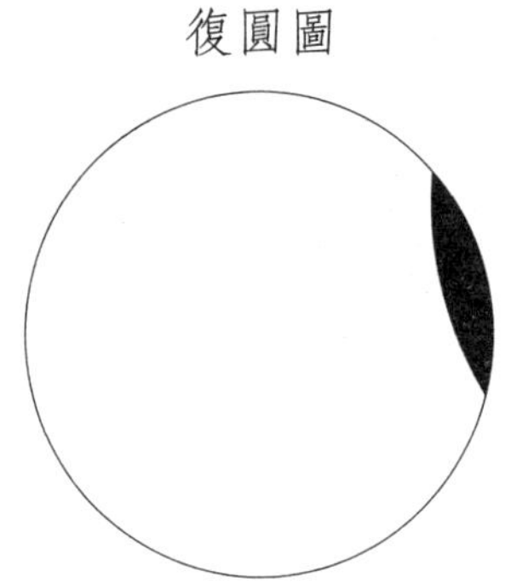

丑初二刻十一分，月光盡復。
高五十五度半。

過午正西二十七度三十九[一]分，在未方。

光欲滿時，些少微缺，在月體右方略上。

因五限總圖限於尺幅，月形[二]縮小，故復作分圖，以便測驗。内惟食甚月在闇虛地形深處，聊可得其地平經緯，無上下左右可言，故分圖只四限。

〔一〕三十九，前“總圖”作“二十九”。

〔二〕形，四庫本作“影”。

兼濟堂纂刻梅勿菴先生曆算全書

揆日候星紀要〔一〕

〔一〕據卷首目録，此卷由求日影法、四省表影立成、推中星法、二十八宿黄赤道經緯度、星數攷及回回三十雜星攷六種匯集而成。詳考正文，二十八宿黄赤道經緯度前另有諸名星赤道經緯度加減表一種，星數攷（正文題紀星數）後有極星攷、王良閣道攷二種，總計九種。其中，三種見於勿庵曆算書目著録：

求日影法，勿庵曆算書目曆學類著録爲一卷，題作測景捷法，約康熙三十年撰於北京，卷末附康熙三十五年冬至皖城日影，爲後來增補。

四省表影立成，勿庵曆算書目曆學類著録爲一卷，康熙十九年撰於南京，應西域友人馬儒驥之詢而作。

三十雜星考，勿庵曆算書目曆學類著録爲一卷，初稿約成於康熙十七年，康熙三十一年後有所修訂。

梅氏叢書輯要將求日影法、四省表影立成兩種收入卷五十七揆日紀要；將回回三十雜星考收入卷六十雜著，題作西國三十雜星攷；王良閣道攷未收，其餘五種均收入卷五十八恒星紀要。四庫本收入卷十九。晚清新學叢書西學大成、中西新學大全均據全書本收録。

揆日候星紀要目録

揆日候星紀要

宣城梅文鼎定九著　男以燕正謀參　孫 瑴成玉汝
玕成肩琳
柏鄉魏荔彤念庭輯　男 乾斆一元
士敏仲文
士説崇寬同校
錫山後學楊作枚學山訂補

求日影法

謹按：測日之法，要先知太陽緯度，其次要知里差，其次要知句股算法，其次又要知割圓八線。

太陽緯度有半年在赤道南，有半年在赤道北，此以節氣定之。假如冬至日，太陽在赤道南二十三度半，爲緯度之極南，其影極長。自此以後，太陽漸漸自南而北，其南邊緯度漸減，則影之長者亦漸減。至春分日，太陽行到赤道上，即無緯度。

既過春分，太陽行過赤道之北，於是漸生北緯。緯既漸北，其影漸短，至夏至之日而影短極矣。

夏至日，太陽在赤道北二十三度半，爲緯度之極北，其影極短。自此以後，太陽漸漸自北而南，則北邊緯度漸減，而影之短者復漸長。至秋分日，太陽行到赤道上，亦無緯度。

既過秋分，太陽行過赤道之南，於是漸生南緯。緯既漸南，影亦漸增，至於冬至之度，而復爲影長之極矣。

長極則短，短極則長，總由太陽南北緯度之所生。其緯日日不同，故影之長短亦日日不同也。

緯度圖

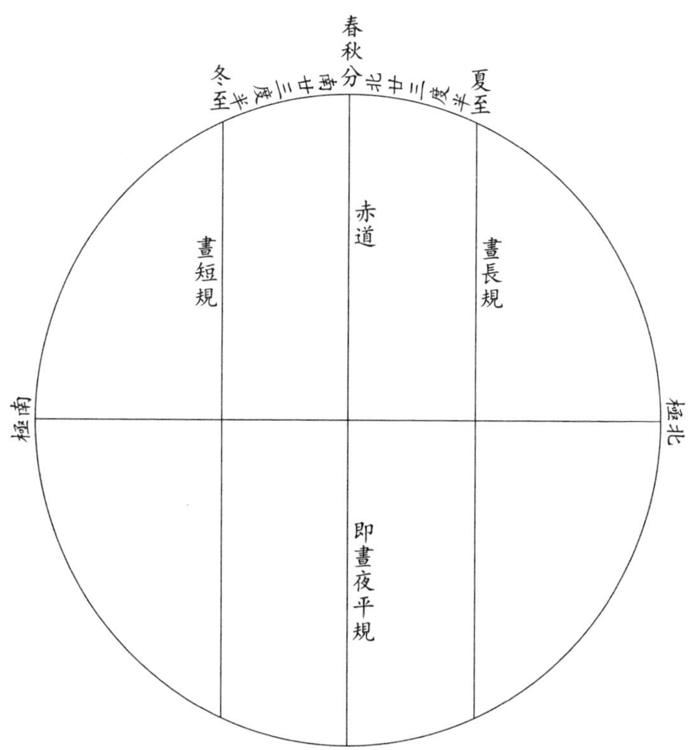

緯度表一

〔凡看表，上層節氣順數而下，自初日至十五日止；下層節氣逆數而上，亦自初日至十五日止。或論日，或論度，微有不同，然所差不遠。〕

太陽在赤道南

	初	一	二	三	四	五	六	七	八	九	十	十一	十二	十三	十四	十五	
冬至	廿三度	廿三	廿三	廿三	廿三	廿三	廿三	廿三	廿三	廿三	廿三	廿三	廿二	廿二	廿二	廿二	大雪
	卅一分	卅一	卅〇	廿九	廿七	廿五	廿三	廿〇	十六	十三〔一〕	〇八	〇四	五八	五三	四七	四〇	
小寒	廿二度	廿二	廿二	廿二	廿二	廿二	廿一	廿一	廿一	廿一	廿一	廿一	廿〇	廿〇	廿〇	廿〇	小雪
	四〇分	卅三	廿六	十八	十〇	〇一	五二	四三	卅三	廿三	十二〔二〕	〇一	四九	卅八	廿五	十三	
大寒	廿〇度	十九	十九	十九	十九	十九	十八	十八	十八	十八	十七	十七	十七	十六	十六	十六	立冬
	十三分	五九	四七	卅三	十九	〇五	五〇	卅五	十九	〇四	四八	卅一	十五	五八	四一	廿三	
	十五	十四	十三	十二	十一	十	九	八	七	六	五	四	三	二	一	初	

〔一〕十三，刊謬云"冬至下左行'十二'訛'十三'"，輯要本改作"十二"。按緯度表二夏至九日下分數與底本同。

〔二〕十二，緯度表二小滿五日下分數作"十一"，二者當有一誤。

續表

	初	一	二	三	四	五	六	七	八	九	十	十一	十二	十三	十四	十五	
立春	十六度	十六	十五	十五	十五	十四	十四	十四	十三	十三	十三	十二	十二	十二	十一	十一	霜降
	廿三分	〇五	四七	廿九	十〇	五一	卅二	十三	五三	卅三	十三	五二〔一〕	卅三	十二	五一	卅〇	
雨水	十一度	十一	十〇	十〇	十〇	〇九	〇九	〇八	〇八	〇八	〇七	〇七	〇七	〇六	〇六	〇五	寒露
	卅〇分	〇九	四八	廿六	〇四	四二	廿〇	五八	卅五	十三	五〇	廿八	〇五	四二	十九	五五	
驚蟄	〇五度	〇五	五	四	四	三	三	三	二	二	二	一	一	〇	〇	〇	秋分
	五五分	卅二	〇九	四五	廿二	五八	卅五	十一	四七	廿三	〇〇	卅六	十二〔二〕	四八	廿四	〇〇	
	十五	十四	十三	十二	十一	十	九	八	七	六	五	四	三	二	一	初	

〔一〕五二，緯度表二穀雨四日下分數作"五三"，二者當有一誤。

〔二〕十二，輯要本作"十三"。按緯度表二春分三日下分數作"十二"，與底本同。

緯度表二

太陽在赤道北

	初	一	二	三	四	五	六	七	八	九	十	十一	十二	十三	十四	十五	
春分	○度	○	○	一	一	二	二	二	三	三	四	四	四	五	五	五	白露
	○分	廿四	四八	十二	卅六	○○	廿三	四七	十一	卅五	五八	廿二	四五	○九	卅二	五五	
清明	○五度	○六	六	七	七	七	八	八	八	九	九	十○	十○	十○	十一	十一	處暑
	五五分	十九	四二	○五	廿八	五○	十三	卅五	五八	廿○	四二	○四	廿六	四八	○九	卅○	
穀雨	十一度	十一	十二	十二	十二	十三	十三	十三	十四	十四	十四	十五	十五	十五	十六	十六	立冬
	卅○分	五一	十二	卅三	五三	十三	卅三	五三	十三	卅二	五一	十○	廿九	四七	○五	廿三	
立夏	十六度	十六	十六	十七	十七	十七	十八	十八	十八	十八	十九	十九	十九	十九	十九	廿○	大暑
	廿三分	四一	五八	十五	卅一	四八	○四	十九	卅五	五○	○五	十九	卅三	四七	五九	十三	
	十五	十四	十三	十二	十一	十	九	八	七	六	五	四	三	二	一	初	

續表

	初	一	二	三	四	五	六	七	八	九	十	十一	十二	十三	十四	十五	
小滿	廿〇度	廿〇	廿〇	廿〇	廿一	廿一	廿一	廿一	廿一	廿一	廿二	廿二	廿二	廿二	廿二	廿二	小暑
	十三分	廿五	卅八	四九	〇一	十一	廿三	卅三	四三	五二	〇一	十〇	十八	廿六	卅三	四〇	
芒種	廿二度	廿二	廿二	廿二	廿三	廿三	廿三	廿三	廿三	廿三	廿三	廿三	廿三	廿三	廿三	廿三	夏至
	四〇分	四七	五三	五八	〇四	〇八	十三	十六	廿〇	廿三	廿五	廿七	廿九	卅〇	卅一	卅一	
	十五	十四	十三	十二	十一	十	九	八	七	六	五	四	三	二	一	初	

查表法：

第一表是太陽在赤道南所紀度分，是南緯日日不同之數，管冬至、小寒、大寒、立春、雨水、驚蟄。〔其日期自上而下順推。〕

又管秋分、寒露、霜降、立冬、小雪、大雪。〔其日期自下而上逆推。〕

凡順推日期者，看右行順下之數；逆推日期者，看左行逆上之數。

第二表是太陽在赤道北所紀度分，是北緯日日不同之數，管春分、清明、穀雨、立夏、小滿、芒種。〔日期順推，看右行。〕

又管夏至、小暑、大暑、立秋、處暑、白露。〔日期逆推，看

左行。〕

凡查緯度，看本日是何節氣，則知太陽在赤道南，或在其北。

又看是節氣之第幾日，依表順逆查之，即知太陽在赤道南北相離幾何度分。

假如辛未年四月初一日，是在穀雨節内，檢表便知在赤道北。又查交過穀雨已有八日，便於穀雨節之下，從上順數而下，對右行八字之格内，〔係第九格。〕尋其緯度，是〔十四度十三分〕，便是此日太陽距赤道北緯之數也。

又法：不用算日期，只於本年七政曆尋本日太陽所到宫度，加三十分即是。假如四月初一日，七政曆内太陽是酉宫七度三十六分，此是夜半子時度數，加三十分得八度〇六分，便是本日午正〔一〕太陽躔度也。以午正太陽入酉宫八度〇六分，從本表中穀雨節一行内，從上順數而下，到横對右行順下第八號之格，是十四度一十三分，便是此日此時太陽離赤道北之緯度也。

以上論太陽緯度。

既知緯度，則日影長短之緣已得之矣。然又要知里差，何也？緯度不同，是天上事，乃萬國九州所同然。而人所居有南北，故所見太陽之高下各異，則其影亦異。

前所論緯度高下，是每日不同。今論里差，則雖同此一日，而北方日影與南方不同，若不知此則誤矣。

〔一〕正，原作“上”，據四庫本改。

里差南北,論本地北極出地。

即如四月初一日午正,推得太陽在地平上高六十四度,此據京師地勢言之。若在别省,則其度不同,何也?北極之出地不同也。後圖明之。

京師所見〔一〕

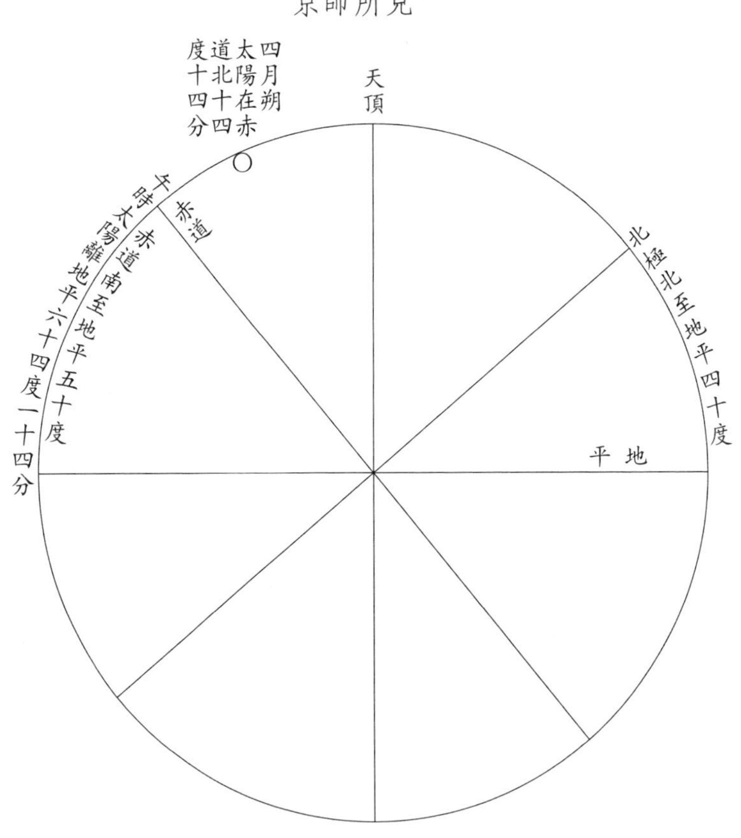

〔一〕圖中“四月朔”,輯要本作“四月初一”。

浙江所見〔一〕

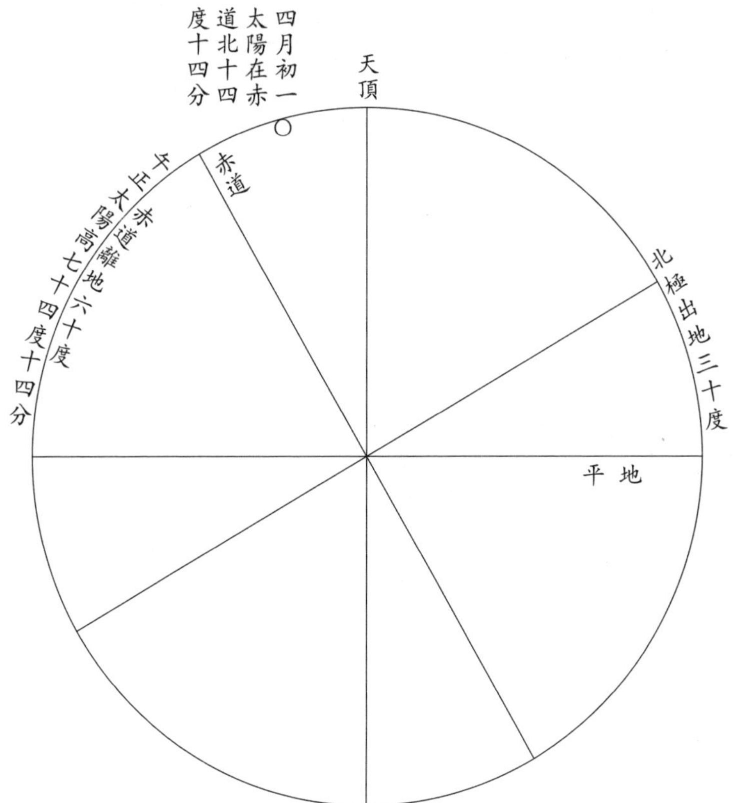

浙江北極低於京師，故赤道高於京師，而太陽亦高矣。太陽高於京師，則其影亦短矣。

右圖舉淛江爲例，其他處各各不同，可以類推。

〔一〕圖中“四月初一“，輯要本作“四月朔”。

北極出地度開後：〔一〕

京師　四十度　山東　三十七度　陝西　三十六度〔二〕　盛京　四十二度　山西　三十八度　河南　三十五度　江南　三十二度　浙江　三十度　福建　二十六度　湖廣　三十一度　江西、四川　俱廿九度〔三〕　廣西　二十五度　貴州　二十四度〔四〕　廣東　二十三度　雲南　二十二度〔五〕

〔一〕以下各省出地高度，輯要本删，並於求日影法卷末增里差表，如後所示：

	北極高度	分	秒		東西偏度	分	秒	
盛京	四一	五一	○○		東　七	一五	○○	
山西	三七	五三	三○		西　三	五七	四二	
山東	三六	四五	二四		東　二	一五	○○	
朝鮮	三七	三九	一五		東　一○	三○	○○	
河南	三四	五二	二六		西　一	五六	○○	
陝西	三四	一六	○○		西　七	三三	四○	
江南	三二	○四	○○		東　二	一八	○○	
湖廣	三○	三四	四八		西　二	一七	○○	
浙江	三○	一八	二○		東　三	四一	二四	
四川	三○	四一	○○		西　一二	一六	○○	
江西	二八	三七	一二		西	三七	○○	
福建	二六	○二	二四		東　二	五九	○○	
廣西	二五	一三	○七		西　六	一四	四○	
貴州	二六	三○	二○		西　九	五二	四○	
雲南	二五	○六	○○		西　一三	三七	○○	
廣東	二三	○八	○○		西　三	三三	一五	

〔二〕陝西三十六度，刊謬云："陝西三十四度，訛三十六度"。

〔三〕江西四川俱廿九度，刊謬云："江西二十九度，四川三十一度，訛俱二十九度。"

〔四〕貴州二十四度，刊謬云："貴州二十七度，訛二十四度。"

〔五〕雲南二十二度，刊謬云："雲南二十五度，訛二十三度。"按刊謬"二十三"當作"二十二"。

求赤道高法：

各以其地北極出地度減九十度，餘爲赤道高度，觀前圖自明〔一〕。

以上論里差。

既知太陽緯度，又知本地里差，則任舉一日，可知太陽午正之高度，而測影不難矣。

然又要知句股算法及割圓八線。

凡測影有二法：一是用直表，而取平地之影；〔又名直影。〕一是用橫表，而取壁上之影。〔又名倒影。〕此兩者皆是句股形。

古人用八尺表取影，只用直表直影，故前所論者亦直影也。

凡此句股之法，生於割圓八線。

何以謂之割圓？周天三百六十度，今取其若干度而算之，是將渾淪圓形剖開算之，故曰割圓也。

割圓有八種線，俱是算句股之法。今取日影，則所用者切線也。切線有正有餘，此因直表取影，故所用者又是餘切線也。

凡測影者，先以緯度及里差，得太陽高度，即用所得高度入八線中查本度之餘切，即得所求直影。

假如前推四月初一日，太陽高六十四度一十四分，即

〔一〕觀前圖自明，輯要本作“各地極出地有表在後”，即指前文校勘記中所附里差表。

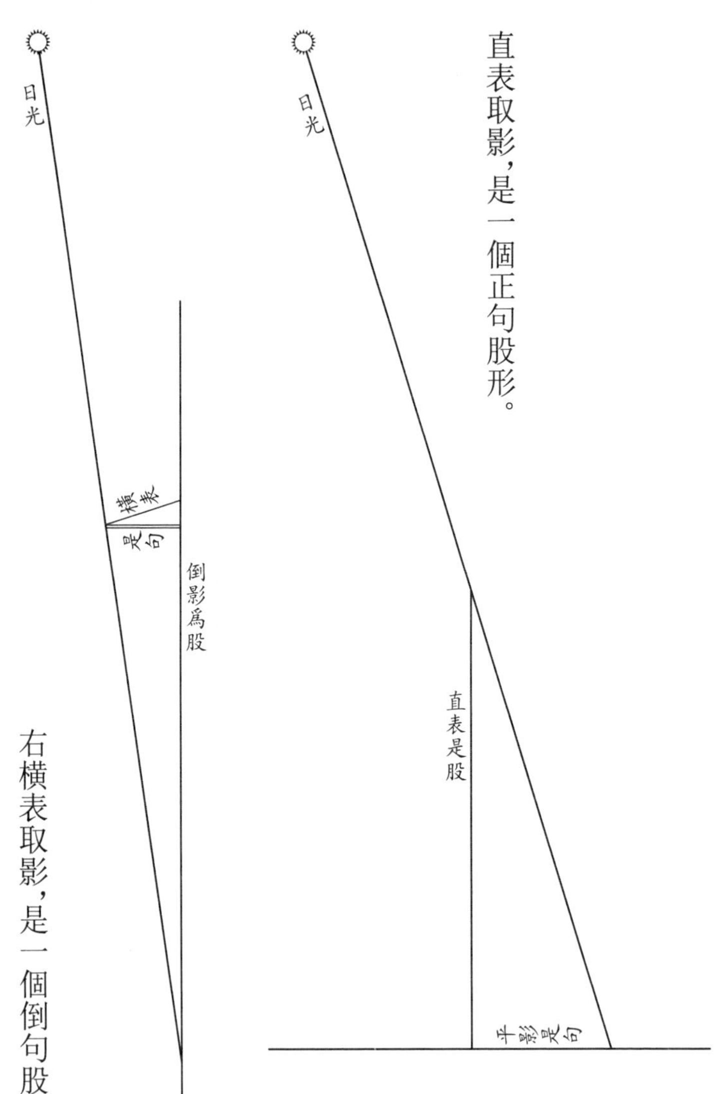

直表取影，是一個正句股形。

右横表取影，是一個倒句股形。

於八線表中尋六十四度十四分之餘切線，便是所得直影。

八線表在曆書中，其查法：每度六十分，自四十五度以前，自上而下；四十五度以後至九十度，自下而上。〔其順下逆上，俱自一分起，至六十分止，俱要看表旁之字號，對而取之。〕

餘切線求直影圖

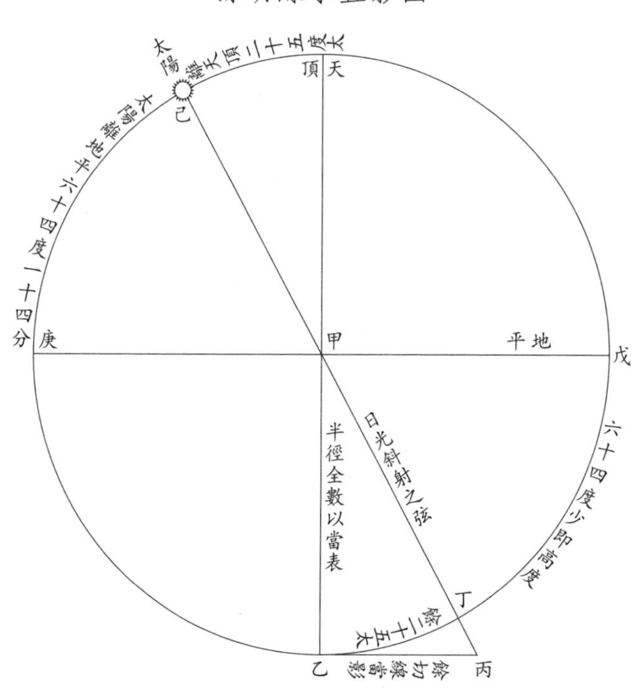

甲乙爲半徑，〔爲股。〕以當表。丙乙爲餘切線，〔爲句。〕以當影。甲丙爲日光斜弦。

太陽在己，光射於表端之甲，直至於丙，成甲乙丙句股形。

其己庚高度與戊丁相對之度等，用戊丁即如用己庚也。

以戊丁爲主，則丁乙爲餘度，而丙乙者即戊丁高度之餘切線也。

查八線表法：

先查某度，再查某線，再查某分，以横直相遇處取之。

其度數有寫在高處者，〔自〇度起，至四十四度止。〕有寫在下面者。〔自四十五度起，至九十度止。〕

其八線之號有寫在上一層者，有寫在下一層者；其分數有自上而下者，有自下而上者，此無他故也，只看度數寫在高處者。其八線之號，〔如正切等。〕亦即寫在上一層，而其分數亦自上而下也。若度數寫在下面者，其八線之號亦即寫在下一層，而其分數亦自下而上也。〔凡一度俱有兩張，一張自〇分至三十分，一張自三十分至六十分。〕

假如前推太陽高六十四度，便知此度數寫在下面，即於表中尋下面左角上寫有“六四”字樣者，此即六十四度之表也。度既寫在下，便從下一層横看八線之號，至“餘切”字樣處認定，此即六十四度餘切之行也。又因度下有一十四分，便向表中原寫“六四”字樣處接了便是〇分，自此逆上，一分二分以至十四分止，是所用之横格也。依此十四分之號，横看至餘切之行，其中所書便是六十四度十四分之餘切線數矣。他倣此。〔若依前加太陽十五分，便尋三十分之號，如法求之。〕

又式：

康熙辛未七月初四日丁亥測正午時日影，京師立表〔一〕。

前月二十八日壬午卯時交大暑節。

本日子正太陽度鬼宿三度七分，爲六宮四度三十三分。

午正太陽度鬼宿三度三十六分，爲六宮五度〇二分。黄緯十九度〇五分，在北。

京師赤道高五十度，午正太陽高度六十九度〇五分。

餘切線〇三八三八六。

立八尺表，正午日影該三尺〇七分。

凡立表須正，取影之地須平，又須正對子午。

又按：此直表也，故當以太陽半徑加高度而取直影。〔用餘切。〕

若横表，即當以太陽半徑減高度而取倒影。〔用正切。〕此測影中最精之理，不可不知。

附録：康熙丙子十一月二十七日冬至皖城午影

皖城北極高三十一度，赤道高五十九度，立表八尺。冬至日在赤道外二十三度三十一分半，午正太陽高三十五度二十八分半，餘切線一四〇〇六五。直影宜加太陽半徑十五分奇，共高三十五度四十四分，其餘切線一三八九九四。以表數八尺乘餘切線，得影長一丈一尺一寸二分。若求倒影，宜減太陽半徑十五分奇，得高

〔一〕輯要本“表”下有“八尺”二字。

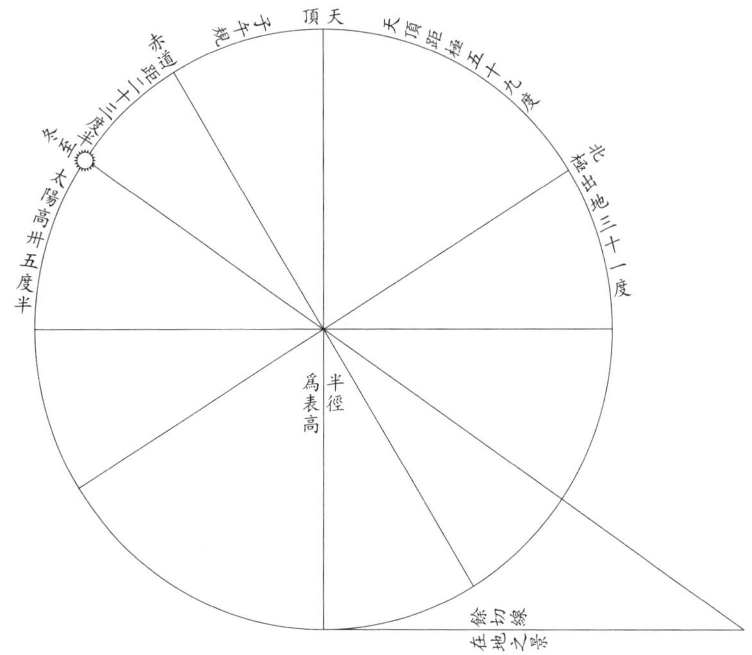

三十五度一十三分。

四省表影立成

四省表影立成者，爲友人馬德稱氏作也。德稱系本西域，遠祖馬沙亦黑〔一〕、馬哈麻〔二〕兩編修公，以善治曆見知洪武朝，受敕譯西書，其文御製稱爲不朽之智人。欽天監特寘專科肄習，子孫世其官，皆精其業，西域之言曆者

〔一〕馬沙亦黑，四庫本作“瑪沙伊克”。
〔二〕馬哈麻，四庫本作“瑪哈齊”。

宗焉。西域之曆有二：一曰動的月，以弦望晦朔爲序，乃太陰曆也，故齋期以見月爲滿。一曰不動的月，以二十四定氣爲端，乃太陽曆也，故禮拜以晷景爲憑。然此二者，皆有里差。而今回回家所傳二十四節氣表景尺度，共衹一術，故德稱氏疑焉，謂其不足以盡諸省直之用，而欲有以是正之，以屬余。余既稔知西域之以天爲教，以曆爲學，經數百年，能守其舊俗不變，可謂有恒。而德稱氏又能不牽於習見，踵事加詳，以致其恪恭鄭重之意，深爲可敬，遂力疾爲之布算以歸之。夫曆學至今日明且確矣，而泰西氏之法，大綱多出於回回。竊意如各省直里差之説，必西域所自有。或當時存而未譯，或譯之而未傳，或傳之久而殘缺，皆未可知。吾願德稱氏與其西域之耆舊，尚爲之詳徵焉，而出以告世，庶有以證吾之説，而釋夫傳者之疑，以正其疏也。

四省直節氣定日表影考定

立表十尺。〔若表短則用折算，假如用表一尺，則以尺爲寸，寸爲分，分爲釐，皆折取十分之一；若表八尺，則尺取八寸爲十之八。〕

廿四定氣日		北直	江南	河南	陝西
冬至		二十尺〇〇五分	十四尺八寸二分	十六尺三寸二分	十六尺九寸八分
小寒	大雪	十九尺三寸三分	十四尺三寸六分	十五尺七寸七分	十六尺四寸三分
大寒	小雪	十七尺四寸七分	十三尺一寸三分	十四尺三寸七分	十四尺九寸三分

續表

廿四定氣日		北直	江南	河南	陝西
立春	立冬	十五尺〇四分	十一尺四寸四分	十二尺五寸二分	十二尺九寸八分
雨水	霜降	十二尺五寸七分	九尺六寸五分	一十尺五寸四分	一十尺九寸二分
驚蟄	寒露	一十尺三寸三分	七尺九寸三分	八尺六寸七分	八尺九寸八分
春分	秋分	八尺三寸八分	六尺三寸七分	七尺〇〇	七尺二寸六分
清明	白露	六尺七寸七分	五尺〇一分	五尺五寸七分	五尺八寸
穀雨	處暑	五尺四寸三分	三尺八寸三分	四尺三寸四分	四尺五寸五分
立夏	立秋	四尺三寸七分	二尺八寸八分	三尺三寸七分	三尺五寸八分
小滿	大暑	二尺六寸一分	二尺一寸三分	二尺六寸三分	二尺八寸三分
芒種	小暑	三尺一寸三分	一尺七寸三分	二尺一寸七分	二尺三寸七分
夏至		二尺九寸六分	一尺五寸八分	二尺〇三分	二尺二寸二分

右表影，皆以直省城内爲準，附近二百里内外可用。其餘州縣各各不同，須以彼處北極高度定之。

一凡立表須直，不得稍偏於東西南北，則影爲之變，須以線垂而準之，古所謂八綫附臬者是也。

一植表取影之地，須極平如砥。若微有高下陂陀坑坎坳垤，則影不應矣，當以水準之。

一量表量影之尺，度須極匀極細。

一取正午之影，須在正南。然天上正南，非羅針所指之正南也，須於羅針正午之西稍偏取之。或曰丙午之間縫針與臬影合，亦非也。蓋針所指在在不同，如金陵則偏三度，此非正方案則不能定。或以曆書法，用北極附近星取之。

以上四事，皆求表影者所當知。

此外又有節氣加時在午前午後之不同，則影亦爲之加減。

假如冬至影極長，而冬至不在正午，或午前或午後，則其午影必微差而短。

又如夏至影極短，而夏至不在正午，或午前或午後，則其午影必微長。

又如小寒至芒種十一氣，影自長而短。若其加時在午前，則午影必微短；加時在午後，則午影必微長。

又如小暑至大雪十一氣，影自短而長。若其加時在午前，則午影必微長；加時在午後，則午影必微短。

按以上加減只在分釐，若所用徑尺之表，初無損益，可無深論也。惟春秋分及前後兩節，晷差頗速。若其加時又在亥子之間，則距午甚遠，爲差益大，不可不知。

午正太陽高九十度，已至天頂，則日中無影。其過此者，皆在天頂之北，而生南影。法當以所帶零度轉減九十度而用其餘，命爲太陽在天頂北之高度。

北極出地二十度，則赤道在天頂南二十度。而夏至日躔在赤道北二十三度半，故其日午時，已過天頂北三度半，而影在表南。

芒種日午正亦過天頂北二度奇，影亦在南。

凡午影，芒種必高於小滿，夏至又高於芒種，今皆反之，亦此故也。

自北極高二十三度以前，倣此論之。

宜邑謝野臣至中州尋古測景之臺，所立石表尚存，其形似墖，上小下大，夏至日中無影。蓋其根盤半徑即日景所到如句，高尖距地之數爲表如股，亦表八尺、土圭尺有五寸之比例也。以此推之，則向南州邑並可作夏至無影之石表。

論恒星

中星定時

中星之法，肇於堯典，羲和分職，測日之後，繼以中星。蓋中星所以覘四時、驗寒暑、定昏旦、考節氣、察日度、辨里差，其用甚鉅，故與測日均爲治曆之大端也。第星之麗天，左旋之勢則依赤道，自行之度則向黄道。因此星之經緯度，自二道望之，參差不齊。法以黄赤二道之極爲宗，出弧線過星體，用弧三角法，可推各星之經緯度。在古曆未覺有恒星之行。〔中法謂之歲差，不言星行。〕西用大儀累年密測，知恒星亦依黄道每歲東行五十一秒，其距黄道有定度，若赤道因黄道斜絡之勢，度分多變動不居，因普測周天有名位之星，算其二道之經緯度列表。今推中星衹用赤道度，以時刻憑赤道爲主故也。法以星赤道度與本日太陽赤道度相離之數變時，得星昏旦中之時刻。取用星座除二十八舍外，止用三等已上之星，餘光體茫昧者可勿論也。

推中星求時法

先查本年七政曆太陽宮度分，至儀象志八卷内，變爲赤道度分。次查所出之星在十二、三卷内係若干度分。將星之度分減去太陽所變之度分，如不足減數，加三百六十度減之，所餘之度分移至儀象志第五卷之變時表内，變爲時刻分，從未初起算，至所得時刻，即所求之時也。

推時求中星法

先查本年七政曆太陽宮度分，至第八卷儀象志内，變爲赤道度分。次查所出之時刻，從未初起算，得幾時刻，移至第五卷變時表内，變爲赤道經度分、時之度分。加於太陽之度分，若滿過三百六十度則去之，所餘之度分至十二、三卷内，比例相近度分之大星宿，即所求之星宿也。〔星宿之度分不及則偏西，有餘則偏東。〕

諸名星赤道經緯度加減表〔一〕

星名	經度分		經度加減之數		緯度加減之數
天倉一	〇度四十分		加四十六秒四十八微		減二十秒二十四微
王良四	五度二十分		加四十九秒一十二微		加二十秒二十四微
土司空七	六度三十五分		加四十六秒一十二微		減二十秒二十四微
奎宿一	九度五十分		加四十八秒一十八微		加十九秒十八微
勾陳一	一十一度三十六分〔二〕		加百四十二秒十二微		加二十秒二十四微
奎宿九	一十二度四十二分		加四十九秒四十八微		加十九秒四十八微
婁宿一	二十四度〇分		加四十九秒四十八微		加十九秒十二微
天大將軍一	二十五度四十五分		加五十三秒二十四微		加一十八秒〇微
外屏七	二十六度一十五分		加四十六秒四十八微		加一十八秒〇微
婁宿三	二十七度一十分		加五十一秒〇微		加一十八秒〇微

〔一〕表中經度分出自靈臺儀象志卷十二、卷十三赤道儀表，經緯度加減之數出自卷十三諸名星赤道經緯度加減表。

〔二〕三十六分，原作"三十一分"，據靈臺儀象志卷十二改。

續表

星名	經度分		經度加減之數		緯度加減之數
胃宿一	三十六度七分		加五十秒四十二微		加二十四秒三十六微
天囷一	四十一度二十一分		加四十五秒〇微		加一十五秒〇微
大陵五	四十一度三十八分		加四十六秒一十二微		加一十五秒〇微
天船三	四十四度五十四分		加五十二秒四十八微		加十二秒卅六微
昴宿一	五十一度五十三分		加五十三秒二十四微		加十二秒卅六微
畢宿一	六十二度一十九分		加五十三秒四十二微		加九秒〇微
畢宿五	六十四度一十八分		加五十一秒五十四微		加九秒〇微
五車二	七十三度一分		加六十五秒二十四微		加六秒〇微
參宿七	七十四度五十分		加四十五秒一十八微		減五秒四十二微
五車五	七十六度二十二分		加五十八秒一十二微		加四秒四十八微
參宿五	七十六度五十七分		加四十七秒二十四微		加四秒四十八微
參宿一	七十八度五十五分		加四十六秒一十二微		減四秒一十二微
觜宿一	七十九度二十五分		加五十秒二十四微		加三秒三十六微

續表

星名	經度分		經度加減之數		緯度加減之數
參宿二	七十九度五十五分		加四十六秒一十二微		減三秒三十六微
參宿三	八十一度六分		加四十五秒三十六微		減三秒〇微
參宿四	八十四度二十七分		加四十九秒一十二微		加二秒二十四微
五車三	八十五度五十分		加六十九秒〇微		加二秒二十四微
井宿一	九十度四十七分		加五十六秒二十四微		減二秒六微
井宿三	九十四度四十三分		加五十二秒四十八微		減一秒一十二微
天狼	九十七度四十五分		加四十秒一十二微		加二秒二十四微
北河二	一百〇八度廿八分		加六十二秒二十四微		減六秒三十六微
南河三	一百一十度四十二分		加四十八秒〇微		減七秒一十二微
北河三	一百十一度二十分		加五十六秒二十四微		減七秒一十二微
鬼宿一	一百廿三度十五分		加四十九秒三十微		減一十三秒六微
柳宿一	一百廿五度一十分		加四十九秒一十二微		減十二秒十八微
星宿一	一百卅七度五十八分		加四十五秒〇微		加一十五秒〇微

續表

星名	經度分		經度加減之數		緯度加減之數
張宿一	一百四十四度〇分		加四十三秒四十八微		加十六秒四十八微
軒轅十四	一百四十七度四十七分		加四十九秒三十微		減一十七秒六微
軒轅十二	一百五十度廿七分		加五十一秒一十八微		減十七秒廿四微
天璇	一百六十度十五分		加五十八秒一十二微		減十九秒十二微
天樞	一百六十度四十一分		加六十秒三十六微		減十九秒十二微
翼宿一	一百六十一度四分		加二十七秒〔一〕二十四微		加十九秒三十微
西上相	一百六十四度三分		加五十二秒一十二微		減二十秒廿四微
五帝座	一百七十三度二分		加四十七秒二十四微		減二十秒廿四微
天璣〔二〕	一百七十四度一分		加四十九秒四十八微		減二十秒廿四微
天權	一百七十九度四十分		加四十八秒〇微		減二十秒廿四微
軫宿一	一百七十九度五十五分		加四十三秒四十八微		加二十秒廿四微

〔一〕二十七秒，靈臺儀象志卷十三作“三十七秒”。

〔二〕天璣，原作“天機”，據靈臺儀象志卷十三改。

續表

星名	經度分		經度加減之數		緯度加減之數
玉衡	一百八十九度四十四分		加四十一秒二十四微		減十九秒四十八微
東次將	一百九十一度廿四分		加四十六秒一十二微		減十九秒四十八微
角宿一	一百九十七度四分		加四十七秒四十二微		加十九秒三十微
開陽	一百九十七度卅三分		加三十七秒四十八微		減十九秒三十微
摇光	二百三度三十七分		加三十七秒一十二微		減十九秒三十微
亢宿一	二百八度四十九分		加四十八秒三十六微		加十七秒四十二微
大角	二百一十度十三分		加四十二秒三十六微		減十七秒四十二微
氐宿一	二百十八度十六分		加四十九秒四十八微		加十六秒十二微
帝星	二百廿二度五十二分		減八秒二十四微		減十四秒十二微
氐宿四	二百廿四度五十四分		加四十八秒五十四微		加十四秒廿四微
貫索一	二百三十度十一分		加三十九秒〇微		減十二秒三十六微
蜀	二百三十二度六分		加四十五秒〇微		減十二秒三十六微
房宿一	二百三十四度五十一分		加五十二秒四十八微		加十一秒二十四微

續表

星名	經度分		經度加減之數		緯度加減之數
房宿三	二百三十六度三十四分		加五十二秒四十八微		加十一秒二十四微
心宿二	二百四十二度二十四分		加五十五秒一十二微		加九秒三十六微
尾宿一	二百四十六度三十五分		加六十一秒一十二微		加七秒三十微
帝座	二百五十四度四十六分		加四十秒四十八微		減四秒四十八微
侯	二百五十九度五十四分		加四十二秒三十九微		減四秒一十二微
箕宿一	二百六十五度四十四分		加五十八秒三十微		加〇秒五十四微
天棓四	二百六十七度二十四分		加二十一秒〇微		減一秒一十二微
織女一	二百七十六度十八分		加三十秒〇微		加二秒二十四微
斗宿一	二百七十六度二十分		加五十六秒四十二微		減二秒四十二微
座旗北七			加三十六秒三十六微		加六秒三十六微
河鼓二	二百九十三度三十七分		加四十六秒一十二微		加七秒四十八微
牛宿二	二百九十九度四十九分		加五十一秒〇微		減九秒三十六微
牛宿一	三百度三十四分		加五十二秒一十二微		減十秒四十八微

續表

星名	經度分		經度加減之數		緯度加減之數
天津一	三百二度三十八分		加三十二秒六微		加十秒四十八微
女宿一	三百七度二十九分		加五十二秒四十八微		減十二秒五十四微
天津四	三百七度三十九分		加三十秒五十四微		加十二秒十八微
虚宿一	三百十八度二十九分		加四十八秒三十六微		減十五秒三十六微
壘壁陣三	三百二十度十八分		加五十一秒三十六微		減十五秒三十六微
天廚南七	三百二十度四十三分		加一十三秒一十二微		加十五秒三十六微
危宿一	三百二十七度十四分		加三十秒一十八微		減十一秒二十四微
危宿二	三百二十八度二十二分		加四十八秒〇微		減十七秒二十四微
北落師門	三百三十九度三十一分		加五十一秒〇微		減十八秒三十六微
室宿二	三百四十一度五十四分		加四十三秒一十二微		加二十秒二十四微
室宿一	三百四十二度七分		加四十五秒〇微		加二十秒二十四微
土公一	三百五十六度三十分				
王良一	三百五十七度三十八分		加四十五秒〇微		加二十秒二十四微

續表

星名	經度分		經度加減之數		緯度加減之數
壁宿二	三百五十七度五十三分		加四十六秒一十二微		加二十秒二十四微
壁宿一	三百五十九度〇分		加四十五秒三十六微		加二十秒二十四微

二十八宿距星黄赤二道經緯度

二十八宿距星赤道經緯度〔一〕〔自春分起算。〕　壬子年度

各宿		經		緯		等
角一		一百九十七度〇四分		南九度一十八分		一
亢一		二百〇八度四十九分		南八度四十〇分		四
氐一	右南	二百十八度一十六分		南一十四度二十四分		二
房一		二百三十四度五十一分		南二十五度〇〇分		三
心一		二百四十度一十七分		南二十四度三十五分		四
尾一		二百四十六度三十五分		南三十六度五十〇分		四
箕一		二百六十五度四十四分		南二十九度五十〇分		三

〔一〕表中數據均出自靈臺儀象志卷十二、卷十三赤道儀表。

續表

各宿		經		緯		等
斗一		二百七十六度二十分		南二十七度〇二分		五
牛一		三百〇〇度三十四分		南一十五度四十二分		三
女一		三百〇七度二十九分		南一十度四十三分		四
虛一	南	三百十八度二十九分		南六度五十三分		三
危一	南	三百二十七度十四分		南一度五十一分		三
室一	南	三百四十二度〇七分		北一十三度二十七分		二
壁一	南	三百五十九度〇〇分		北一十三度一十六分		二
奎一		九度五十〇分		北二十一度三十六分		五
婁一	中	二十四度〇〇分		北一十九度二十〇分		四
胃一		三十六度〇七分		北二十六度二十〇分		四
昴大〔一〕		五十一度五十三分		北二十三度〇一分		三
畢一		六十二度一十九分		北一十八度二十五分		三

〔一〕昴大，四庫本作“昴一”。

續表

各宿		經		緯		等
參一		七十八度五十五分		南初度二十八分		二
觜一		七十九度二十五分		北九度四十八分		四
井一		九十度四十七分		北二十二度四十〇分		三
鬼一		一百二十三度十五分		北一十九度一十五分		五
柳一		一百二十五度十〇分		北六度五十四分		四
星一	大	一百三十七度五十八分		南七度〇六分		一
張一		一百四十四度〇〇分		南一十三度二十五分		五
翼一		一百六十一度〇四分		南一十六度二十八分		四
軫一		一百七十九度五十五分		南一十五度三十七分		三

二十八宿距星黄道經緯度〔一〕　壬子年度

各宿		宫	經		緯		等
壁一		降婁	〇四度 三十八分		北一十二度 三十五分		二
奎一			一十七度 五十四分		北十五度 一十八分〔二〕		五
婁一			二十九度 二十三分		北八度 二十九分		四
胃一		大梁	一十二度 二十三分		北十一度 一十六分		四
昴一			二十五度 二十四分		北四度 〇〇分		三〔三〕
畢一		實沈	〇三度 五十三分		南三度 〇〇分〔四〕		三
參一			一十七度 五十一分		南二十三 度三十八 分		二
觜一			一十九度 一十二分		南十三度 二十六分		四
井一		鶉首	初度 四十五分		南初度 五十三分		三
鬼一		鶉火	一度〇九 分〔五〕		南初度 四十八分		五

〔一〕表中數據均出自靈臺儀象志卷十、卷十一黄道儀表。
〔二〕一十八分，靈臺儀象志卷十作“五十八分”。
〔三〕此行“二十五度二十四分”“四度〇〇分”“三”，靈臺儀象志卷十分别作“二十四度三十八分”“四度十分”“五”。
〔四〕三度〇〇分，靈臺儀象志卷十作“二度三十七分”。
〔五〕九分，靈臺儀象志卷十作“十分”。

續表

各宿		宫	經		緯		等
柳一			五度 四十六分		南一十二 度二十七分		四
星一			二十二度 四十六分		南二十二 度廿四分		一
張一		鶉尾	一度〇九分		南二十六 度十二分		五
翼一			一十九度 一十三分		南二十二 度四十一分		四
軫一		壽星	六度一十 三分		南十四度 二十五分		三
角一			一十九度 一十六分		南一度 五十九分		一
亢一			二十九度 五十一分		北二度 五十八分		四
氐一		大火	一十度 三十一分		北初度 二十六分		二
房一			二十八度 二十五分		南五度 二十三分		三
心一		析木	三度一十 一分		南三度 五十五分		四
尾一			一十度 四十四分		南一十五 度〇〇分		四
箕一			二十六度 二十〇分		南六度 三十〇分		三
斗一		星紀	五度 四十〇分		南三度 五十〇分		五
牛一			二十九度 三十一分		北四度 四十一分		三

續表

各宿		宫	經		緯		等
女一		玄枵	七度一十二分〔一〕		北八度一十〇分		四
虚一			一十八度五十一分		北八度四十二分		三
危一			二十八度五十〇分		北十度四十二分		三
室一		娵訾	一十八度五十七分		北十九度二十六分		二

二十八宿赤道積度　壬子年度

角	一十一度四十五分		亢	九度二十七分
氐	一十六度三十五分		房	五度二十六分
心	六度一十八分		尾	一十九度〇九分
箕	一十度三十六分		斗	二十四度一十四分
牛	六度五十五分		女	一十一度〇〇分
虚	八度四十五分		危	一十四度五十三分
室	一十六度五十三分		壁	一十度五十〇分
奎	一十四度十〇分		婁	一十二度〇七分
胃	一十五度四十六分		昴	一十度二十六分
畢	一十六度三十六分		參	初度三十分
觜	一十一度二十二分		井	三十二度二十八分
鬼	一度五十五分		柳	一十二度四十八分
星	六度〇二分		張	一十七度〇四分
翼	一十八度五十一分		軫	一十七度〇九分

〔一〕一十二分，靈臺儀象志卷十一作“一十三分”。

二十八宿黃道積度

角	一十度三十五分		亢	一十度四十分
氐	一十七度五十四分		房	四度四十六分
心	七度三十三分		尾	一十五度三十六分
箕	九度二十〇分		斗	二十三度五十一分
牛	七度四十一分		女	一十一度三十九分
虚	九度五十九分		危	二十〇度〇七分
室	一十五度四十一分		壁	一十三度十六分
奎	一十一度二十九分		婁	一十三度〇〇分
胃	一十三度〇一分		昴	八度二十九分
畢	一十三度五十八分		參	一度二十一分
觜	一十一度三十三分		井	三十度廿五分 新測三十度廿四分
鬼	五度三十分 新測四度三十七分		柳	十六度〇六分 新測十七度〇〇分
星	八度二十三分		張	一十八度〇四分
翼	一十七度〇〇分		軫	一十三度〇三分

康熙戊辰年各宿距星所入各宫度分〔黄道經度。〕

井未	初度五十九分		鬼午	一度二十三分
柳午	六度〇〇分		星午	二十三度〇〇分
張巳	一度二十三分		翼巳	一十九度二十七分
軫辰	六度二十七分		角辰	一十九度三十分
亢卯	初度〇五分		氐卯	一十度四十五分
房卯	二十八度三十九分		心寅	三度二十五分
尾寅	一十度五十八分		箕寅	二十六度三十四分
斗丑	五度五十五分		牛丑	二十九度四十六分

續表

女子	七度二十六分		虛子	一十九度〇五分
危子	二十九度〇四分		室亥	一十九度十一分
壁戌	四度五十二分		奎戌	一十八度〇八分
婁戌	二十九度三十七分		胃酉	一十二度三十七分
昴酉	二十五度三十八分		畢申	四度〇七分
參申	一十八度〇五分		觜申	一十九度二十六分

以上戊辰年經度,視儀象志又各加一十四分,惟斗牛二宿加十五分。

紀星數

大西儒測算,凡可見可狀之星一千二十二。若微小者,或不常見者,或朦黑者,不與焉。其大小分爲六等,又因其難以識認,盡假取人物之像以別其名。〔星非真有象也,但人借名之耳。〕每合數星以成一像,凡四十八像,其多寡大小不等。在黄道北者二十一像。第一曰小熊,内有七星,外有一星。二曰大熊,内二十七,外八。三曰龍,凡三十一星。四曰黄帝,内十一,外二。五曰守熊人,内二十二,外一。六曰北冕旒,凡八星。七曰熊人,内二十九,外一。八曰琵琶,凡十星。九曰鴈鵞,内二十二,外一。其十曰岳母,凡十三星。十一曰大將,内二十六,外三。十二曰御車,凡十四星。十三曰醫生,又曰逐蛇,〔一醫常取蛇合藥以救世,其星如人逐蛇狀。〕内二十四,外五。十四曰毒蛇,凡十八星。十五曰箭,凡五星。十六曰日鳥,〔性喜視日。〕内九,外六。十七曰魚將軍,〔性好人,聞人歌樂即來聽,呼其名漸來就。人溺水,則載之岸邊。人取魚,彼即領衆魚至,呼之,彼先躍過網,衆魚則罹網矣。〕凡十星。十八曰駒,凡四星。十九曰飛馬,凡二十星。二十曰公主,凡二十四星。二十一曰三角形,凡四星。共在北者三百六十星,一等三,二等十八,三等八十四,四等一百七十四,五等五十八,六等十三,昏者十。

在黄道中者〔按節氣。〕十二象。〔即十二宫。〕一曰白羊,即春分、清明,内十三,外五。二曰金牛,即穀雨、立夏,内三十三,外十一。三曰雙兄,即小滿、芒種,内十八,外七。四曰巨蟹,即夏至、小暑,内九,外四。五曰獅子,即大暑、立秋,内二十七,外八。六曰列女〔一〕,即處暑、白露,内二十六,外六。七曰天秤,即秋分、寒露,内八,外九。八曰天蝎,即霜降、立冬,内十一,外三。九曰人馬,即小雪、大雪,凡三十一星。十曰磨羯,〔羊頭魚尾。〕即冬至、小寒,凡二十八星。十一曰寶瓶,即大寒、立春,内四十二,外三。十二曰雙魚,即雨水、驚蟄,内三十四,外四。共在中者三百四十六星,一等五,二等九,三等六十四,四等一百三十四,五等一百〇六,六等二十九,昏者三。

在黄道南者十五像。一曰海獸,凡二十二星。二曰獵户,凡三十八星。三曰天河,凡三十四星。四曰天兔,凡十二星。五曰大犬,内十八,外十一。六曰小犬,凡二

〔一〕列女,四庫本作“室女”。

星。七曰船，凡四十五星。八曰水蛇，内二十五，外二。九曰酒鉼，凡七星。十曰烏雅，凡七星。十一曰半人牛，凡三十七星。十二曰豺狼，凡十九星。十三曰大臺，凡七星。十四曰南冕，凡十三星。十五曰南魚，内十二，外六。共在南者三百十六星，一等七，二等十八，三等六十，四等一百六十八，五等五十三，六等九，昏者一。

三方共一千二十二星，分其大小，一等共十五，二等共四十五，三等共二百〇八，四等共四百七十四，五等共二百十七，六等共四十九，昏者共十四。

新增一十二像〔係近南極之星。〕

火鳥十　水委三　蛇首蛇腹蛇尾十五　小斗七
飛魚七　南船五　海山六　十字架四　馬尾四
馬腹三　蜜蜂四　三角形三　海石五　金魚四
夾白〔一〕二　附白一　異雀十　孔雀十　波斯十一
鳥喙六　鶴十二　共一百三十四星

據西書言，彼地天文家原載可見之星，分爲四十八像。後自弘治十年丁巳，有精於天文吴默哥者，行至極南，見有無名多星。復有西士安德肋者，亦見諸星之旁尚有白氣二塊如天漢者。嗣於萬曆十八年庚寅，有西士胡本篤，始測定南極各星經緯度數，新增一十二像。至萬曆四十八年庚申，湯、羅兩公航海，過赤道南三月有奇，見

〔一〕夾白，"白"原作"臼"，據四庫本、輯要本改。下文"附白"字同。

南極已高三十餘度，將前星一一對測，經緯皆符。但據云一十二像，今又有二十一名，何耶？

地谷測定經緯之星數

曆法西傳曰：地谷著書第四卷，“取六星之距度，以經度相併，適合週天之全度。求角宿經緯度，以起周天之度。再求近赤道十二星經緯度，證星之黄道緯度今古不同。求星之經度，并解其時八百餘星之真經緯度，〔五十三年前。〕復加百餘星赤道經緯度説”。

按地谷實測過者只有八百星，則其餘非地谷測也。

新法曆書星數

曆引曰：“恒星爲數甚多，莫能窮盡。其間有光渺體微，非目可及，非儀可推者，則略而不録。其在等第之内，已經新法所測定者，南北兩極共得一千七百二十五星。”

又曰：“星以大小分爲六等，第一等大星，如五帝座、織女類者一十七；次二等，如帝星、開陽類者五十七；次三等，如太子、少衛類者八十五；次四等，如上將、柱史類者三百八十九；次五等，如上相、虎賁類者三百二十三；次六等，如天皇大帝、后宫類者二百九十五。是皆有名之星，共爲一千二百六十六，餘則皆爲無名之星矣。”

“西又分爲六十二象，各命之以名，以期便於識别。”

又曰：“西古曆亦有二十八舍，義與中古相侔，其所定二十八距星，亦皆脗合。第觜宿距星，西用天關耳。”

“此二十八宿者,各以一字命名,分注每日之下。内以房、虚、星、昴爲屬太陽之日,心、尾、畢、張爲屬太陰之日,是外五緯各屬四宿。每以七日爲期,每日各屬一宿,西曆亦然,義理皆符。西經相傳上古有大師名諾厄者,所通於天下萬國云。”

按:天經或問“恒星多寡”條與此同,但總數作一千一百六十六,則總撒符矣。湯道未刪定曆引數同,但總數“百”字上缺畫不明。今查經緯表,三等星有二百〇七,除海石等七星,仍有二百,則云八十五者非矣。

恒星曆指曰:“自古掌天星者,大都以可見可測之星求其形似,聯合而爲象,命之名以爲識别,是有三垣二十八宿,三百座一千四百六十一有名之星,世所傳巫咸、石申、甘德之書是也。西曆依黄道分十二宫,其南北又三十七像,亦以能見能測之星聯合成之,共得一千七百二十五。其第一等大星一十七,次二等五十七,次三等一百八十五,次四等三百八十九,次五等三百二十三,次六等二百九十五,蓋有名者一千二百六十六。”

按:此星數與曆引同,惟三等星多一百,然以總數合之,此爲是。

星屏赤道南北兩總星圖説曰:“舊傳三垣二十八宿,共三百座,一千四百六十一有名之星,如世傳巫咸、丹元子之書之類。然細測有在疑似者,今則非實測不圖。舊圖未載,而測有經緯,亦增入焉。南極旁星向來無象無名,因以原名翻譯。共得星一千八百一十二,第一等一十六,第二等六十七，第三等二百一十六，第四等五百二十二，第五等四百一十九，第六等七十二。”

按：此星數細數少五百，總數多五百。

恒星經緯表舊本一等星十七，二等六十八，三等二百〇九，四等五百一十二，五等三百四十，六等二百一十六，共一千三百六十二，外有傳説、積尸氣等不入等之星共七。然今刻表又有不同。

天學會通星數

論各星大小，一等十五星，二等四十五星，三等二百八十星，四等四百七十四星，五等二百一十六星，六等五十星，共一千二十九星。

按：此數合總，該一千〇八十，總撒不符，必有誤也。薛書若此類頗多。

查表，一等大星，畢、參二、五車、狼、老人、星、軒轅、五帝座、角、大角、心、南門、織女、北落師門，共十五，與此合，其水委不在此内。

又查表，三等并新增海石等，共二百〇七，則“十”字衍可知。

又查表，二等星五十，又新增海石等十七，共六十七，與此及曆引、曆指俱不同。

天文實用星數

“恒星總像力”條曰：“中曆分垣分宿，計二百八十座，見界諸星盡矣。西國於此見界諸星，約以四十八像，别加近南極諸星，都爲六十像。驗時依像，推效各異。古曆家詳察星之形、星之性，與某物合，因以某物像之。”

白羊宫	起降婁二十八度	止大梁一十八度
金牛宫	起大梁一十九度	止實沈二十五度
雙兄宫	起實沈二十六度	止鶉首二十四度
巨蟹宫	起鶉首二十四度	止鶉火一十二度
獅子宫	起鶉火一十三度	止鶉尾一十六度
室女宫	起鶉尾一十六度	止大火　　六度
天秤宫	起大火　　六度	止大火二十六度
天蝎宫	起大火二十七度	止析木二十五度
人馬宫	起析木二十六度	止星紀二十八度
磨羯宫	起星紀二十八度	止玄枵二十二度
寶瓶宫	起玄枵二十三度	止娵訾一十五度
雙魚宫	起娵訾一十五度	止降婁二十七度

漢志星數

漢書天文志曰：“凡天文在圖籍昭昭可知者，經星常宿，中外官凡百一十八名，積數七百八十三。”

晉志星數

晉書天文志曰：“馬續〔一〕云：‘天文在圖籍昭昭可

〔一〕馬續，原作“馬績”，據晉書天文志改。

知者,經星常宿,中外官凡一百一十八名,積數七百八十三,皆有州國官宫物類之象。' 張衡云:'文曜麗乎天,其動者有七,日月五星是也。日者,陽精之宗;月者,陰精之宗;五星,五行之精。衆星列布,體生於地,精成於天〔一〕,列居錯峙,各有攸屬。在野象物,在朝象官,在人象神。其以神著〔二〕,有五列焉,是爲三十五名。一居中央,謂之北斗;四布於方各七,爲二十八舍。日月運行,歷示吉凶;五緯躔次,用告禍福。中外之官,常明者百有二十四,可名者三百二十,爲星二千五百,微星之數蓋萬有一千五百二十。庶物蠢蠢,咸得係命。不然,何得總而理諸?' 後武帝時,太史令陳卓總甘、石、巫咸三家所著星圖,大凡二百八十三官,一千四百六十四星,以爲定紀。"

隋志星數

隋天文志又列目曰"經星中宫"〔三〕,乃另起叙星,自北極五星起,北斗輔星三公止。又另起,自文昌六星起,至少微、長垣止,太微、天市二垣俱雜叙其中。是爲天文上卷。次卷天文中,列目曰"二十八舍",乃另起叙星,自東方角二星起,又北方南斗六星、西方奎十六星、南方東井八星,各另起。而於後低二字總結之曰:"右四方二十八宿并輔官一百八十二星。"又列目曰"星官

〔一〕天,原作"列",據四庫本、晉書天文志改。
〔二〕著,原作"差",據晉書天文志改。
〔三〕宫,原作"官",據隋書天文志上改。

在列宿〔一〕之外者”，乃另起叙星，自庫樓十星起，青丘、土司空、軍門止。仍低三字總結之曰：“自攝提至此，大凡二百五十四官，一千二百八十三星。并二十八宿輔官，名曰經星常宿。遠近有度，大小有差。苟或失常，實表災異。”

隋天文志曰：“後漢張衡爲太史令，鑄渾天儀，總序經星，謂之靈憲。其大略曰：‘中外之官，常明者百有二十，可名者三百二十，爲星二千五百，微星之數萬有一千五百二十。庶物蠢動，咸得係命。’而衡所鑄之圖，遭〔二〕亂堙滅，星官名數，今亦不存。三國時，吴太史令陳卓始列甘氏、石氏、巫咸三家星官，著於圖録。并注占贊，總有二百五十四官，一千二百八十三星，并二十八宿及輔官附坐一百八十二星，總二百八十三官，一千五百六十五星。宋元嘉中，太史令錢樂之所鑄渾天銅儀，以朱黑白三色，用殊三家，而合陳卓之數。高祖平陳，得善天官者周墳，并宋氏渾儀之器。乃命庾季才等參校周、齊、梁、陳及祖暅、孫僧化官私舊圖，刊其大小，正彼疏密，依準三家星位，以爲蓋圖。以墳爲太史令，自此太史觀生始能識天官。”

客星説〔附。〕

曆法西傳曰：地谷書第五卷，“解其時新見大客星，計十二章。一詳初起及漸大至與金星等，并漸減；二取〔三〕某

〔一〕列宿，隋書天文志中作“二十八宿”。

〔二〕遭，隋書天文志上作“遇”。

〔三〕曆法新傳“取”下有“附”字。

宫星以定其經緯度；三解測新星所用諸器；四取新星與他星距度；五解其更度幾何；六用各法以求新星經緯度；七求新星赤道經緯度；八證新星不麗空際而麗列宿天；九攷新星之大小；十取新星之似徑得三分三十秒；十一證新星大倍於日，大於地三百六十倍；十二攷衆星參差”。

彗星解〔附。〕

曆法西傳又載地谷彗星解〔一〕十卷：“測彗星之高度，尾之長短，光之隱顯，及其方向。攷十二星在黄道上度，以求彗星之真所在。設彗星離兩星之度，求黄赤道經緯度，求彗星每日赤道經緯度，求彗星所行之道，及其道交黄赤之角處。依每日彗星行黄赤二道，作立成表。證彗星在月上，較月更遠於地，爲三百地半徑，故知彗星在日月二天之中。證其尾恒向日與金星，作彗星行度圖。徵彗星之大，爲月二之一，尾長爲九十六地半徑，因攷前人彗星之論當否。”

極星攷

隋書紐星去不動處一度餘

隋天文志曰：“北極五星，皆在紫宫中。北極，辰也。其紐星，天之樞也。天運無窮，三光迭耀，而極星不移。

〔一〕彗星解，原無“解”字，據曆法新傳補。

故曰：‘居其所而衆星共之。’賈逵、張衡、蔡邕、王蕃、陸績皆以北極紐星爲樞，是不動處也。祖暅以儀準候不動處，在紐星之末，猶一度有餘。”

宋時極星去不動處三度餘

宋史天文志載沈括於熙寧七年七月上渾儀、浮漏、景表三議。其渾儀議内一則云：“前世皆以極星爲天中，自祖衡以璣衡窺攷天極不動處，乃在極星之末猶一度有餘。今銅儀天樞内徑一度有半，乃謬以衡端之度爲率。若璣衡端平，則極星常游天樞之外；璣衡小偏，則極星乍出乍入。令瓚舊法，天樞乃徑二度有半，蓋欲使極星遊於樞中也。臣攷驗極星更三月，而後知天中不動處遠極星乃三度有餘，則祖恒窺攷猶未爲審〔一〕。今當爲天樞徑七度，使人目切南樞〔二〕望之，星正循北極樞裹周，常見不隱，天體方正。”〔按：“祖衡”“祖恒”並誤，當作“祖暅”，乃冲之子。〕

按：古法自渾儀之南窺渾儀之北，皆用衡管，則必過心，所得之度數亦真。惟此候極之樞似有未確，何以言之？南樞既亦徑七度，則人目可中可邊，致有遊移。若南樞窄小，令目常在樞心，則目光射星不過儀心，而悉成斜望矣。且以圓理徵之，人目窺處即圓心，爲起度之根。而北極之度，變七度爲三度有半矣，故不如元候

〔一〕猶未爲審，宋史天文志一“未爲”作“爲未”。
〔二〕南樞，宋史天文志一同，輯要本作“南極”。

極儀之確。元候極儀亦徑七度，然設於簡儀，是從心窺周，其度真確。

又嘗疑西術言極星亦東行，而祖暅時離不動處一度，沈括時遽離三度奇，可謂速矣。而至郭太史時仍三度奇，何以又遲？今以其儀器攷之，則宋時離不動處，正在二度左右耳。祖氏所用儀器，恐亦是自南周用目以窺北周，則雖云離一度有餘，若其真度，恐未及一度。

宋史志"極度"條又言："北極爲天之正中，而自唐以來，曆家以儀象攷測，則中國南北極之正，實去極星之北一度有半，此蓋中原地勢之度數也。中興更造渾儀，而太史令丁師仁乃言：'臨安府地勢向南，於北極高下當量行移易。'局官吕璨言：'渾天無量行移易之制，若用於臨安，與天參合，移之他往，必有差忒。'遂罷議。後十餘年，邵諤鑄儀，果用臨安北極高下爲之。以清臺儀校之，實去極星四度有奇也。"

又叙中外官星言："北極五星在紫微宫中，北辰最尊者也。其紐星爲天樞，天樞〔一〕在天心，四方去極各九十一度。賈逵、張衡、蔡邕、王蕃、陸績皆以北極紐星之樞是不動處，在紐星末猶一度有餘。今清臺則去極四度半。"

按：此兩條，誤以北極出地之高下差爲極星去不動處之距度，作史者之疏乃如此。

愚前一條言用目自心窺周，爲測圓正法，足證郭

〔一〕天樞，宋史天文志二作"樞星"。

太史簡儀之妙。然自昔無人見及,其理甚微,無恠其然也。若後兩條之辨,苟稍知曆法者宜知之,奈何史家瞶瞶也。

王良閣道攷〔一〕

隋天文志曰:"王良〔二〕五星,在奎北,居河中,天子奉車御官也。其四星曰天駟,旁一星曰王良,亦曰天馬。其星動,爲策馬,車騎滿野。亦曰王良〔三〕,梁爲天橋,主御風雨水道,故或占津梁。其星移,有兵,亦曰馬病。客星守之,橋不通。前一星曰策,王良之御策也,主天子僕,在王良旁。若移在馬後,是爲策馬,則車騎滿野。閣道六星,在王良前,飛道也。從紫宫至河,神所乘也。一曰閣道,主道里,天子遊别宫之道也。亦曰閣道,所以扞難滅咎也。一曰王良旗,一曰紫宫旗,亦所以爲旌表而不欲其動摇。旗星者,兵所用也。傅路一星,在閣道南,旁别道也。備閣道之敗,復而乘之也。一曰太僕,主禦風雨,亦遊從之義也。"

晉志並同隋,但"亦曰王良"作"亦曰梁","若移在馬後"作"若移在王良前,居馬後"。

前漢天文志曰:"紫宫左三星曰天槍,右四星曰天棓,

〔一〕輯要本無此條。
〔二〕王良,原作"天良",據隋書天文志上改。
〔三〕亦曰王良,隋書天文志上同,四庫本"良"作"梁"。

後十七星絶漢抵營室，曰閣道。”又曰：“營室爲清廟，曰離宫、閣道。漢中四星曰天駟。旁一星曰王梁。王梁策馬，車騎滿野。旁有八星，絶漢，曰天横。天横旁，江星。江星動，則人涉水。”

史記天官書曰：“紫宫左三星曰天槍，右五星曰天棓，後六星絶漢抵營室，曰閣道。”又曰：“營室爲清廟，曰離宫、閣道。漢中四星曰天駟。旁一星曰王良。王良策馬，車騎滿野。旁有八星，絶漢，曰天潢。天潢旁，江星。江星動，人涉水。”

又宋均云：“天潢，天津也。津，湊也，主計度也。”◎正義曰：“天江四星在尾北，主太陰也。不欲明；明而動，水暴出；其星明大，水不禁也。”宋史天文志並同。

鼎按：史記本云閣道六星，而漢書更其文曰十七星，不知何據？今曆書圖閣道爲十餘星，其本諸此歟？

三十雜星攷

回回曆書有三十雜星，錢塘袁惠子攷其經緯，係以中法星名。但所攷尚缺第三、第四、第五、第十三、第十四、第廿四、第廿五、第廿九。壬申秋，晤於京師，則皆補完。余問其何本，則皆自揣摩而得，非三和授也。又以余言，改定巨蟹爲積尸氣、缺碗爲貫索。

薛儀甫曆學會通亦有三十雜星之攷，亦有缺星名者。今余所攷，則以回曆星名同者爲證，似比兩公爲有根本也。又查恒星出没表,四十五大星内,星名同者二十一。

人坐椅子諸像,非西洋六十像之像。如貫索,在回回曆爲缺椀,在西洋則爲冕旒,即此見西占之本出回回也。

第五作觜宿南星,性情既合,又與參宿同象,而曆書言遠鏡測之有三十六星,則爲氣類,宜爲雜星所收,今從袁説。

查回回凌犯表,有天關及昴宿,性情雖同,星名不合。若如袁説,則兩星性情皆係金土,亦未可爲確據,不如缺之。

攷定三十雜星

〔戊午年距曆元戊辰五十一年,加星行四十三分二十秒。〕

	性	緯度分	經度分	宫	名	譯		向	等
一	金土	五一一五	○○四二	金牛	人坐椅子象上第十二星	王良第一星	黄本同	北	三
二	火凶	○五五一	○五一九	陰陽	金牛象上第一十四星	畢宿大星	黄本同,薛本同	南	一
三	水火凶薛作木火			金牛	人提猩猩頭象上第十二星		袁作積尸五	北	二
四	水火凶			金牛	人提猩猩頭象上第七星		袁作積水三	北	二
五	水火凶薛本作第六		一八五三	陰陽	人拿拄杖象上第一星	觜宿南星	袁作觜宿小	南	六
六	水火凶薛作水土	一六○六	二四一八	陰陽	人拿拄杖象上第四星	參宿第四星	薛本同,但其序移爲第七	南	一

續表

	性	緯度分	經度分	宮	名	譯		向	等
七	土木	二三三八	一七五七	陰陽	人拿拄杖象上第五星	參宿第一星	薛作第五，黄作參七	南	二
八	木土	二五二二	二〇一三	陰陽	人拿拄杖象上第廿九星	參宿第三星	黄作參内八增	南	二
九	木土	三一四一	一二二三	陰陽	人拿拄杖象上第三十七星	參宿第七星	薛本同	南	一
十	水火	二二五二	一七二二	陰陽	人拿馬牽胸象上第三星	五車第二星	黄本同，薛本同	北	一
十一	水火	二一二八	二六五八	陰陽	人拿馬牽胸象上第四星	五車第三星	黄本同	北	二
十二	水微兼火	三九三〇	〇九四二	巨蟹	大犬象上第一星	天狼星	黄本同，薛本同	南	一
十三	水微有火	一五五七	二一二五	巨蟹	小犬〔一〕象上第五星	南河南星	袁作南河南	南	一
十四	水	一〇〇二	一五四七	巨蟹	兩童子並立象上第一星	北河第二星	袁作南河北	北	二
十五	火	〇六三八	一八四九	巨蟹	兩童子並立象上第六星	北河第三星	黄本同	北	二
十六	火月凶一作火日	〇一一四	〇二五三	獅子	大蟹象上第一星	積尸氣星	黄作鬼二，非	北	六最小
十七	土微有火	〇八四七	二五〇五	獅子	獅子象上第六星	軒轅十二星	黄本同	北	二

〔一〕小犬，原作“小人”，據後表及天文書改。

續表

	性	緯度分	經度分	宫	名	譯		向	等
十八	火微有木凶又云不甚凶	〇〇二七	二五二三	獅子	獅子象上第八星	軒轅大星	黄本同，薛亦同	北	一
十九	土金水	一二一八	一七〇九	雙女	獅子象上第二十七星	五帝座	黄本同，薛亦同	北	一
二十	水土一作火水	三一〇三	一九四六	天秤	人呼吗象上〔一〕第一星	大角星	薛本同，黄亦同	北	一
廿一	金微有水薛本水作火	〇一五九	一九二二	天秤	婦人有兩翅象第十四星	角宿南星	薛本同，黄亦同	南	一
廿二	金水	四四二三	〇七四五	天蝎	缺椀象上第一星	貫索大星	黄作氐一	北	二
廿三	火微有木凶	〇四二七	〇五一九	人馬	蝎子象上第八星	心宿大星	薛本同，黄亦同	南	一
廿四	日火凶	一三一五	二三一三	人馬	蝎子象上第二十星	傳説星	袁作尾宿六	南	六最小
廿五	土水凶一作火日	〇〇四五	〇七一三	磨羯	人彎弓騎馬象上第七星	南斗魁北無名星	袁作斗，宿距非。建星南七另有氣星	北	六最小
廿六	金水	六一四八	一〇二三	磨羯	龜象上第一星	織女星	薛本同，黄亦同	北	一
廿七	火木	二九二二	二一七五	磨羯	飛禽象上第三星	河鼓大星	黄本同	北	二

〔一〕上，天文書作“外”。

續表

	性	緯度分	經度分	宮	名	譯		向	等
廿八	土水	二一〇〇	二九一八	寶瓶	寶瓶象上第四十二星	北落師門	黄本同，薛亦同	南	一
廿九	金水	五五九六	〇一〇〇	雙魚	雞象上第五星	天津第四星	袁同	北	二
三十	水火凶	三一〇八	二五四六	雙魚	大馬象上第三星	室宿北星	黄本同	北	二

今將原書所載列後：

	西星名	譯書時所述宮度		距黄道		等性		
一	人坐椅子象〔一〕上第十二星	白羊	二十度〇七分	北		三	金土	
二	金牛象上第十四星	金牛	二十四度十分〔二〕	南		一	火凶	查此星，宜作廿四度四十分
三	人提猩猩頭象上第十二星	金牛	十二度四十分	北		二	水火凶	薛作火木
四	人提猩猩頭象上第七星	金牛	十七度五十分	北		二	水火凶	
五	人拿拄杖象上第一星	陰陽	十度	南		六	水火凶	薛本作第六
六	人拿拄杖象上第四星	陰陽	十五度	南		一	水火〔三〕凶	薛本作第七，又水火作水土
七	人拿拄杖象上第五星	陰陽	七度五分	南		二	土木	薛本作第五

〔一〕象，各本皆無，據天文書補。

〔二〕二十四度十分，天文書作“二十度四十分”。

〔三〕水火，天文書作“水土”。

續表

	西星名	譯書時所述宮度		距黄道		等性		
八	人拿拄杖象上第二十九星	陰陽	十度二十分	南		一	木土	
九	人拿拄杖象上第三十七星	陰陽	二度三分	南		一	木土	
十	人拿馬牽胸象上第三星	陰陽	八度	北		一	水火	
十一	人拿馬牽胸象上第四星	陰陽	十五度五十分	北		二	水火	
十二	大犬象上第一星	巨蟹	初度四十分	南		一	木微兼火	
十三	小犬象上第二星	巨蟹	十二度十分	南		一	水微有火	
十四	兩童子並立象上第一星	巨蟹	六度二十分	北		二	水	
十五	兩童子並立象上第二星	巨蟹	九度四十分	北		二	火	
十六	大蟹象上第一星	巨蟹	廿三度二十分	北		六	火月凶	
十七	師子象上第六星	師子	十五度十分	北		二	土微有火凶	
十八	師子象上第八星	師子	十六度十分	北		一	火微有木凶	又云不甚凶
十九	師子象上第廿七星	雙女	七度三十分	北		一	土金	
二十	人呼呌象上〔一〕第一星	天秤	十度	北		一	水土	
廿一	婦人有兩翅象第十四星	天秤	九度四十分	南		一	金微有水	薛本作金微有火

〔一〕上，天文書作“外”。

續表

	西星名	譯書時所述宮度		距黃道		等性		
廿二	缺椀象上第一星	天秤	廿七度四十分	北		二	金水	
廿三	蝎子象上第八星	天蝎	廿五度四十分	南		二	火微有木凶	
廿四	蝎子象上第二十星	人馬	十四度十分	南		六	日火凶	
廿五	人彎弓騎馬象第七星	人馬	廿八度十分	北		六	土水凶	
廿六	龜象第一星	磨羯〔一〕	初度廿分	北		一	金水	
廿七	飛禽象第三星	磨羯	十六度五十分	北		二	水〔二〕木	薛本作火木
廿八	寶瓶象上第四十二星	寶瓶	二十度	南		一	土水	
廿九	雞象上第五星	寶瓶	廿二度十分	北		二	金水	
三十	大馬象上第三星	雙魚	十五度十分	北		二	水火凶	

原書云："已上數星〔三〕，是三百九十二年之前度數如此〔四〕。其星皆往東行，一年行五十四秒，十年行九分，六十六年行一度，觀者依此推之。"

〔一〕磨羯，原作"磨蝎"，據天文書改。下同。

〔二〕水木，天文書作"火木"。

〔三〕數星，輯要本作"星度"。

〔四〕三百九十二年之前度數如此，輯要本作"三百九十二年前之數"。

兼濟堂纂刻梅勿菴先生曆算全書

歲周地度合攷〔一〕

〔一〕本卷由攷最高行及歲餘、西國月日攷、地度弧角、里差攷、仰規覆矩五種彙集而成，四庫本收入卷十二。其中，除攷最高行及歲餘外，其餘四種均見於勿庵曆算書目著録：

西國月日攷，約撰於康熙二十九年，勿庵曆算書目曆學類著録爲一卷。

地度弧角，勿庵曆算書目曆學類著録爲一卷，題作陸海鍼經，又名里差捷法。

里差攷，勿庵曆算書目曆學類著録爲一卷，題作分天度里。

仰規覆矩，勿庵曆算書目算學類著録爲一卷。

梅氏叢書輯要將西國月日攷、地度弧角收入卷六十雜著；攷最高行及歲餘、仰規覆矩收入卷五十七揆日紀要；而里差攷未收，僅在揆日紀要 求日影法中增里差表一種，參本書揆日候星紀要 求日影法校記。

歲周地度合攷目次

〔一〕新改最高與歲實小餘當爲一種，即攷最高行及歲餘。

歲周地度合攷

宣城梅文鼎定九著　男以燕正謀參　孫　瑴成玉汝
玕成肩琳
柏鄉魏荔彤念庭輯　　男　乾斅一元
士敏仲文
士説崇寬同校
錫山後學楊作枚學山訂補

攷最高行及歲餘

古曆不知太陽有最高之行，郭太史時，最高卑正在二至，難於窺測。西曆自多禄某以來，世有積測，定最高點每年東行四十五秒，每太陽平行一度，高行七微半，約八十年行天一度。康熙庚申，又改測每年行一分〇一秒十微，最高點進移二十八分，故辛酉天正冬至最高在未宫〔一〕七度〇七分〇七秒。每太陽平行一度，高行十微一〇四，計五十八年十個月〇六日奇行天一度，此永年表之新率也。但最高之度既改，而又自有行動，則每年歲實小餘之數必不均齊。夫治曆首務太陽，而太陽重在盈縮。爰舉歷年高行及四正相距時日，前後互核，以驗歲實之消長、高行之遲速，列爲一卷，亦可爲後來攷測之資云。

〔一〕未宫，原作“未寅”，據四庫本、輯要本改。

己未年

最高過夏至六度三十九分

春分　甲戌日申正二刻六分

中距九十三日十二刻十二分

夏至　丁未日戌初三刻三分

中距九十三日六十一刻

秋分　辛巳日午初初刻三分

距本年春分一百八十六日七十三刻十二分

中積八十九日四十五刻一分

冬至　庚戌日亥正一刻四分

距本年夏至一百八十三日一十刻一分

中積八十九日〇八分

按:最高行爲盈縮立差之主,其行有序。今己未最高在夏至後六度三十九分,而次年庚申即行至七度七分。一年之内驟行二十八分,必另有新測矣。

庚申年

最高過夏至七度七分〔按:永年表所載者,年前冬至之數;七政曆所載,本年夏至之數,度分同〔一〕。〕

春分　己卯日亥正一刻十二分

距己未秋分百七十八日四十五刻九分

己未春分三百六十五日二十三刻六分

中積九十三日十一刻

〔一〕"永年表"至"度分同",輯要本作"永年表所載年前冬至之度分與此同"。

夏至　癸丑日丑初初刻十二分

距己未夏至三百六十五日廿一刻九分

中積九十三日六十二刻七分

秋分　丙戌日申正三刻四分

距本年春分百八十六日七十三刻七分

己未秋分三百六十五日二十三刻六分〔一〕

中積八十九日四十六刻十三分

冬至　丙辰日寅正二刻二分

距己未冬至三百六十五日廿四刻十三分

本年夏至一百八十三日一十三刻六分〔二〕

按：最高進移，則夏至差而早，冬至差而遲，意者新測之冬至遲於先測耶？

又按：歲餘二十四刻十三分，於授時法得二千五百九十分，必無是理，其爲改測無疑。

據向後數，冬至距冬至、春分距春分，俱合得三百六十五日二十三刻四分，〔或五分、三分。〕以較庚申，歲實多一刻〇九分，必爲改測矣。

壬戌年

最高過夏至七度九分

春分　庚寅日巳正初刻六分

中距九十三日十刻一十二分

〔一〕六分，據校算，當作“一分”。

〔二〕六分，據校算，當作“五分”。

夏至　癸亥日午正三刻三分

距庚申夏至七百三十日四十六刻六分

中距九十三日六十二刻九分

秋分　丁酉日寅正一刻十二分

距本年春分一百八十六日七十三刻六分

中距八十九日四十七刻

冬至　丙寅日申正初刻十二分

距庚申冬至七百三十日四十六刻十分

本年夏至一百八十三日十三刻九分

中距八十八日九十四刻十二分

癸亥年

最高過夏至七度十分

春分　乙未日申初三刻九分

距壬戌春分三百六十五日二十三刻三分

壬戌秋分一百七十八日四十五刻十二分

中距九十三日十刻十二分

夏至　戊辰日酉正二刻六分

距壬戌夏至三百六十五日二十三刻三分

壬戌冬至一百八十二日九刻〇九分

中距九十三日六十二刻九分

秋分　壬寅日巳正一刻

距本年春分一百八十六日七十三刻六分

壬戌秋分三百六十五日二十三刻三分

中距八十九日四十七刻一分

冬至　辛未日亥正初刻一分

距壬戌冬至三百六十五日二十三刻四分

本年夏至一百八十三日一十三刻十分

中距八十八日九十四刻十二分

甲子年

最高過夏至七度十一分

春分　庚子日亥初二刻十三分

距癸亥秋分一百七十八日四十五刻十三分

癸亥春分三百六十五日二十三刻四分

中距九十三日十刻十一分

夏至　甲戌日子正一刻九分

距癸亥夏至三百六十五日二十三刻〇三分

癸亥冬至一百八十二日九刻〇八分

中距九十三日六十二刻十分

秋分　丁未日申正初刻四分

距本年春分一百八十六日七十三刻六分

癸亥秋分三百六十五日二十三刻四分

中距八十九日四十七刻一分

冬至　丁丑日寅初三刻五分

距癸亥冬至三百六十五日二十三刻四分

本年夏至一百八十三日十三刻十一分

中距八十八日九十四刻十二分

乙丑年

最高過夏至七度十二分

春分　丙午日寅初二刻二分

距甲子秋分一百七十八日四十五刻十三分

甲子春分三百六十五日二十三刻四分

中距九十三日十刻九分

夏至　己卯日卯正初刻十一分

距甲子夏至三百六十五日二十三刻二分

冬至一百八十二日九刻六分

中距九十三日六十二刻十二分

秋分　壬子日亥初三刻八分

距本年春分一百八十六日七十三刻六分

中距八十九日四十七刻二分

冬至　壬午日巳初二刻十分

距〔一〕甲子冬至三百六十五日二十三刻五分

本年夏至一百八十三日十三刻十四分

中距八十八日九十四刻十一分

丙寅年

最高過夏至七度十三分

春分　辛亥日巳初一刻六分

距乙丑秋分一百七十八日四十五刻十三分

春分三百六十五日廿三刻四分

中距九十三日十刻八分

夏至　甲申日午初三刻十四分

〔一〕距，原無，據上下文補。

距乙丑夏至三百六十五日廿三刻三分

冬至一百八十二日九刻四分

中距九十三日六十二刻十二分

秋分　戊午日寅初二刻十一分

距本年春分一百八十六日七十三刻五分

中距八十九日四十七刻四分

冬至　丁亥日申初二刻

距乙丑冬至三百六十五日二十三刻五分

本年夏至一百八十三日十四刻一分

中積八十八日九十四刻十分

按:日行盈縮細攷之,則春分距夏至、夏至距秋分雖皆縮曆,而其縮亦不同;秋分距冬至、冬至距春分雖皆盈曆,而其盈亦不同,又且年年不同。細求之,則節節不同;又細求之,且日日不同矣。其故何也?蓋最高一點不在夏至,而在其後數度,又且年年移動。此太陽盈縮之根,而歲實所以有消長也。

甲子年

春分　庚子日亥初二刻十三分

距癸亥年秋分一百七十八日四十五刻十三分

距癸亥年春分三百六十五日二十三刻四分

秋分　丁未日申正初刻四分

距春分一百八十六日七十三刻六分

乙丑年

春分　丙午日寅初二刻二分

距甲子年秋分一百七十八日四十五刻十三分

距甲子年春分三百六十五日二十三刻四分

秋分　壬子日亥初三刻八分

距本年春分一百八十六日七十三刻六分

距甲子年秋分三百六十五日二十三刻四分

丙寅年

春分　辛亥日巳初一刻六分

距乙丑年秋分一百七十八日四十五刻十三分

距乙丑年春分三百六十五日二十三刻四分

秋分　戊午日寅初二刻十一分

距本年春分一百八十六日七十三刻五分

距乙丑年秋分三百六十五日二十三刻三分

以上二分定氣之距皆相同。其春分至秋分，日行最高爲縮曆，多八日二十七刻八分。惟丙寅年秋分早到一分，只多八日二十七刻七分，約之爲八日二十七刻半。

按：最高半周多八日奇者，非多八日也，以較最卑半周，故多八日奇。若其本數，只多四日有奇耳，因最卑亦少四日奇，故合之爲八日奇。熊礌石乃謂本數多八日，則所誤多矣。

假如乙丑秋分至丙寅秋分共三百六十五日廿三刻三分，半之，該一百八十二日五十九刻九分。而丙寅春分至秋分得一百八十六日七十三刻五分，則多四日一十三刻十一分；丙寅春分前距乙丑秋分得一百七十八日四十五刻十三分，又少四日一十三刻十一分。合計之，則爲八日二十七刻七分。

半周均派各一百八十二日奇者，謂之恒氣；半周有盈縮者，謂之定氣。相差八日奇者，乃兩半周定氣相較之數，非一半周定氣與其恒氣自相較之數也。

甲子年

春分　庚子日亥初二刻十三分

距癸亥春分三百六十五日二十三刻四分

冬至　丁丑日寅初三刻五分

距癸亥冬至三百六十五日二十三刻四分

乙丑年

春分　丙午日寅初二刻二分

距前春分三百六十五日二十三刻四分

冬至　壬午日巳初二刻十分

距前冬至三百六十五日二十三刻五分

丙寅年

春分　辛亥日巳初一刻六分

距前春分三百六十五日二十三刻四分

冬至　丁亥日申初二刻

距前冬至三百六十五日二十三刻五分

右冬至之小餘皆廿三刻五分，〔或四分。〕春分之小餘皆廿三刻四分，差一分。

以冬至論歲餘，得授時萬分日法之二千四百三十〇半分，大於消分八分。

法以小餘五分爲實，刻十五分爲法除之，得三之一。以從刻，共得二十三刻又三之一爲實，九十六刻爲法除之，得〇二四三〇五。進四位，得二千四百三十分强。〔進四位者，以萬乘也。〕

若以春分論歲餘，得授時萬分日法之二千四百二十三分六，亦大於消分一分六。

法以廿三刻化三百四十五分，并入四分，得三百四十九分爲實，日法一千四百四十分爲法除之，得〇二四二三六。進四位，得二千四百二十三分半强。

按：授時消分爲不易之法，今復有長者，何耶？西法最高之點在兩至後數度，歲歲東移，故雖冬至亦有加減，不得以恒爲定也。此是兩法中一大節目。其法自回回曆即有之，然了凡先生頗采用回回法，而不知此。熊磻石先生親與西儒論曆，而亦不言及，何耶？

丁卯年

高冲過冬至七度十四分

春分　丙辰日申初初刻十分

距丙寅秋分一百七十八日四十五刻十四分

春分三百六十五日廿三刻四分

中積九十三日十刻七分

夏至　己丑日酉初三刻二分

距丙寅夏至三百六十五日廿三刻三分

冬至一百八十二日九刻二分

中積九十三日六十二刻十三分

秋分　癸亥日巳初二刻

距本年春分一百八十六日七十三刻五分

丙寅秋分三百六十五日廿三刻四分

中積八十九日四十七刻四分

冬至　壬辰日亥初一刻四分

距丙寅冬至三百六十五日廿三刻四分

本年夏至一百八十三日十四刻二分

中積八十八日九十四刻十分

戊辰年

高冲過冬至七度十五分

春分　辛酉日戌正三刻十四分

距丁卯秋分一百七十八日四十五刻十四分

春分三百六十五日廿三刻四分

中積九十三日十刻六分

夏至　甲午日夜子初二刻五分

距丁卯夏至三百六十五日廿三刻三分

冬至一百八十二日九刻一分

中積九十三日六十二刻十四分

秋分　戊辰日申初一刻四分

距本年春分一百八十六日七十三刻五分

丁卯秋分三百六十五日廿三刻四分

中積八十九日四十　七刻六分

冬至　戊戌日寅初初刻十分

距丁卯冬至三百六十五日廿三刻六分

本年夏至一百八十三日十四刻五分

中積八十八日九十四刻七分

己巳年

高冲過冬至七度十六分

春分　丁卯日丑正三刻二分

距戊辰秋分一百七十八日四十五刻十三分

春分三百六十五日廿三刻三分

中距九十三日十刻六分

夏至　庚子日卯初一刻八分

距戊辰夏至三百六十五日廿三刻三分

冬至一百八十二日八刻十三分

中積九十三日六十三刻

秋分　癸酉日亥初初刻八分

距本年春分一百八十六日七十三刻六分

戊辰秋分三百六十五日廿三刻四分

中積八十九日四十七刻六分

冬至　癸卯日辰正三刻十四分

距戊辰冬至三百六十五日廿三刻四分

本年夏至一百八十三日十四刻六分

中積八十八日九十四刻八分

庚午年

高冲過冬至七度十七分

春分　壬申日辰正二刻七分

距己巳秋分一百七十八日四十五刻十四分

春分三百六十五日廿三刻五分

中積九十三日十刻四分

夏至　乙巳日午初初刻十一分

距己巳夏至三百六十五日二十三刻三分

冬至一百八十二日八刻十二分

中積九十三日六十三刻

秋分　己卯日丑正三刻十一分

距本年春分一百八十六日七十三刻四分

己巳秋分二百六十五日廿三刻三分

中積八十九日四十七刻七分

冬至　戊申日未正三刻三分

距己巳冬至三百六十五日廿三刻四分

本年夏至一百八十三日十四刻七分

中積八十八日九十四刻七分

辛未年

高冲過冬至七度十八分

春分　丁丑日未正一刻十分

距庚午秋分一百七十八日四十五刻十四分

春分三百六十五日廿三刻三分

中積九十三日十刻三分

夏至　庚戌日申正三刻十三分

距庚午夏至三百六十五日二十三刻二分

冬至一百八十二日八刻十分

中積九十三日六十三刻二分

秋分　甲申日辰正三刻

距本年春分一百八十六日七十三刻五分

庚午秋分二百六十五日廿三刻四分

中積八十九日四十七刻七分

冬至　癸丑日戌正二刻七分

距庚午冬至三百六十五日廿三刻四分

本年夏至一百八十三日十四刻九分

按:庚申年夏至至冬至一百八十三日十三刻六分,辛未年夏至至冬至一百八十三日十四刻九分,十二年中共長一刻〇三分。〔中積只十一年。〕

壬戌年冬至至次年夏至一百八十二日九刻九分,庚午年冬至至次年夏至一百八十二日八刻十分,九年中共消十四分。〔中積共只八年。〕

又合計癸亥夏至前半周一百八十二日九刻九分,冬至前半周一百八十三日十三刻十分,相較一日〇四刻一分。辛未夏至前半周一百八十二日八刻十分,冬至前半周一百八十三日十四刻九分,相較一日〇五刻十四分,八年中較數增一刻十三分。

然二分之相距則無甚差,何也?蓋最高移而東,則夏至後多占最高之度,而減度加時之數益多,故益長;高冲移而東,則冬至後多占最卑之度,而加度減時之數益多,故益消。其近二至處,皆爲加減差最大之處,故消長之較已極也。

乃若二分與中距,雖亦歲移,而中距皆爲平度,不係加減。其最高前後視行小之度,固全在春分後半周;

最高冲前後視行大之度，亦全在春分後半周。毫無動移，故無甚消長也。

西國月日攷

攷回國聖人辭世年月

回國聖人辭世年月，據西域齋期，〔江寧至鴻堂刻單。〕以康熙庚午五月初三日起，是彼中第九月一日，謂之勒墨藏，一名阿咱而月也。至六月初三日開齋，是彼中第十月一日，謂之紹哇勒，一名答亦月，是爲大節。再過一百日，至九月十三日，爲彼中第一月第十日，謂之穆哈蘭，一名法而幹〔一〕而丁月，其日爲阿叔喇濟貧之期，謂之小節。

鼎嘗以回回曆法推算，本年白羊一日，入第六月之第八日，與此正合。

又據齋期云：本年庚午，聖人辭世，共計一千〇九十六年。〔此太陽年。〕攷本單開聖人生死二忌，在本年十一月十四日，在彼爲第三月，謂之勒必歐勒傚勿勒，又名虎而達。

查西域阿剌必年是開皇己未，距今康熙爲一千〇九十二算減一，爲一千〇九十一，乃開皇己未春分至今康熙庚午春分之積年。

〔一〕幹，回回曆作"斡"。

又查己未年春分，在彼中爲太陰年之第十二月初五日，以距算一千〇九十一減聖人辭世千〇九十六，相差五年。逆推之，得開皇十四年甲寅，爲聖人辭世之年。

約計甲寅至己未此五年中節氣與月分差，閏五十五日，則甲寅春分當在彼中第十月之初。

聖人辭世既是第三月，則在春分月前七個月爲處暑月，即今七月也。

自開皇甲寅七月十四日聖人辭世，至今康熙庚午七月十四日，正得一千〇九十六年，故曰共計一千〇九十六年也。

據此，則開皇甲寅是彼中聖人辭世之年，薛儀甫謂爲回回曆，蓋以此而誤。

又按：聖人以第三月辭世，而其年春分則在第十月。今彼以第十月一日爲大節，蓋爲此也。

攷泰西天主降生年月

據天地儀書，耶蘇降生至崇禎庚辰，一千六百四十年。算至康熙庚午，一千六百九十年。

查康熙戊辰年瞻禮單，誕辰在冬至後四日，日躔箕宿七度。逆推漢哀帝庚申，約差廿四度，則是當時冬至在斗宿之末，約計耶蘇降生在冬至前二十餘日，爲小雪後四五日也。

自哀帝庚申十月，算至隋開皇甲寅七月望，回回教聖人馬哈木德辭世，實計五百九十四年，不足兩個多月。

攷曆書所紀西國年月

萬曆十二年甲申，西九月十五日，日躔壽星二度。又十三年乙酉，西九月廿八日，日躔壽星十五度半。

萬曆十四年丙戌，西十月□□〔一〕日，日躔壽星二十九度。又十五年丁亥，西十月廿六日，日躔大火十二度太。

萬曆十六年戊子，西十一月初八日，日躔大火二十六度太。又十七年己丑，西十一月廿二日，日躔析木十一度弱。

萬曆十八年庚寅，西十二月初六日，日躔析木廿五度。又十九年辛卯，西十二月廿一日，日躔星紀九度。

萬曆廿三年乙未，西正月三十日，日躔玄枵廿一度。

萬曆卅五年丁未，西七月初九日，日躔鶉首廿六度五三。又三十七年己酉，西七月廿一日，日躔鶉火八度半。

萬曆三十八年庚戌，西八月初二日，日躔鶉火二十度。又三十九年辛亥，西八月十五日，日躔鶉尾二度。

按：此所紀皆是以日躔星紀二十度爲正月初一日。析木二十度〔或十九度。〕爲十二月朔　大火十九度〔或二十度。〕爲十一月朔　壽星十八度爲十月朔　鶉尾十八度爲九月朔　鶉火十九度〔或十八度。〕爲八月朔　鶉尾十八度爲七月朔〔此亦約略之算，細求之，尚有太陽盈縮。〕

又正德九年甲戌，西五月初五日子正前，日躔大梁

〔一〕□□，原空，四庫本小字注“闕”。

二十二度四十分。是以大梁十九度爲五月朔。〔所測在子正前，西曆紀日月午正，故曰十九度。〕

正德十五年庚辰，西四月三十日，日躔大梁十七度四八。是以降婁十九度爲四月朔。

又本年七月十三日，日躔鶉火初度。是以鶉首十八度爲七月朔。

嘉靖二年癸未，西十一月廿九日，日躔析木十五度五四。是以大火十八度爲十一月朔。

嘉靖六年丁亥，西十月初十日，日躔壽星廿七度。是以壽星十八度爲十月朔。

嘉靖八年己丑，西二月初一日，日躔玄枵廿一度。是以玄枵廿一度爲二月朔。

萬曆十年壬午，西二月廿六日申初二刻，日躔娵訾十七度四十九分四二。是以玄枵廿二度爲二月朔。

萬曆十一年癸未，西九月初六日，日躔鶉尾廿三度。是以鶉尾十八度爲九月朔。

萬曆十四年丙戌，西十二月廿六日申初二刻，太陽在星紀宫十四度五十一分五三。是以析木十九度爲十二月朔。

萬曆十六年戊子，西十二月十五日巳初刻，太陽在星紀三度五十三分。是以析木十九度爲十二月朔。

萬曆十八年庚寅，西二月初八日午正後三十四刻，太陽視行在娵訾初四十秒。是以玄枵廿三度爲二月朔。

又本年九月初七日子正，日躔鶉尾二十四度。據此，初一日鶉尾十八度。

萬曆廿一年癸巳，西八月初十日，日躔鶉火廿七度。是以鶉火十八度爲八月朔。

又漢順帝永建二年丁卯，西三月廿六日酉正，太陽在降婁一度十三分。是以娵訾七度爲三月朔。

順帝陽嘉二年癸酉，西六月初三日申正，太陽在實沈九度四十分。是以實沈七度爲六月朔。

順帝永和元年丙子，西七月初八日午正，太陽在鶉首十四度十四分。是以鶉首七度爲七月朔。

又本年西八月三十一日、九月初一，太陽在鶉尾七度。

順帝永和二年丁丑，西十月初八日，太陽在壽星十四度。是以壽星七度爲十月朔。

順帝永和三年戊寅，西十二月廿二日子正前四時，日躔析木九度十五分。據此，初一日是大火八度，當是十一月，非十二月。

順帝陽嘉二年癸酉，西五月十七十八日，太陽在大梁二十三度。據此，五月朔大梁七度。

按：自漢順帝永建丁卯，爲總積四千八百四十年；至明萬曆十二年甲申，爲總積六千二百九十七年，相距一千四百五十七年，相差十二三度，即歲差之行也。

漢時月朔俱在各宫七八度之間，萬曆間月朔俱在各宫之十八九度，或廿一二度。

據此論之，則西曆太陽年用恒星，有定度。其恒星節氣雖從歲差西行，而每月之日次則以太陽到恒星某度爲定，千古不變也。想西古曆法只是候中星，每年某星到正中,即是某月。

又按:此法於歲差之理甚明,但欲敬授民時,則不如用節氣爲妥。天經或問欲以冬至日爲第一月第一日,可以免閏,又可授時,謂本於方無可先生,然沈氏筆談已先有其説矣。

今查瞻禮單:

康熙丁卯年正月十八丁酉日	應西曆三月初一日
亥宫十度二十六分	危十一度二三
二月二十戊辰日	應西曆四月初一日
戌宫十一度十三分	壁六度二三
三月二十戊戌日	應西曆五月初一日
酉宫十度二十九分	婁十度五三
四月廿二己巳日	應西曆六月初一日
申一十度十五分	畢六度九分
五月廿二己亥日	應西曆七月初一日
未八度四十九分	井七度五一
六月廿四庚午日	應西曆八月初一日
午八度二十一分	柳二度二二
七月廿五辛丑日	應西曆九月初一日
巳八度一十分	張六度四八
八月廿五辛未日	應西曆十月初一日
辰七度三十〇分	軫一度〇四
九月廿七壬寅日	應西曆十一月初一日
卯八度二十二分	亢八度一八

十月廿七壬申日　　應西曆十二月初一日
寅八度四二　　心五度一八
十一月廿八癸卯日　　應西曆正月初一日
丑十度二十分　　斗四度二六
十二月三十甲戌日　　應西曆二月初一日
子十一度五十六分　　女四度三〇

據此,則西國曆日是以建子之月爲正月也,其法不論太陰之晦朔,只以太陽爲主。然又不論節氣,但以太陽到斗宿四度爲正月一日耳。

又其數與新法曆書所載不同,豈彼國亦有改憲耶?

按:西曆以午正紀日,則已上宿度宜各加三十分。依此推之,歐羅巴之正月一日在斗宿五度。

新法曆書萬曆二十三年乙未,西正月三十日,太陽在玄枵廿一度,於時日行盈曆,逆推初一日,是星紀廿一度。以歲差攷之,萬曆乙未至今丁卯,距九十二年,計差一度半弱,其時星紀廿一度,是斗十四度。

二法相較差十度,必是改憲。抑彼有多國,各一其法耶?

又按:今之斗四度是星紀十度,逆推前此六百六十餘年,則正是冬至日太陽所躔之度也。當此北宋之初,瞻禮單必是此時所定。

若曆書所載斗十四度,則又在其前六百六十年,距今丁卯共有一千三百二十餘年,當在漢時。蓋其時冬至日躔斗十四度,故以爲歲首。意者曆書所載,故是古法，而瞻禮單所定，乃是新率耶？由是觀之，則耶蘇新教之起，必不大遠。

又按：西法以白羊宫初度爲測算之端，而紀月又首磨羯，何耶？曰：測算論節氣，是以太陽之緯度爲主；紀月論恒星，是以太陽之經度爲主故也。

地度弧角

地度求斜距法

有兩處北極高度，又有兩處相距之經度，而求兩地相距之里數。

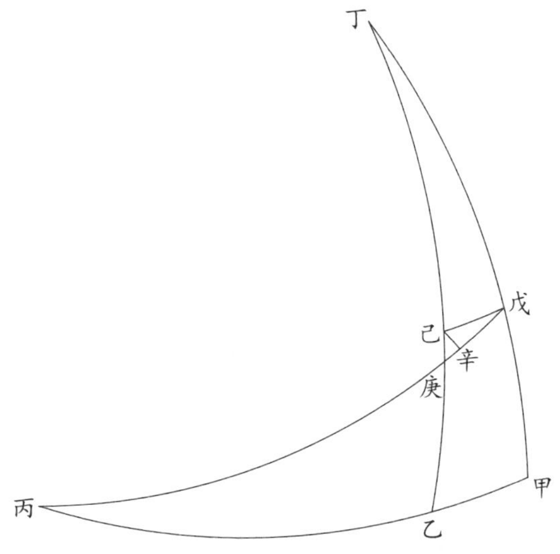

甲乙丙爲赤道象弧，丁爲極。〔丁角之度爲甲乙。〕戊甲距四十五度，甲乙十度半，〔即經度之距，亦即丁角。〕己乙距四十

度，求戊己之距。

法作戊庚丙象弧，斜交於赤。先求庚乙距，以減己乙，得庚己邊。又求戊庚邊，求庚角，成戊庚己小三角弧〔一〕，算戊庚己小三角。先有一角、〔庚。〕兩邊，〔一戊庚邊，一己庚邊。〕而求己戊邊。法先作己辛垂弧，截出戊辛邊，并求戊角，因得己戊邊。乃以度變成里，此所得即大度。

若距赤同度，則但以距赤道餘弦，求其比例，得里數。

一率　全

二率　距赤餘弦

三率　大度里數〔二百五十里。〕

四率　緯圈里數

如距赤四十五度，依法算得離赤道四十五度之地，每一度該一百七十六里二百八十步。如東西相距二十七度，該四千七百七十二里三百五十步弱。

論曰：地有距赤緯度，又有東西經度。經度如句，緯度相減之餘如股，兩地斜距如弦。既有句有股，可以求弦。而不可以句股法求者，地圓故也。

又論曰：此爲一角兩邊，而角在兩邊之中。法當用斜弧三角法，求其對角一邊之度，變爲里，即里數也。或用垂線分形法，並同。

補論曰：己點或在庚上，或在其下，其用庚角並同。但在下，則當於庚乙内減己乙，而得己庚。

〔一〕小三角弧，輯要本作“小弧三角形”。

以里數求經度法

或先有兩地相距之里數，而不知經度。

法先求兩處北極高度，乃以兩高度之餘爲兩邊，及相距里數變成度，〔用二百五十里大度。〕又爲一邊，成弧三角形。乃以三邊求角法，求其對里數邊之一角，即經度也。

論曰：凡地經度，原以月食時取其時刻差，以爲東西相距。然月食歲不數見，又必多人兩地同測，始能得之。況月天最近，有氣刻時三差及朦影之改變高度，非精於測者，不易得準。今以里數求之，較有把握。得此法，與月食法相參伍，庶幾無誤。

凡以里數論差，當取徑直，若遇山林水澤、峻嶺迴谷，則以測量法求其折算之數而取直焉。

不但左右不宜旋繞曲折，斯謂之直，即高下若干，亦須用法取平。

若兩地極高同度，則但以距赤道餘弦〔即極高度正弦。〕求其比例，得經度。

一率　距赤度餘弦

二率　全數

三率　里數所變之度〔用二百五十里爲度。〕

四率　相應之經度〔緯圈經度也，與赤道大圈相應，但里數小耳。〕

論曰：北極高度雖有準則，然近在數十里内，所爭在分秒之間，亦無大差。今以里數準之，則當以正東西爲主，如自東至西之路，合羅金卯酉中線，斯爲正度。若稍偏側，亦當以斜度改平，然後算之。視極高度，反似的確。

里差攷〔一〕

時憲曆各省太陽出入晝夜時刻

京師	三十九度五十五分	夏至晝五十九刻七分	夜三十六刻八分
盛京	四十二度〔天問略無。〕	六十刻四分	二十五刻十一分
山西	三十八度	五十八刻八分	三十七刻七分
山東 朝鮮	三十六度	五十七刻十三分	三十八刻二分
河南 陝西	三十四度奇	五十七刻一分	三十八刻十四分
江南	三十二度半	五十六刻六分	三十九刻九分
湖廣	三十一度	五十六刻二分	三十九刻十三分
四川	三十度	五十五刻十一分	四十刻四分
浙江	廿九度		
江西	二十九度	五十五刻七分	四十刻八分
福建 廣西	二十七度	五十四刻十二分	四十一刻三分
貴州	二十五度	五十四刻四分	四十一刻十一分
雲南	二十四度	五十四刻	四十二刻
廣東	二十三度半	五十三刻十一分	四十二刻四分

此據壬申年曆日數也。其刻數與天問略同者，京師、江南、湖廣、浙江、江西、雲南、廣東也。刻分同，則極高確矣。

山西，天問略長五十八刻六分，今八分，是所差不多，或字畫誤也。其極高三十八度，應亦無訛。

〔一〕輯要本無此目，惟於卷五十七揆日紀要求日影法後增里差表，列盛京等十六省直北極高度及東西偏度，與此內容相關。參本書揆日候星紀要校記。

山東，天問略長五十八刻四分，今只五十七刻十三分。是極高原測三十七度，後改測三十六度也。

陝西，天問略長五十七刻十三分，今只五十七刻一分。是極高原測三十六度，後改測三十四度奇也。

河南，天問略長五十七刻七分，今只五十七刻一分。是極高原測三十五度，後改測三十四奇也。

福建，天問略長五十四刻八分，今有五十四刻十二分。是極高原測二十六度，後改測二十七度也。

廣西，天問略長五十四刻四分，今亦五十四刻十二分。是極高原測二十五度，後改測二十七度也。

貴州，天問略長五十四刻，今有五十四刻四分。是極高原測二十四度半，後改測二十五度也。

天問略四川極高二十九度半，江西二十九度。〔一〕

時憲曆各省節氣時刻

以京師爲主，在東者加，在西者減，每加減四分，爲經度一度。

朝鮮		加二刻十分
盛京		加二刻
浙江	福建	加十二分
江南		加八分
山東		加五分

〔一〕"陝西"以下諸條，四庫本誤抄於"時憲曆各省節氣時刻"節末。

以上地在京師之東，皆加。

江西		減十分
河南	湖廣	減一刻
廣東	山西	減一刻五分
廣西	陜西	減二刻四分
貴州		減二刻八分
四川		減三刻七分
雲南		減四刻八分

以上地皆在京師之西，皆減。

天象同時並見，而在東者早見日，故其刻分加；在西者遲見日，故其刻分減。假如京師正午時，太陽在午線，而居東者已見其過午矣，故加；居西者方見其將午到而猶未正午也，故減。

里差圖

盛京極高四十二度，京師四十度〔一〕。

南北緯度以北極高下定，東西經度以月食時刻定。地在東一度，則見食早，其差爲十五分刻之四，節朔同。地在北則晝夜差多，南則漸平。

〔一〕此以下，接“省直經緯度”。下兩表原爲一表，現因版式需要拆分。方向自右至左。

省直經緯度

北

山西

陝西

河南

西

湖廣

四川

廣西

貴州

雲南

廣東

南

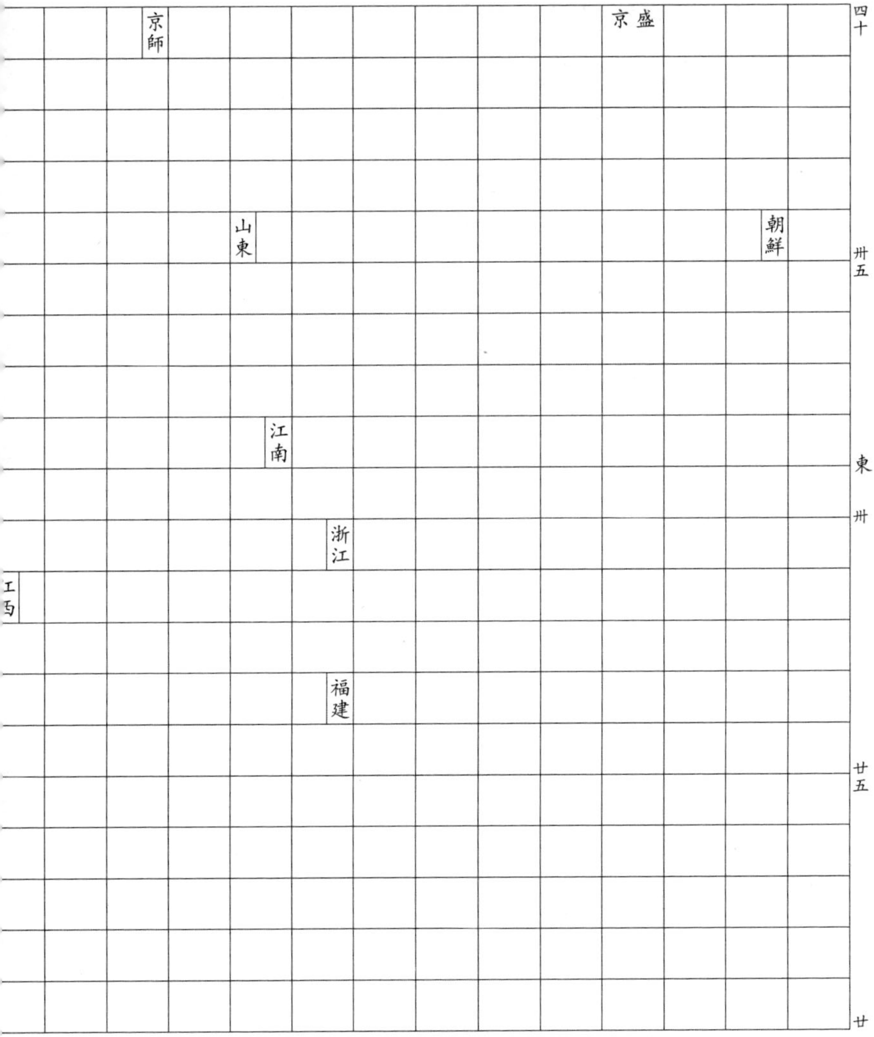

京師　盛京　四十

山東　朝鮮　卅五

江南　東

卅

浙江

江西

福建

廿五

廿

仰規覆矩

以里差赤緯爲用。

一查地平經度爲日出入方位。

一查赤道經度爲日出入時刻。

約法：

求每日出入地平廣度。〔春分至秋分在正卯酉北，秋分至春分在正卯酉南。〕

一率　大員半徑

二率　極高度割線

三率　赤道緯度正弦

四率　日出入卯酉正弦〔地平經度。〕

求每日晝刻長短。〔春分至秋分加，秋分至春分減。〕皆加減半晝二十四刻，爲半晝刻。

一率　大員半徑

二率　極高度切線

三率　赤道緯度切線

四率　日出入加減度正弦〔赤道經度。〕　以變時刻，爲加減之用。

求二至日出地廣度圖〔廣者，地平經度距正卯酉也，即日出入方位。舉二至爲例，餘日皆以赤緯定之。〕

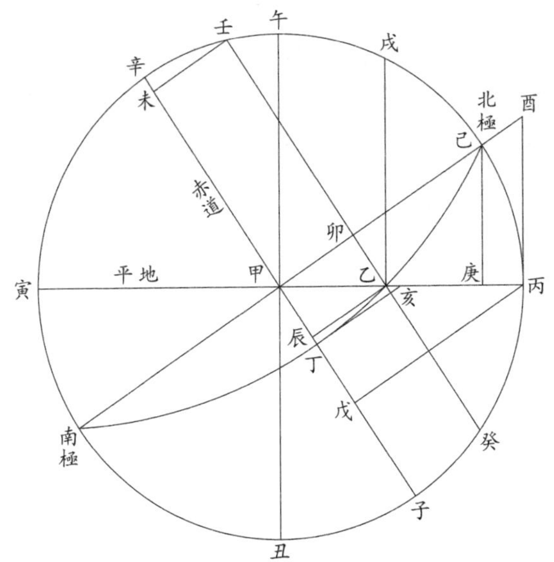

己丙極高度,即甲角之弧。〔亦即乙甲丁之餘弧。〕乙丁爲夏至日距赤道之緯,即壬辛。〔其正弦[一]辰乙,即卯甲。〕今求乙甲,爲夏至日出地平之廣。〔冬至同廣,但夏至在卯酉北,冬至在正卯酉南,逐日赤緯皆可以此法求之,得逐日出地之廣。〕用乙甲丁弧三角形,法爲丙戊正弦與丙甲半徑,若乙丁之正弦乙辰與乙甲也。〔乙甲即正弦,丙戊正弦即北極高度之餘弦庚甲也,以丙甲戊角即己甲丙之餘角。〕或用乙甲卯句股形,則爲庚甲餘弦〔己甲丙角之餘弦。〕與己甲半徑,若壬辛之正弦卯甲與乙甲也。末皆以乙甲查正弦表,得弧爲出地之廣。〔壬辛之正弦壬未與乙辰、卯甲同大,即知乙丁與壬辛亦同大,而卯甲之弧亦與壬辛同大,而今以直視,竟成正弦。〕

〔一〕正弦,原作"正弧",據輯要本改。

捷法：以比例尺取丙甲半徑，於正弦線之九十度定尺，乃以乙甲正弦取對度得弧，命爲出地之廣。

通法：

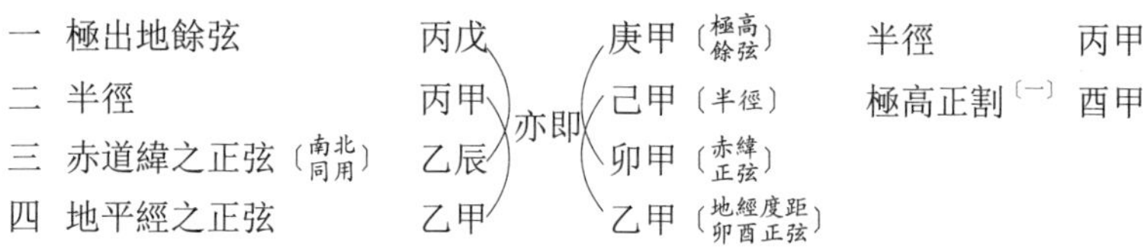

一	極出地餘弦	丙戊	亦即	庚甲〔極高餘弦〕	半徑	丙甲
二	半徑	丙甲		己甲〔半徑〕	極高正割〔一〕	酉甲
三	赤道緯之正弦〔南北同用〕	乙辰		卯甲〔赤緯正弦〕		
四	地平經之正弦	乙甲		乙甲〔地經度距卯酉正弦〕		

法曰：半徑與北極出地之割線，若赤道緯度正弦與地平出入經度距正卯酉之正弦也。

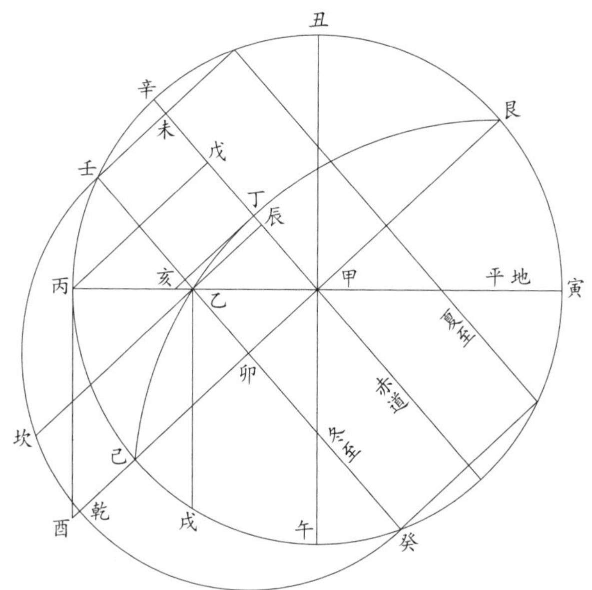

此圖己爲南極，甲乙爲冬至日出入之廣，卯乙爲冬至日軌所減於半晝之度，與前圖同理。

〔一〕正割，原作“正弦”，據輯要本改。

量法：從乙作直立線，〔與午甲平行。〕至戌，得戌午弧，即乙星出入地平距正卯酉經度。〔大圈即子午規側望之形，故午甲線即正卯酉。〕

求時刻法：若欲知卯乙在距等圈之度，法以卯爲心，癸若壬爲界作半圈。次從卯心出半徑直線至乾，平分半員成象限。末於乙出線，與卯乾半徑平行，至象限弧止，爲乙坎。則其所分坎乾之弧，即卯乙在距等圈之度。此度與甲丁赤道度相應，可以知所歷時刻矣。

或用比例尺：以癸卯〔即赤緯餘弦。〕爲距等半徑，加正弦線九十度定尺，乃以卯乙取對度得弧。

又算法：求時刻加減度，〔謂逐日時刻所加減於半晝二十四刻之數，春分後加，秋分後減，皆以度變時。〕用前圖己甲乙斜弧三角形，有甲角，〔極出地度。〕有己甲邊九十度，有己乙邊赤緯之餘，〔按：用斜弧法，曆書未有。〕求己角〔其弧甲丁。〕赤道經度，用查時刻。

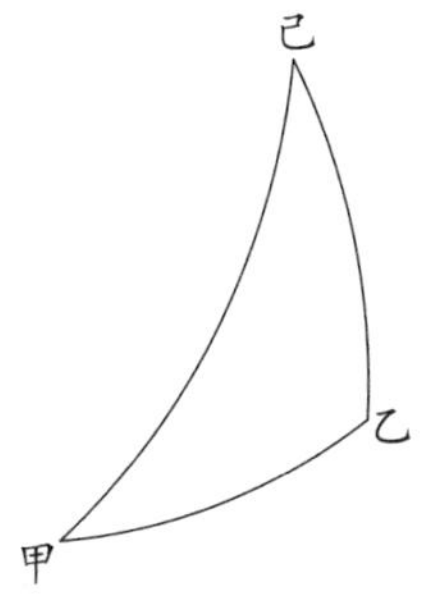

法爲半徑丙甲與甲角之切線酉丙，若己乙之餘切亥

丁〔乙丁爲己乙之餘弦故也,實即赤緯之正切也。〕與己角之正弦甲丁。〔甲丁即弧,即正弦,以直視,故弧線變爲直線。用法:以甲丁查正弦表,得角度。〕

右即夏至卯酉前後日行地平上之赤道度,以距等圈上之卯乙即赤道上之甲丁。以甲丁度化時,即得本地卯正前酉正後所多之刻。冬至日卯後酉前所減之度及其時刻並同。〔逐日求之可列表。〕

求乙甲邊,〔地平經度,查日出方位。〕此爲求出地平之廣,與前算法並同,但用斜弧形,故其名頓易。法爲半徑丙甲與極出地甲角之割線酉甲,若己乙之餘弦乙辰與乙甲邊。〔乙甲亦即邊,即正弦。〕末以乙甲邊查正弦表,得乙甲邊之度。

兼濟堂纂刻梅勿菴先生曆算全書

春秋以來冬至攷[一]

〔一〕勿庵曆算書目曆學類著録爲一卷，四庫本收入卷十四，梅氏叢書輯要未收，張鵬翮宣城梅氏算法叢書收録。

春秋以來冬至攷〔一〕

曆元起冬至，其來舊矣。易復卦傳曰："先王以至日閉關，商旅不行，侯〔二〕不省方。"孟子曰："天之高也，星辰之遠也，苟求其故，千歲之日至，可坐而定〔三〕。"故古來治曆者，其立算並起冬至，夫有所受之也。欲驗將來，必推已往，所謂求其故也。秦炬以前，古術難徵，惟春秋左氏傳僖公五年："春，王正月辛亥朔，日南至，公既視朔，遂登觀臺以望，而書。"此冬至之有日名，灼然可據者。自漢以後，漸講於測景之法。然測景最難真確，載在史書可信者，不過數十條。故元時許衡、王恂、郭守敬等造授時曆，據之以考曆法之疏密也。古今曆法七十餘家，皆由疏以至密，必取其最密者以相參攷，而其説始定。是故唐曆莫善於大衍，其次莫善於宣明；宋曆莫善於紀元，尤莫善於統天；金曆莫善於趙知微；而授時曆集其大成，故以此六家互相稽考也。今依其本法求之，則合於當時者或戾於古，合於古者又不效於今。惟授時、統天能上考下求，而多所合。由是觀之，曆學之古疏今密約略可見。而歲

〔一〕四庫本無此序。

〔二〕侯，易傳復卦作"后"。

〔三〕定，孟子離婁章句下作"致"。

起冬至,則歲實之古大今小較然不誣。即統天、授時上攷下求、百年消長之法,亦自有據,並可以深思而得其故矣。〔按:百年消長之法,統天曆術中已暗藏其數,至授時乃發明之。郭太史自言創法五端,原未及此。〕元史曆議已具録六曆所得日名離合之端,然未詳算法。玆特各依其本法詳衍,使學曆者攷焉。

宣城梅文鼎。

冬至攷

宣城梅文鼎定九著
柏鄉魏荔彤念庭輯　男　乾斅一元
士敏仲文
士説崇寬同校正
錫山後學楊作枚學山訂補

唐宋金元六家算冬至本術

唐開元大衍曆〔僧一行造。〕演紀上元閼逢困敦之歲，距開元十二年甲子，積九千六百九十六萬一千七百四十算。

通法三千〇四十。

策實百一十一萬〇三百四十三。

策餘萬五千九百四十三。

策實乘積算曰中積分，盈通法而一，爲積日。爻數去之，餘起甲子，算外得天正中氣。

辰法七百六十。〔即半辰法。〕刻法三百〇四。

凡發斂加時，各置其小餘，以六爻乘之，辰法而一，爲半辰之數。不盡進位，六約爲分。分滿刻法爲刻，命辰起子半算外。

唐宣明曆〔徐昂造。〕通法曰統法，策實曰章歲，策餘曰通餘，爻數曰紀法。通紀法爲分，曰旬周。章歲乘年曰通積分。演紀上元甲子，至長慶二年壬寅，積七百〇七萬〇一百三十八算外。

統法八千四百。

章歲三百〇六萬八千〇五十五。

通餘四萬四千〇五十五。

刻法八十四。

辰法七百。半辰法三百五十。

宋崇寧紀元曆演紀上元上章執徐之歲，距元符三年庚辰歲，積二千八百六十一萬三千四百六十；算至崇寧五年丙戌歲，積二千八百六十一萬三千四百六十六算。

日法七千二百九十。

辰法一千二百一十五。　半辰法六百〇七半。

刻法七百二十九。

期實二百六十六萬二千六百二十六。

歲周三百六十五日餘一千七百七十六。

旬周四十三萬七千四百。

紀法六十。

置積年，期實乘之，爲氣積分。滿旬周去之，不滿日法而一，爲大餘，命己卯，即所求天正冬至日辰及餘。

其小餘倍之，辰法而一，爲辰數；不滿五，因刻法而一，爲刻數。

勿菴法：小餘進一位，刻法收之爲刻，不盡爲刻分，刻加二，退位得時。

金趙知微重修大明曆演紀上元甲子，距大定二十年庚子，八千八百六十三萬九千六百五十六年。〔大定庚子，即

宋孝宗淳熙七年，距元至元辛巳一百一年。〕

日法五千二百三十分。

歲實一百九十一萬〇二百二十四。

通餘二萬七千四百二十四。

旬周三十一萬三千八百。

紀法六十。

歲實乘積年爲通積分，旬周去之，不滿日法，約之爲大餘，命甲子。

辰法二千六百一十五。半辰法一千三百〇七半。

刻法三百一十三秒八十。

凡小餘，六因之，辰法除之。不盡，刻法除之爲刻。

宋統天曆演紀上元甲子歲，距紹熙五年甲寅，積三千八百三十。〔至慶元己未歲，積三千八百三十五；至至元辛巳歲，積三千九百一十七。〕

策法一萬二千。

歲分四百三十八萬二千九百一十，餘六萬二九一。氣差二十三萬七千八百一十一。〔法通得一十九日八一七五。〕

斗分差一百二十七。

紀實七十二萬。

歲分乘積算，氣差減之，爲氣汎積。

積算、距算相減，爲距差。斗分差乘之，萬約，〔萬約者，萬分爲分，萬秒爲秒也。半以上收爲秒，半以下則棄之矣。〕爲躔差。〔小分半以上從秒一。〕復以距差乘之，〔秒半以上從分一。〕以減汎積，爲氣定積。滿紀實去之，餘如策法而一，爲大餘。〔如其年

無躔差,及距差乘躔差不滿秒已上者,以汎爲定。〕

鼎按:此即授時曆加減歲餘法也。積算減距算爲距差者,距紹熙甲寅爲算也。斗分差乘距差爲躔差者,百年加減一分也。授時每百年加減一分,統天則一分零六秒弱。復以距差乘躔差者,百年加減一分奇,而又以其距年乘之也。假如百年,授時加減積百分,統天則百有六分弱。減汎積爲定者,授時不立元,明以當時所測截算爲主,故有上考下求之别,而加減亦明。統天則雖以當時所測截算爲主,而又立元,故只用減。所求在距算以後減之,則冬至差而早,早則其歲實減矣;所求在距算以前減之,則冬至益早,早則其歲實加矣。減之而歲實減,人知之;減之而歲實加,人不知之。此算家轉换之法也。若距差乘躔差不滿秒半以上者,是所求正在紹熙前後百年内,其歲實平,故無加減,而以汎爲定。

元授時曆〔許衡、王恂、郭守敬造。〕不用積年,據實測,至元十八年辛巳歲前天正冬至爲元,上考下求,皆距此起算。

日法一萬分。紀法六十萬。

歲實三百六十五萬二四二五。〔上考者每百年長一分,下求者每百年消一分。〕氣應五十五萬六百分。

距算乘歲實爲中積,加氣應爲通積,滿紀法去之,得數爲天正冬至。上考者,以氣應減中積爲通積,滿紀法去之,餘以減紀法,得數爲冬至。〔並起甲子,算外命其日辰。〕

小餘以十二乘之,滿萬爲一時,命起子正。滿五千又進一時,命起子初,算外得時。不滿者,以一千二百除之爲刻。

春秋以來冬至日名六曆異同詳衍

〔按：春秋以來冬至多矣，而所攷只此者，以其測驗之可據也。曆議原載四十八事，今攷獻公在春秋前，無信史可徵，故删之。而以左傳僖公一條爲首，實四十七事也。〕

魯僖公五年丙寅歲正月辛亥朔旦冬至

大衍曆〔積算九千六百九十六萬〇三百六十二〕

中積分〔一百〇七兆六千五百九十二億五千九百二十二萬四千一百六十六〕　冬至〔大餘四十七日，小餘二千八百八十六〕

辛亥日〔九十四刻太强〕　亥正三刻

宣明曆〔積算七百〇六萬八千六百六十二〕

通積分〔二十一兆六千八百七十〇億四千三百七十九萬二千四百一十〕　冬至〔大餘四十七日，小餘五千六百一十〕

辛亥日〔六十六刻太强〕　申正初刻

紀元曆〔積算二千八百六十一萬一千七百〇六〕

氣積分〔七十六兆一千八百二十二億七千二百二十九萬九千九百五十六〕　冬至〔大餘三十三日，小餘六千一百八十六〕

壬子日〔八十四刻太强〕　戌正一刻

統天曆〔積算一千九百八十二〕

距差〔一千八百四十八分[一]〕　躔差〔二十三五[二]〕　減分〔四萬三千四百二十八〕　氣汎積〔八十六億八千六百六十八

〔一〕一千八百四十八分，原作“一千八百四十分”，據校算改。

〔二〕二十三五，原作“二十三八五”，據校算改。

萬九千八百〇九〕 氣定積〔八十六億八千六百六十四萬六千三百八十一[一]〕 冬至〔大餘四十七日,小餘二千三百八十一〕

辛亥日〔一十九刻太强〕 寅正三刻

重修大明曆〔積算八千八百六十三萬七千八百二十二〕

通積分〔一百六十九兆三千一百八十〇億九千四百八十九萬二千一百二十八〕 冬至〔大餘四十八日,小餘四千六百八十八〕

壬子日〔八十九刻半强〕 亥初二刻

授時曆〔距算一千九百三十五〕

歲餘〔二四四四〕 中積分〔七十〇億六千七百四十七萬九一四〇〕 通積分〔七十〇億六千六百九十二萬八五四〇〕

冬至〔四十七萬一四六〇〕

辛亥日〔一十四刻半强〕 寅初二刻

魯昭公二十年己卯歲正月己丑朔旦冬至

大衍曆〔積算九千六百九十六萬〇四百九十五[二]〕

中積分〔一百〇七兆六千五百九十四億〇六百八十九萬九千七百八十五〕 冬至〔大餘二十五日,小餘一千三百八十五〕

己丑日〔四十五刻半强〕 巳正三刻

宣明曆〔積算七百〇六萬八千七百九十五[三]〕

通積分〔二十一兆六千八百七十四億五千一百八十四萬三千七百二十五〕 冬至〔大餘二十五日,小餘一千七百二十五〕

己丑日〔二十刻半强〕 寅正三刻

〔一〕三百八十一,原作"三百七十一",據校算改。後冬至小餘"三百八十一"同。
〔二〕四百九十五,原作"四百九十四",據校算改。
〔三〕七百九十五,原作"七百九十四",據校算改。

紀元曆〔積算二千八百六十一萬一千八百三十九[一]〕

氣積分〔七十六兆一千八百二十六億二千六百四十二萬九千二百一十四〕　冬至〔大餘一十一日，小餘一千八百二十四〕

庚寅日〔二十五刻少弱〕　卯正初刻

統天曆〔積算二千一百一十五〕

距差〔一千七百一十五〕　躔差〔二十一分八〕　減分〔三萬七千三百八十七〕　氣汎積〔九十二億六千九百六十一萬六千八百三十九〕　氣定積〔九十二億六千九百五十七萬九千四百五十二〕　冬至〔大餘二十四日，小餘一萬一千四百五十二〕

戊子日〔九十五刻半弱〕　亥正三刻

重修大明曆〔積算八千八百六十三萬七千九百五十五〕

通積分〔一百六十九兆三千一百八十三億四千八百九十五萬一千九百二十〕　冬至〔大餘二十六日，小餘一千五百四十〕

庚寅日〔二十九刻半弱〕　辰初初刻

授時曆〔距算一千八百〇二〕

歲餘〔二四四三〕　中積分〔六十五億八千一百七十〇萬二二八六〕　通積分〔六十五億八千一百一十五萬一六八六〕

冬至〔二十四萬八三一四〕

戊子日〔八十三刻强〕　戌初三刻

劉宋文帝元嘉十二年乙亥歲十一月十五日戊辰景長

大衍曆〔積算九千六百九十六萬一千四百五十二〕

中積分〔一百〇七兆六千六百〇四億六千九百四十九萬八千〇

〔一〕八百三十九，原作“八百三十八”，據校算改。

三十六〕 冬至〔大餘四日,小餘一千〇七十六〕

戊辰日〔三十五刻少强〕 辰正二刻

宣明曆〔積算七百〇六萬九千七百五十二〕

通積分〔二十一兆六千九百〇三億八千七百九十七萬二千三百六十〕 冬至〔大餘四日,小餘二千七百六十〕

戊辰日〔三十二刻太强〕 辰初三刻

紀元曆〔積算二千八百六十一萬二千七百九十六〕

氣積分〔七十六兆一千八百五十一億七千四百五十六萬二千二百九十六〕 冬至〔大餘四十九日,小餘二千八百八十六〕

戊辰日〔三十九刻半强〕 巳初二刻

統天曆〔積算三千〇七十二〕

距差〔七百五十八〕 躔差〔九分六〕 減分〔七千二百七十七〕 氣汎積〔一百三十四億六千四百〇六萬一千七百〇九〕 氣定積〔一百三十四億六千四百〇五萬四千四百三十二〕 冬至〔大餘四日,小餘六千四百三十二〕

戊辰日〔五十三刻半强〕 午正三刻

重修大明曆〔積算八千八百六十三萬八千九百一十二〕

通積分〔一百六十九兆三千二百〇一億七千七百〇三萬六千二百八十八〕 冬至〔大餘四日,小餘二千一百六十八〕

戊辰日〔四十一刻半弱〕 巳初三刻

授時曆〔距算八百四十五〕

歲餘〔二四三三〕 中積分〔三十〇億八千六百三十〇萬五八八五〕 通積分〔三十〇億八千五百七十五萬五二八五〕

冬至〔四萬四七一五〕

戊辰日〔四十七刻强〕　午初一刻

元嘉十三年丙子歲十一月二十六日甲戌景長

大衍曆〔積算九千六百九十六萬一千四百五十三〕

中積分〔一百〇七兆六千六百〇四億七千〇六十〇萬八千三百七十九〕　冬至〔大餘九日，小餘一千八百一十九〕

癸酉日〔五十九刻太强〕　未正一刻

宣明曆〔積算七百〇六萬九千七百五十三〕

通積分〔二十一兆六千九百〇三億九千一百〇四萬〇四百一十五〕　冬至〔大餘九日，小餘四千八百一十五〕

癸酉日〔五十七刻少强〕　未初三刻

紀元曆〔積算二千八百六十一萬二千七百九十七〕

氣積分〔七十六兆一千八百五十一億七千七百二十二萬四千九百二十二〕　冬至〔大餘五十四日，小餘四千六百六十二〕

癸酉日〔六十四刻弱〕　申初一刻

統天曆〔積算三千〇七十三〕

距差〔七百五十七〕　躔差〔九分六〕　減分〔七千二百六十七〕　氣汎積〔一百三十四億六千八百四十四萬四千六百一十九〕　氣定積〔一百三十四億六千八百四十三萬七千三百五十二〕　冬至〔大餘九日，小餘九千三百五十二〕

癸酉日〔七十七刻太强〕　酉正二刻

重修大明曆〔積算八千八百六十三萬八千九百一十三〕

通積分〔一百六十九兆三千二百〇一億七千八百九十四萬六千五百一十二〕　冬至〔大餘九日，小餘三千四百四十二〕

癸酉日〔六十五刻太强〕　申初三刻

授時曆〔距算八百四十四〕

歲餘〔二四三三〕 中積分〔三十〇億八千二百六十五萬三四五二〕 通積分〔三十〇億八千二百一十〇萬二八五二〕

冬至〔九萬七一四八〕

癸酉日〔七十一刻半弱〕 酉初初刻 先一日

元嘉十五年戊寅歲十一月十八日甲申景長

大衍曆〔積算九千六百九十六萬一千四百五十五〕

中積分〔一百〇七兆六千六百〇四億七千二百八十二萬九千〇六十五〕 冬至〔大餘二十日,小餘二百六十五〕

甲申日〔八刻太弱〕 丑正初刻

宣明曆〔積算七百〇六萬九千七百五十五〕

通積分〔二十一兆六千九百〇三億九千七百一十七萬六千五百二十五〕 冬至〔大餘二十日,小餘五百二十五〕

甲申日〔六刻少〕 丑初二刻

紀元曆〔積算二千八百六十一萬二千七百九十九〕

氣積分〔七十六兆一千八百五十一億八千二百五十五萬〇一百七十四〕 冬至〔大餘五日,小餘九百二十四〕

甲申日〔一十二刻半强〕 寅初初刻

統天曆〔積算三千〇七十五〕

距差〔七百五十五〕 躔差〔九分六〕 減分〔七千二百四十八〕 氣汎積〔一百三十四億七千七百二十一萬〇四百三十九〕 氣定積〔一百三十四億七千七百二十〇萬三千一百九十一〕 冬至〔大餘二十日,小餘三千一百九十一〕

甲申日〔二十六刻半强〕 卯正一刻

重修大明曆〔積算八千八百六十三萬八千九百一十五〕

通積分〔一百六十九兆三千二百〇一億八千二百七十六萬六千九百六十〕　冬至〔大餘二十日，小餘七百六十〕

甲申日〔一十四刻半强〕　寅初二刻

授時曆〔距算八百四十二〕

歲餘〔二四三三〕　中積分〔三十〇億七千五百三十四萬八五八六〕　通積分〔三十〇億七千四百七十九萬七九八六〕

冬至〔二十〇萬二〇一四〕

甲申日〔二十刻强〕　寅正三刻

元嘉十六年己卯歲十一月二十九日己丑景長

大衍曆〔積算九千六百九十六萬一千四百五十六〕

中積分〔一百〇七兆六千六百〇四億七千三百九十三萬九千四百〇八〕　冬至〔大餘二十五日，小餘一千〇〇八〕

己丑日〔三十三刻强〕　辰初三刻

宣明曆〔積算七百〇六萬九千七百五十六〕

通積分〔二十一兆六千九百〇四億〇〇二十四萬四千五百八十〕

冬至〔大餘二十五日，小餘二千五百八十〕

己丑日〔三十刻太弱〕　辰初一刻

紀元曆〔積算二千八百六十一萬二千八百〕

氣積分〔七十六兆一千八百五十一億八千五百二十一萬二千八百〕

冬至〔大餘一十日，小餘二千七百〕

己丑日〔三十七刻强〕　辰正三刻

統天曆〔積算三千〇七十六〕

距差〔七百五十四〕　躔差〔九分六〕　減分〔七千二百

三十八〕 氣汎積〔一百三十四億八千一百五十九萬三千三百四十九〕 氣定積〔一百三十四億八千一百五十八萬六千一百一十一〕 冬至〔大餘二十五日,小餘六千一百一十一〕

己丑日〔五十刻太强〕 午正初刻

重修大明曆〔積算八千八百六十三萬八千九百一十六〕

通積分〔一百六十九兆三千二百〇一億八千四百六十七萬七千一百八十四〕 冬至〔大餘二十五日,小餘二千〇三十四〕

己丑日〔三十八刻太强〕 巳初一刻

授時曆〔距算八百四十一〕

歲餘〔二四三三〕 中積分〔三十〇億七千一百六十九萬六一五三〕 通積分〔三十〇億七千一百一十四萬五五五三〕

冬至〔二十五萬四四四七〕

己丑日〔四十四刻半弱〕 巳正二刻

元嘉十七年庚辰歲十一月初十日甲午景長

大衍曆〔積算九千六百九十六萬一千四百五十七〕

中積分〔一百〇七兆六千六百〇四億七千五百〇四萬九千七百五十一〕 冬至〔大餘三十日,小餘一千七百五十一〕

甲午日〔五十七刻半强〕 未初三刻

宣明曆〔積算七百〇六萬九千七百五十七〕

通積分〔二十一兆六千九百〇四億〇三百三十一萬二千六百三十五〕 冬至〔大餘三十日,小餘四千六百三十五〕

甲午日〔五十五刻少弱〕 未初一刻〔一〕

〔一〕一刻,原作"初刻",據校算改。

紀元曆〔積算二千八百六十一萬二千八百〇一〕

氣積分〔七十六兆一千八百五十一億八千七百八十七萬五千四百二十六〕　冬至〔大餘一十五日,小餘四千四百七十六〕

甲午日〔六十一刻半弱〕　未正三刻

統天曆〔積算三千〇七十七〕

距差〔七百五十三〕　躔差〔九分六〕　減分〔七千二百二十九〕　氣汎積〔一百三十四億八千五百九十七萬六千二百五十九〕　氣定積〔一百三十四億八千五百九十六萬九千〇三十〇〕　冬至〔大餘三十日,小餘九千〇三十〇〕

甲午日〔七十五刻少〕　酉正初刻

重修大明曆〔積算八千八百六十三萬八千九百一十七〕

通積分〔一百六十九兆三千二百〇一億八千六百五十八萬七千四百〇八〕　冬至〔大餘三十日,小餘三千三百〇八〕

甲午日〔六十三刻少〕　申初初刻

授時曆〔距算八百四十〕

歲餘〔二四三三〕　中積分〔三十〇億六千八百〇四萬三七二〇〕　通積分〔三十〇億六千七百四十九萬三千一百二十〇〕

冬至〔三十〇萬六八八〇〕

甲午日〔六十八刻太强〕　申正二刻

元嘉十八年辛巳歲十一月二十一日己亥景長

大衍曆〔積算九千六百九十六萬一千四百五十八〔一〕〕

中積分〔一百〇七兆六千六百〇四億七千六百一十六萬

〔一〕四百五十八,原作"四百五十九",據校算改。

〇〇九十四〕

冬至〔大餘三十五日,小餘二千四百九十四〕

己亥日〔八十二刻强〕 戌初二刻

宣明曆〔積算七百〇六萬九千七百五十八〕

通積分〔二十一兆六千九百〇四億〇六百三十八萬〇六百九十〕

冬至〔大餘三十五日,小餘六千六百九十〕

己亥日〔七十九刻少弱〔一〕〕 戌初初刻〔二〕

紀元曆〔積算二千八百六十一萬二千八百〇二〕

氣積分〔七十六兆一千八百五十一億九千〇五十三萬八千〇五十二〕

冬至〔大餘二十日,小餘六千二百五十二〕

己亥日〔八十五刻太强〕 戌正二刻

統天曆〔積算三千〇七十八〕

距差〔七百五十二〕 躔差〔九分六〕 減分〔七千二百一十九〕 氣汎積〔一百三十四億九千〇三十五萬九千一百六十九〕 氣定積〔一百三十四億九千〇三十五萬一千九百五十〇〕 冬至〔大餘三十五日,小餘一萬一千九百五十〇〕

己亥日〔九十九刻半强〕 夜子初三刻

重修大明曆〔積算八千八百六十三萬八千九百一十八〕

通積分〔一百六十九兆三千二百〇一億八千八百四十九萬七千六百三十二〕 冬至〔大餘三十五日,小餘四千五百八十二〕

〔一〕七十九刻少弱,校算得刻分爲七十九刻六四,“少弱”當作“太弱”。

〔二〕戌初初刻,原作“酉正四刻”,據校算改。

己亥日〔八十七刻半强〕　亥初初刻

授時曆〔距算八百三十九〕

歲餘〔二四三三〕　中積分〔三十〇億六千四百三十九萬一千二百八七〕　通積分〔三十〇億六千三百八十四萬〇六八七〕　冬至〔三十五萬九三一三〕

己亥日〔九十三刻强〕　亥正一刻

元嘉十九年壬午歲十一月初三日乙巳景長

大衍曆〔積算九千六百九十六萬一千四百五十九〕

中積分〔一百〇七兆六千六百〇四億七千七百二十七萬〇四百三十七〕　冬至〔大餘四十一日,小餘一百九十七〕

乙巳日〔六刻半弱〕　丑初二刻

宣明曆〔積算七百〇六萬九千七百五十九〕

通積分〔二十一兆六千九百〇四億〇九百四十四萬八千七百四十五〕　冬至〔大餘四十一日,小餘三百四十五〕

乙巳日〔四刻强〕　子正四刻

紀元曆〔積算二千八百六十一萬二千八百〇三〕

氣積分〔七十六兆一千八百五十一億九千三百二十〇萬〇六百七十八〕　冬至〔大餘二十六日,小餘七百三十八〕

乙巳日〔一十刻强〕　丑正一刻

統天曆〔積算三千〇七十九〕

距差〔七百五十一〕　躔差〔九分五〕　減分〔七千一百三十四〕　氣汎積〔一百三十四億九千四百七十四萬二千〇七十九〕　氣定積〔一百三十四億九千四百七十三萬四千九百四十五〕　冬至〔大餘四十一日,小餘二千九百四十五〕

乙巳日〔二十四刻半弱[一]〕 卯初三刻

重修大明曆〔積算八千八百六十三萬八千九百一十九〕

通積分〔一百六十九兆三千二百〇一億九千〇四十〇萬七千八百五十六〕 冬至〔大餘四十一日,小餘六百二十六〕

乙巳日〔一十二刻弱〕 丑正三刻

授時曆〔距算八百三十八〕

歲餘〔二四三三〕 中積分〔三十〇億六千〇七十三萬八千八百五十四〕 通積分〔三十〇億六千〇一十八萬八二五四〕

冬至〔四十一萬一七四六〕

乙巳日〔一十七刻半弱〕 寅正初刻

孝武帝大明五年辛丑歲十一月乙酉冬至

大衍曆〔積算九千六百九十六萬一千四百七十八〕

中積分〔一百〇七兆六千六百〇四億九千八百三十六萬六千九百五十四〕 冬至〔大餘二十日,小餘二千一百五十四〕

甲申日〔七十刻太强〕 申正四刻

宣明曆〔積算七百〇六萬九千七百七十八〕

通積分〔二十一兆六千九百〇四億六千七百七十四萬一千七百九十〕 冬至〔大餘二十日,小餘五千七百九十〕

甲申日〔六十九刻弱〕 申正二刻

紀元曆〔積算二千八百六十一萬二千八百二十二〕

氣積分〔七十六兆一千八百五十二億四千三百七十九萬〇五百七十二〕 冬至〔大餘五日,小餘五千三百二十二〕

〔一〕二十四刻半弱,校算得刻分爲二十四刻五四,“半弱”當作“半强”。

甲申日〔七十三刻强〕　酉初二刻

統天曆〔積算三千〇九十八〕

距差〔七百三十二〕　躔差〔九分三〕　減分〔七千八百〇八〕　氣汎積〔一百三十五億七千八百〇一萬七千三百六十九〕　氣定積〔一百三十五萬七千八百〇〇萬九千五百六十一〕　冬至〔大餘二十日，小餘九千五百六十一〕

甲申日〔七十九刻太弱〕　戌初初刻〔一〕

重修大明曆〔積算八千八百六十三萬八千九百三十八〕

通積分〔一百六十九兆三千二百〇二億二千六百七十〇萬二千一百一十二〕　冬至〔大餘二十日，小餘三千九百一十二〕

甲申日〔七十四刻太强〕　酉初三刻〔二〕

授時曆〔距算八百一十九〕

歲餘〔二四三三〕　中積分〔二十九億九千一百三十四萬二千六百二七〕　通積分〔二十九億九千〇七十九萬二〇二七〕

冬至〔二十〇萬七九七三〕

甲申日〔七十九刻太弱〕　戌初初刻　先一日

陳文帝天嘉六年乙酉歲十一月庚寅景長

大衍曆〔積算九千六百九十六萬一千五百八十二〕

中積分〔一百〇七兆六千六百〇六億一千三百八十四萬

〔一〕據校算，本條減分當作“六千八百〇八”，氣定積當作“一百三十五億七千八百〇一萬〇五百六十一”，冬至小餘當作“一萬〇五百六十一”，刻分當作“八十八刻强”，辰時當作“亥初初刻”。元史曆志一刻分作“八十九”，與校算所得刻分相近。

〔二〕酉初三刻，原作“酉正一刻”，據校算改。

二千六百二十六〕 冬至〔大餘二十六日,小餘三百八十六〕

庚寅日〔一十二刻太弱〕 寅初初刻

宣明曆〔積算七百〇六萬九千八百八十二〕

通積分〔二十一兆六千九百〇七億八千六百八十一萬九千五百一十〕 冬至〔大餘二十六日,小餘一千一百一十〕

庚寅日〔一十三刻少弱〕 寅初初刻

紀元曆〔積算二千八百六十一萬二千九百二十六〕

氣積分〔七十六兆一千八百五十五億二千〇七十〇萬三千六百七十六〕 冬至〔大餘一十一日,小餘四百八十六〕

庚寅日〔六刻太弱〕 丑初二刻

統天曆〔積算三千二百〇二〕

距差〔六百二十八〕 躔差〔八分〕 減分〔五千〇二十四〕

氣汎積〔一百四十〇億三千三百八十四萬〇〇〇九〕 氣定積〔一百四十〇億三千三百八十三萬四千九百八十五〕 冬至〔大餘二十六日,小餘二千九百八十五〕

庚寅日〔二十四刻太强〕 卯初四刻

重修大明曆〔積算八千八百六十三萬九千〇四十二〕

通積分〔一百六十九兆三千二百〇四億二千五百三十六萬五千四百〇八〕 冬至〔大餘二十六日,小餘四百二十八〕

庚寅日〔八刻少弱〕 丑初四刻

授時曆〔距算七百一十五〕

歲餘〔二四三二〕 中積分〔二十六億一千一百四十八萬八千八百八〇〕 通積分〔二十六億一千〇九十三萬八千二百八十〇〕 冬至〔二十六萬一七二〇〕

庚寅日〔一十七刻强〕　寅正初刻

臨海王光大二年戊子歲十一月乙巳景長

大衍曆〔積算九千六百九十六萬一千五百八十五〕

中積分〔一百〇七兆六千六百〇六億一千七百一十七萬三千六百五十五〕　冬至〔大餘四十一日，小餘二千六百一十五〕

乙巳日〔八十六刻强〕　戌正二刻

宣明曆〔積算七百〇六萬九千八百八十五〕

通積分〔二十一兆六千九百〇七億九千六百〇二萬三千六百七十五〕　冬至〔大餘四十一日，小餘七千二百七十五〕

乙巳日〔八十六刻半强〕　戌正三刻

紀元曆〔積算二千八百六十一萬二千九百二十九〕

氣積分〔七十六兆一千八百五十五億二千八百六十九萬一千五百五十四〕　冬至〔大餘二十六日，小餘五千八百一十四〕

乙巳日〔七十九刻太强〕　戌初初刻

統天曆〔積算三千二百〇五〕

距差〔六百二十五〕　躔差〔七分九〕　減分〔四千九百三十八〕　氣汎積〔一百四十〇億四千六百九十八萬八千七百三十九〕　氣定積〔一百四十〇億四千六百九十八萬三千八百〇一〕　冬至〔大餘四十一日，小餘一萬一千八百〇一〕

乙巳日〔九十八刻少强〕　夜子初二刻

重修大明曆〔積算八千八百六十三萬九千〇四十五〕

通積分〔一百六十九兆三千二百〇四億三千一百〇九萬六千〇八十〕　冬至〔大餘四十一日，小餘四千二百五十〕

乙巳日〔八十一刻少强〕　戌初二刻

授時曆〔距算七百一十二〕

歲餘〔二四三二〕 中積分〔二十六億〇〇五十三萬一千五百八四〕 通積分〔二十五億九千九百九十八萬〇九百八十有四〕 冬至〔四十一萬九〇一六〕

乙巳日〔九十刻强〕 亥初〔一〕二刻

宣帝太建四年壬辰歲十一月二十九日丁卯景長

大衍曆〔積算九千六百九十六萬一千五百八十九〕

中積分〔一百〇七兆六千六百〇六億二千一百六十一萬五千〇二十七〕 冬至〔大餘二日,小餘二千五百四十七〕

丙寅日〔八十三刻太强〕 戌正初刻

宣明曆〔積算七百〇六萬九千八百八十九〕

通積分〔二十一兆六千九百〇八億〇八百二十九萬五千八百九十五〕 冬至〔大餘二日,小餘七千〇九十五〕

丙寅日〔八十四刻半弱〕 戌正一刻

紀元曆〔積算二千八百六十一萬二千九百三十三〕

氣積分〔七十六兆一千八百五十五億三千九百三十四萬二千〇五十八〕 冬至〔大餘四十七日,小餘五千六百二十八〕

丙寅日〔七十七刻少弱〕 酉正二刻

統天曆〔積算三千二百〇九〕

距差〔六百二十一〕 躔差〔七分九〕 減分〔四千九百〇六〕 氣汎積〔一百四十〇億六千四百五十二萬〇三百七十九〕 氣定積〔一百四十〇億六千四百五十一萬五千四百七十三〕 冬

〔一〕亥初,原作"戌初",據校算改。

至〔大餘二日,小餘一萬一千四百七十三〕

丙寅日〔九十五刻半强〕　亥正三刻

重修大明曆〔積算八千八百六十三萬九千〇四十九〕

通積分〔一百六十九兆三千二百〇四億三千八百七十三萬六千九百七十六〕　冬至〔大餘二日,小餘四千一百一十六〕

丙寅日〔七十八刻太弱〕　酉正三刻

授時曆〔距算七百〇八〕

歲餘〔二四三二〕　中積分〔二十五億八千五百九十二萬一八五六〕　通積分〔二十五億八千五百三十七萬一二五六〕

冬至〔二萬八七四四〕

丙寅日〔八十七刻半弱〕　戌正四刻　先一日

太建六年甲午歲十一月二十日丁丑景長

大衍曆〔積算九千六百九十六萬一千五百九十一〕

中積分〔一百〇七兆六千六百〇六億二千三百八十三萬五千七百一十三〕　冬至〔大餘一十三日,小餘九百九十三〕

丁丑日〔三十二刻半强〕　辰初三刻

宣明曆〔積算七百〇六萬九千八百九十一〕

通積分〔二十一兆六千九百〇八億一千四百四十三萬二千〇〇五〕

冬至〔大餘一十三日,小餘二千八百〇五〕

丁丑日〔三十三刻少强〕　辰正初刻

紀元曆〔積算二千八百六十一萬二千九百三十五〕

氣積分〔七十六兆一千八百五十五億四千四百六十六萬七千三百一十〕　冬至〔大餘五十八日,小餘一千六百九十〕

丁丑日〔二十三刻少弱〕 卯初二刻〔一〕

統天曆〔積算三千二百一十一〕

距差〔六百一十九〕 躔差〔七分九〕 減分〔四千八百九十〇〕 氣汎積〔一百四十〇億七千三百二十八萬六千一百九十九〕 氣定積〔一百四十〇億七千三百二十八萬一千三百〇九〕 冬至〔大餘一十三日,小餘五千三百〇九〕

丁丑日〔四十四刻少弱〕 巳正二刻

重修大明曆〔積算八千八百六十三萬九千〇五十一〕

通積分〔一百六十九兆三千二百〇四億四千二百五十五萬七千四百二十四〕 冬至〔大餘一十三日,小餘一千四百三十四〕

丁丑日〔二十七刻半弱〕 卯正二刻

授時曆〔距算七百〇六〕

歲餘〔二四三二〕 中積分〔二十五億七千八百六十一萬六九九二〕 通積分〔二十五億七千八百〇六萬六三九二〕 冬至〔一十三萬三六〇八〕

丁丑日〔三十六刻強〕 辰正二刻〔二〕

太建九年丁酉歲十一月二十三日壬辰景長

大衍曆〔積算九千六百九十六萬一千五百九十四〕

中積分〔一百〇七兆六千六百〇六億二千七百一十六萬六千七百四十二〕 冬至〔大餘二十九日,小餘一百八十二〕

癸巳日〔六刻弱〕 丑初一刻

〔一〕據校算,本條冬至小餘當作"一千八百九十",刻分當作"二十六刻弱",時辰當作"卯正初刻"。元史曆志一刻分作"二十五",與校算所得刻分合。

〔二〕二刻,原作"四刻",據校算改。

宣明曆〔積算七百〇六萬九千八百九十四〕

通積分〔二十一兆六千九百〇八億二千三百六十三萬六千一百七十〕　冬至〔大餘二十九日，小餘五百七十〕

癸巳日〔六刻太强〕　丑初二刻

紀元曆〔積算二千八百六十一萬二千九百三十八〕

氣積分〔七十六兆一千八百五十五億五千二百六十五萬五千一百八十八〕　冬至〔大餘一十三日，小餘七千二百一十八〕

壬辰日〔九十九刻强〕　夜子初三刻

統天曆〔積算三千二百一十四〕

距差〔六百一十六〕　躔差〔七分八〕　減分〔四千八百〇五〕

氣汎積〔一百四十〇億八千六百四十三萬四千九百二十九〕

氣定積〔一百四十〇億八千六百四十三萬〇一百二十四〕　冬至〔大餘二十九日，小餘二千一百二十四〕

癸巳日〔一十七刻太弱〕　寅正一刻

重修大明曆〔積算八千八百六十三萬九千〇五十四〕

通積分〔一百六十九兆三千二百〇四億四千八百二十八萬八千〇九十六〕　冬至〔大餘二十九日，小餘二十六〕

癸巳日〔半刻弱〕　子正初刻

授時曆〔距算七百〇三〕

歲餘〔二四三二〕　中積分〔二十五億六千七百六十五萬九六九六〕　通積分〔二十五億六千七百一十〇萬九〇九六〕

冬至〔二十九萬〇九〇四〕

癸巳日〔九刻强〕　丑正初刻　後一日

太建十年戊戌歲十一月五日戊戌景長

大衍曆〔積算九千六百九十六萬一千五百九十五〕

中積分〔一百〇七兆六千六百〇六億二千八百二十七萬七千〇八十五〕

冬至〔大餘三十四日，小餘九百二十五〕

戊戌日〔三十刻半弱〕　辰初一刻

宣明曆〔積算七百〇六萬九千八百九十五〕

通積分〔二十一兆六千九百〇八億二千六百七十〇萬四千二百二十五〕　冬至〔大餘三十四日，小餘二千六百二十五〕

戊戌日〔三十一刻少〕　辰初二刻

紀元曆〔積算二千八百六十一萬二千九百三十九〕

氣積分〔七十六兆一千八百五十五億五千五百三十一萬七千八百一十四〕　冬至〔大餘一十九日，小餘一千七百〇四〕

戊戌日〔二十三刻少强〕　卯初二刻

統天曆〔積算三千二百一十五〕

距差〔六百一十五〕　躔差〔七分八〕　减分〔四千七百九十七〕

氣汎積〔一百四十〇億九千〇八十一萬七千八百三十九〕　氣定積〔一百四十〇億九千〇八十一萬三千〇四十二〕　冬至〔大餘三十四日，小餘五千〇四十二〕

戊戌日〔四十二刻强〕　巳正初刻

重修大明曆〔積算八千八百六十三萬九千〇五十五〕

通積分〔一百六十九兆三千二百〇四億五千〇一十九萬八千三百二十〕　冬至〔大餘三十四日，小餘一千三百〕

戊戌日〔二十四刻太强〕　卯初四刻

授時曆〔距算七百〇二〕

歲餘〔二四三二〕　中積分〔二十五億六千四百〇〇萬七二六四〕　通積分〔二十五億六千三百四十五萬六六六四〕

冬至〔三十四萬三三三六〕

戊戌日〔三十三刻少强〕　辰正初刻

隋文帝開皇四年甲辰歲十一月十一日己巳景長

大衍曆〔積算九千六百九十六萬一千六百〇一〕

中積分〔一百〇七兆六千六百〇六億三千四百九十三萬九千一百四十三〕　冬至〔大餘五日，小餘二千三百四十三〕

己巳日〔七十七刻强〕　酉正二刻

宣明曆〔積算七百〇六萬九千九百〇一〕

通積分〔二十一兆六千九百〇八億四千五百一十一萬二千五百四十五〕　冬至〔大餘五日，小餘六千五百四十五〕

己巳日〔七十八刻弱〔一〕〕　酉正三刻

紀元曆〔積算二千八百六十一萬二千九百四十五〕

氣積分〔七十六兆一千八百五十五億七千一百二十九萬三千五百七十〕　冬至〔大餘五十日，小餘七千〇七十〕

己巳日〔九十七刻弱〕　夜子初一刻〔二〕

統天曆〔積算三千二百二十一〕

距差〔六百〇九〕　躔差〔七分七〕　減分〔四千六百八十九〕

氣汎積〔一百四十一億一千七百一十一萬五千二百九十九〕

氣定積〔一百四十一億一千七百一十一萬〇六百一十〕

〔一〕七十八刻弱，校算得刻分爲七十八刻〇四，“弱”當作“强”。

〔二〕據校算，本條冬至小餘當作“五千〇七十”，刻分當作“六十九刻半强”，時辰當作“申正二刻”。元史曆志一刻分作“六十九”，與校算所得刻分合。

冬至〔大餘五日,小餘一萬〇六百一十〕

己巳日〔八十八刻半弱〕 亥初[一]初刻

重修大明曆〔積算八千八百六十三萬九千〇六十一〕

通積分〔一百六十九兆三千二百〇四億六千一百六十五萬九千六百六十四〕 冬至〔大餘五日,小餘三千七百一十四〕

己巳日〔七十一刻强〕 酉初初刻

授時曆〔距算六百九十六〕

歲餘〔二四三一〕 中積分〔二十五億四千二百六十九萬一九七六[二]〕 通積分〔二十五億四千二百一十四萬一三七六〕

冬至〔五萬八六二四〕

己巳日〔八十六刻少〕 戌正二刻

開皇五年乙巳歲十一月二十二日乙亥景長

大衍曆〔積算九千六百九十六萬一千六百〇二〕

中積分〔一百〇七兆六千六百〇六億三千六百〇四萬九千四百八十六〕

冬至〔大餘一十一日,小餘四十六〕

乙亥日〔一刻半强〕 子正一刻

宣明曆〔積算七百〇六萬九千九百〇二〕

通積分〔二十一兆六千九百〇八億四千八百一十八萬〇六百一十〕 冬至〔大餘一十一日,小餘二百一十〕

乙亥日〔二刻半〕 子正二刻

紀元曆〔積算二千八百六十一萬二千九百四十六〕

〔一〕亥初,原作"戌初",據校算改。

〔二〕此條開皇四年至高宗龍朔二年條,授時曆中積分、通積分俱較本數多一紀法六十萬分。

氣積分〔七十六兆一千八百五十五億七千三百九十五萬六千一百九十六〕　冬至〔大餘五十五日，小餘六千八百四十六〕

甲戌日〔九十四刻弱〕　亥正二刻

統天曆〔積算三千二百二十二〕

距差〔六百〇八〕　躔差〔七分七〕　減分〔四千六百八十二〕

氣汎積〔一百四十一億二千一百四十九萬八千二百〇九〕　氣定積〔一百四十一億二千一百四十九萬三千五百二十七〕　冬至〔大餘一十一日，小餘一千五百二十七〕

乙亥日〔一十二刻太弱〕　寅初初刻

重修大明曆〔積算八千八百六十三萬九千〇六十二〕

通積分〔一百六十九兆三千二百〇四億六千三百五十六萬九千八百八十八〕　冬至〔大餘一十日，小餘四千九百八十八〕

甲戌日〔九十五刻少强〕　亥正〔一〕三刻

授時曆〔距算六百九十五〕

歲餘〔二四三一〕　中積分〔二十五億三千九百〇三萬九五四五〕

通積分〔二十五億三千八百四十八萬八九四五〕　冬至〔一十一萬一〇五五〕

乙亥日〔十刻半强〕　丑正二刻

開皇六年丙午歲十一月三日庚辰景長

大衍曆〔積算九千六百九十六萬一千六百〇三〕

中積分〔一百〇七兆六千六百〇六億三千七百一十五萬九千八百二十九〕　冬至〔大餘一十六日，小餘七百八十九〕

〔一〕亥正，原作“戌正”，據校算改。

庚辰日〔二十六刻弱〕 卯正初刻

宣明曆〔積算七百〇六萬九千九百〇三〕

通積分〔二十一兆六千九百〇八億五千一百二十四萬八千六百六十五〕 冬至〔大餘一十六日,小餘二千二百六十五〕

庚辰日〔二十七刻弱〕 卯正一刻

紀元曆〔積算二千八百六十一萬二千九百四十七〕

氣積分〔七十六兆一千八百五十五億七千六百六十一萬八千八百二十二〕 冬至〔大餘一日,小餘一千三百三十二〕

庚辰日〔一十八刻少强〕 寅正一刻

統天曆〔積算三千二百二十三〕

距差〔六百〇七〕 躔差〔七分七〕 減分〔四千六百七十四〕

氣汎積〔一百四十一億二千五百八十八萬一千一百一十九〕

氣定積〔一百四十一億二千五百八十七萬六千四百四十五〕

冬至〔大餘一十六日,小餘四千四百四十五〕

庚辰日〔三十七刻强〕 辰正三刻

重修大明曆〔積算八千八百六十三萬九千〇六十三〕

通積分〔一百六十九兆三千二百〇四億六千五百四十八萬〇一百一十二〕 冬至〔大餘一十六日,小餘一千〇三十二〕

庚辰日〔一十九刻太弱〕 寅正三刻

授時曆〔距算六百九十四〕

歲餘〔二四三一〕 中積分〔二十五億三千五百三十八萬七一一四〕 通積分〔二十五億三千四百八十三萬六五一四〕

冬至〔一十六萬三四八六〕

庚辰日〔三十四刻太强〕 辰正一刻

開皇七年丁未歲十一月十四日乙酉景長

大衍曆〔積算九千六百九十六萬一千六百〇四〕

中積分〔一百〇七兆六千六百〇六億三千八百二十七萬〇一百七十二〕　冬至〔大餘二十一日,小餘一千五百三十二〕

乙酉日〔五十刻少强〕　午正初刻

宣明曆〔積算七百〇六萬九千九百〇四〕

通積分〔二十一兆六千九百〇八億五千四百三十一萬六千七百二十〕　冬至〔大餘二十一日,小餘四千三百二十〕

乙酉日〔五十一刻半弱〕　午正一刻

紀元曆〔積算二千八百六十一萬二千九百四十八〕

氣積分〔七十六兆一千八百五十五億七千九百二十八萬一千四百四十八〕　冬至〔大餘六日,小餘三千一百〇八〕

乙酉日〔四十二刻半强〕　巳正初刻

統天曆〔積算三千二百二十四〕

距差〔六百〇六〕　躔差〔七分七〕　減分〔四千六百六十六〕　氣汎積〔一百四十一億三千〇二十六萬四千〇二十九〕　氣定積〔一百四十一億三千〇二十五萬九千三百六十三〕　冬至〔大餘二十一日,小餘七千三百六十三〕

乙酉日〔六十一刻少强〕　未正三刻

重修大明曆〔積算八千八百六十三萬九千〇六十四〕

通積分〔一百六十九兆三千二百〇四億六千七百三十九萬〇三百三十六〕　冬至〔大餘二十一日,小餘二千三百〇六〕

乙酉日〔四十四刻强〕　巳正二刻

授時曆〔距算六百九十三〕

歲餘〔二四三一〕 中積分〔二十五億三千一百七十三萬四六八三〕 通積分〔二十五億三千一百一十八萬四〇八三〕

冬至〔二十一萬五九一七〕

乙酉日〔五十九刻强〕 未正初刻

開皇十一年辛亥歲十一月二十八日丙午景長

大衍曆〔積算九千六百九十六萬一千六百〇八〕

中積分〔一百〇七兆六千六百〇六億四千二百七十一萬一千五百四十四〕 冬至〔大餘四十二日,小餘一千四百六十四〕

丙午日〔四十八刻强〕 午初二刻

宣明曆〔積算七百〇六萬九千九百〇八〕

通積分〔二十一兆六千九百〇八億六千六百五十八萬八千九百四十〕 冬至〔大餘四十二日,小餘四千一百四十〕

丙午日〔四十九刻少强〕 午初三刻

紀元曆〔積算二千八百六十一萬二千九百五十二〕

氣積分〔七十六兆一千八百五十五億八千九百九十三萬一千九百五十二〕 冬至〔大餘二十七日,小餘二千九百二十二〕

丙午日〔四十刻强〕 巳初二刻

統天曆〔積算三千二百二十八〕

距差〔六百〇二〕 躔差〔七分六〕 減分〔四千五百七十五〕

氣汎積〔一百四十一億四千七百七十九萬五千六百六十九〕

氣定積〔一百四十一億四千七百七十九萬一千〇九十四〕 冬至〔大餘四十二日,小餘七千〇九十四〕

丙午日〔五十九刻强〕 未正初刻

重修大明曆〔積算八千八百六十三萬九千〇六十八〕

通積分〔一百六十九兆三千二百〇四億七千五百〇三萬一千二百三十二〕　冬至〔大餘四十二日，小餘二千一百七十二〕

丙午日〔四十一刻半强〕　巳初四刻

授時曆〔距算六百八十九〕

歲餘〔二四三一〕　中積分〔二十五億一千七百一十二萬四九五九〕　通積分〔二十五億一千六百五十七萬四三五九〕

冬至〔四十二萬五六四一〕

丙午日〔五十六刻半弱〕　未初二刻

開皇十四年甲寅歲十一月辛酉朔旦冬至

大衍曆〔積算九千六百九十六萬一千六百一十一〕

中積分〔一百〇七兆六千六百〇六億四千六百〇四萬二千五百七十三〕　冬至〔大餘五十八日，小餘六百五十三〕

壬戌日〔二十一刻半弱〕　卯初初刻

宣明曆〔積算七百〇六萬九千九百一十一〕

通積分〔二十一兆六千九百〇八億七千五百七十九萬三千一百〇五〕　冬至〔大餘五十八日，小餘一千九百〇五〕

壬戌日〔二十三刻弱〕　卯初一刻〔一〕

紀元曆〔積算二千八百六十一萬二千九百五十五〕

氣積分〔七十六兆一千八百五十五億九千七百九十一萬九千八百三十〕　冬至〔大餘四十三日，小餘九百六十〕

壬戌日〔一十三刻少弱〕　寅初初刻

統天曆〔積算三千二百三十一〕

〔一〕一刻，原作“二刻”，據校算改。

距差〔五百九十九〕 躔差〔七分六〕 減分〔四千五百五十二〕 氣汎積〔一百四十一億六千〇九十四萬四千三百九十九〕 氣定積〔一百四十一億六千〇九十三萬九千八百四十七〕 冬至〔大餘五十八日,小餘三千八百四十七〕

壬戌日〔三十二刻强〕 辰初二刻

重修大明曆〔積算八千八百六十三萬九千〇七十一〕

通積分〔一百六十九兆三千二百〇四億八千〇七十六萬一千九百〇四〕 冬至〔大餘五十八日,小餘七百六十四〕

壬戌日〔一十四刻半强〕 寅初二刻

授時曆〔距算六百八十六〕

歲餘〔二四三一〕 中積分〔二十五億〇六百一十六萬七六六六〕 通積分〔二十五億〇五百六十一萬七〇六六〕

冬至〔五十八萬二九三四〕

壬戌日〔二十九刻少强〕 辰初初刻

唐太宗貞觀十八年甲辰歲十一月乙酉景長

大衍曆〔積算九千六百九十六萬一千六百六十一〕

中積分〔一百〇七兆六千六百〇七億〇一百五十五萬九千七百二十三〕 冬至〔大餘二十日,小餘一千三百二十三〕

甲申日〔四十三刻半强〕 巳正一刻

宣明曆〔積算七百〇六萬九千九百六十一〕

通積分〔二十一兆六千九百一十〇億二千九百一十九萬五千八百五十五〕 冬至〔大餘二十日,小餘三千八百五十五〕

甲申日〔四十五刻太强〕 午初初刻

紀元曆〔積算二千八百六十一萬三千〇〇五[一]〕

氣積分〔七十六兆一千八百五十七億三千一百〇五萬一千一百三十〕　冬至〔大餘五日,小餘二千二百八十〕

甲申日〔三十一刻少强〕　辰初二刻

統天曆〔積算三千二百八十一〕

距差〔五百四十九〕　躔差〔七分〕　減分〔三千八百四十三〕

氣汎積〔一百四十三億八千〇〇八萬九千八百九十九〕　氣定積〔一百四十三億八千〇〇八萬六千〇五十六〕　冬至〔大餘二十日,小餘六千〇五十六〕

甲申日〔五十刻强〕　午正初刻

重修大明曆〔積算八千八百六十三萬九千一百二十一〕

通積分〔一百六十九兆三千二百〇五億七千六百二十七萬三千一百〇四〕　冬至〔大餘二十日,小餘一千七百〇四〕

甲申日〔三十二刻半强〕　辰初三刻

授時曆〔距算六百三十六〕

歲餘〔二四三一〕　中積分〔二十三億二千三百五十四萬六一一六〕　通積分〔二十三億二千二百九十九萬五五一六〕

冬至〔二十〇萬四四八四〕

甲申日〔四十四刻太强〕　巳正三刻

貞觀二十三年己酉歲十一月辛亥景長

大衍曆〔積算九千六百九十六萬一千六百六十六〕

中積分〔一百〇七兆六千六百〇七億〇七百一十一萬一千四百三十八〕

〔一〕三千〇〇五,原作"三千〇〇一",據校算改。

冬至〔大餘四十六日,小餘一千九百九十八〕

庚戌日〔六十五刻太弱〕 申初三刻〔一〕

宣明曆〔積算七百〇六萬九千九百六十六〕

通積分〔二十一兆六千九百一十〇億四千四百五十三萬六千一百三十〕 冬至〔大餘四十六日,小餘五千七百三十〕

庚戌日〔六十八刻少弱〕 申正一刻

紀元曆〔積算二千八百六十一萬三千〇一十〇〕

氣積分〔七十六兆一千八百五十七億四千四百三十六萬四千二百六十〕

冬至〔大餘三十一日,小餘三千八百七十〕

庚戌日〔五十三刻强〕 午正三刻

統天曆〔積算三千二百八十六〕

距差〔五百四十四〕 躔差〔六分九〕 減分〔三千七百五十四〕

氣汎積〔一百四十四億〇二百〇〇萬四千四百四十九〕 氣定積〔一百四十四億〇二百〇〇萬〇六百九十五〕 冬至〔大餘四十六日,小餘八千六百九十五〕

庚戌日〔七十二刻半弱〕 酉初一刻

重修大明曆〔積算八千八百六十三萬九千一百二十六〕

通積分〔一百六十九兆三千二百〇五億八千五百八十二萬四千二百二十四〕 冬至〔大餘四十六日,小餘二千八百四十四〕

庚戌日〔五十四刻少强〕 未初初刻

授時曆〔距算六百三十一〕

歲餘〔二四三一〕 中積分〔二十三億〇五百二十八萬三九

〔一〕三刻,原作"二刻",據校算改。

六一〕　通積分〔二十三億〇四百七十三萬三三六一〕　冬至〔四十六萬六六三九〕

庚戌日〔六十六刻少强〕　申初三刻

高宗龍朔二年壬戌歲十一月四日己未至戊午景長

大衍曆〔積算九千六百九十六萬一千六百七十九〕

中積分〔一百〇七兆六千六百〇七億二千一百五十四萬五千八百九十七〕　冬至〔大餘五十四日，小餘二千五百三十七〕

戊午日〔八十三刻半弱〕　戌正初刻

宣明曆〔積算七百〇六萬九千九百七十九〕

通積分〔二十一兆六千九百一十〇億八千四百四十二萬〇八百四十五〕　冬至〔大餘五十四日，小餘七千二百四十五〕

戊午日〔八十六刻少〕　戌正二刻

紀元曆〔積算二千八百六十一萬三千〇二十三〕

氣積分〔七十六兆一千八百五十七億七千八百九十七萬八千三百九十八〕　冬至〔大餘三十九日，小餘五千〇八十八〕

戊午日〔六十九刻太强〕　申正三刻

統天曆〔積算三千二百九十九〕

距差〔五百三十一〕　躔差〔六分七〕　減分〔三千五百五十八〕

氣汎積〔一百四十四億五千八百九十八萬二千二百七十九〕　氣定積〔一百四十四億五千八百九十七萬八千七百二十一〕　冬至〔大餘五十四日，小餘一萬〇七百二十一〕

戊午日〔八十九刻少强〕　亥初一刻〔一〕

〔一〕亥初一刻，原作“戌正初刻”，據校算改。

重修大明曆〔積算八千八百六十三萬九千一百三十九〕

通積分〔一百六十九兆三千二百〇六億一千〇六十五萬七千一百三十六〕 冬至〔大餘五十四日,小餘三千七百一十六〕

戊午日〔七十一刻强〕 酉初初刻

授時曆〔距算六百一十八〕

歲餘〔二四三一〕 中積分〔二十二億五千七百八十〇萬二三五八〕 通積分〔二十二億五千七百二十五萬一七五八〕

冬至〔五十四萬八二四二〕

戊午日〔八十二刻半弱〕 戌初三刻

高宗儀鳳元年丙子歲十一月壬申景長

大衍曆〔積算九千六百九十六萬一千六百九十三〕

中積分〔一百〇七兆六千六百〇七億三千七百〇九萬〇六百九十九〕 冬至〔大餘八日,小餘七百七十九〕

壬申日〔二十五刻半强〕 卯正初刻

宣明曆〔積算七百〇六萬九千九百九十三〕

通積分〔二十一兆六千九百一十一億二千七百三十七萬三千六百一十五〕 冬至〔大餘八日,小餘二千四百一十五〕

壬申日〔二十八刻太弱〕 卯正三刻

紀元曆〔積算二千八百六十一萬三千〇三十七〕

氣積分〔七十六兆一千八百五十八億一千六百二十五萬五千一百六十二〕 冬至〔大餘五十三日,小餘七百九十二〕

壬申日〔一十刻太强〕 丑正二刻

統天曆〔積算三千三百一十三〕

距差〔五百一十七〕 躔差〔六分六〕 減分〔三千四百一十二〕

氣汎積〔一百四十五億二千〇三十四萬三千〇一十九〕　氣定積〔一百四十五億二千〇三十三萬九千六百〇七〕　冬至〔大餘八日，小餘三千六百〇七〕

壬申日〔三十刻强〕　辰初初刻

重修大明曆〔積算八千八百六十三萬九千一百五十三〕

通積分〔一百六十九兆三千二百〇六億三千七百四十〇萬〇二百七十二〕　冬至〔大餘八日，小餘六百三十二〕

壬申日〔一十二刻强〕　丑正三刻

授時曆〔距算六百〇四〕

歲餘〔二四三一〕　中積分〔二十二億〇六百〇六萬〔一〕八三二四〕　通積分〔二十二億〇五百五十一萬七七二四〕

冬至〔八萬二二七六〕

壬申日〔二十二刻太强〕　卯初一刻

高宗永淳元年壬午歲十一月癸卯景長

大衍曆〔積算九千六百九十六萬一千六百九十九〕

中積分〔一百〇七兆六千六百〇七億四千三百七十五萬二千七百五十七〕　冬至〔大餘三十九日，小餘二千一百九十七〕

癸卯日〔七十二刻少强〕　酉初一刻

宣明曆〔積算七百〇六萬九千九百九十九〕

通積分〔二十一兆六千九百一十一億四千五百七十八萬一千九百四十五〕　冬至〔大餘三十九日，小餘六千三百四十五〕

癸卯日〔七十五刻半强〕　酉正初刻

〔一〕六百〇六萬，原作"六百〇十六萬"，據校算改。

紀元曆〔積算二千八百六十一萬三千〇四十三〕

氣積分〔七十六兆一千八百五十八億三千二百二十三萬〇九百一十八〕 冬至〔大餘二十四日,小餘四千一百五十八〕

癸卯日〔五十七刻强〕 未初二刻

統天曆〔積算三千三百一十九〕

距差〔五百一十一〕 躔差〔六分五〕 減分〔三千三百二十一〕 氣汎積〔一百四十五億四千六百六十四萬〇四百七十九〕 氣定積〔一百四十五億四千六百六十三萬七千一百五十八〕 冬至〔大餘三十九日,小餘九千一百五十八〕

癸卯日〔七十六刻少强〕 酉正一刻

重修大明曆〔積算八千八百六十三萬九千一百五十九[一]〕

通積分〔一百六十九兆三千二百〇六億四千八百八十六萬一千六百一十六〕 冬至〔大餘三十九日,小餘三千〇四十六〕

癸卯日〔五十八刻少弱〕 未初四刻

授時曆〔距算五百九十八〕

歲餘〔二四三〇〕 中積分〔二十一億八千四百一十五萬三一四〇〕 通積分〔二十一億八千三百六十〇萬二五四〇〕

冬至〔三十九萬七四六〇〕

癸卯日〔七十四刻半强〕 酉初三刻

明皇開元十年壬戌歲十一月癸酉景長

大衍曆〔積算九千六百九十六萬一千七百三十九〕

中積分〔一百〇七兆六千六百〇七億八千八百一十六萬六千

〔一〕一百五十九,原作“一百九十九”,據校算改。

四百七十七〕　冬至〔大餘九日,小餘一千五百一十七〕

癸酉日〔五十刻弱〕　午初四刻

宣明曆〔積算七百〇七萬〇〇三十九〕

通積分〔二十一兆六千九百一十二億六千八百五十〇萬四千一百四十五〕　冬至〔大餘九日,小餘四千五百四十五〕

癸酉日〔五十四刻强〕　午正四刻

紀元曆〔積算二千八百六十一萬三千〇八十三〕

氣積分〔七十六兆一千八百五十九億三千八百七十三萬五千九百五十八〕　冬至〔大餘五十四日,小餘二千二百九十八〕

癸酉日〔三十一刻半强〕　辰初二刻

統天曆〔積算三千三百五十九〕

距差〔四百七十一〕　躔差〔六分〕　減分〔二千八百二十六〕

氣汎積〔一百四十七億二千一百九十五萬六千八百七十九〕

氣定積〔一百四十七億二千一百九十五萬四千〇五十三〕　冬至〔大餘九日,小餘六千〇五十三〕

癸酉日〔五十刻强〕　午正〔一〕初刻

重修大明曆〔積算八千八百六十三萬九千一百九十九〕

通積分〔一百六十九兆三千二百〇七億二千五百二十七萬〇五百七十六〕　冬至〔大餘九日,小餘一千七百〇六〕

癸酉日〔三十二刻半强〕　辰初三刻〔二〕

授時曆〔距算五百五十八〕

〔一〕正,原作"初",據四庫本改。

〔二〕辰初三刻,原無,據四庫本補。

歲餘〔二四三〇〕 中積分〔二十〇億三千八百〇五萬五九四〇〕 通積分〔二十〇億三千七百五十〇萬五三四〇〕

冬至〔九萬四六六〇〕

癸酉日〔四十六刻半强〕 午初初刻

開元十一年癸亥歲十一月戊寅景長

大衍曆〔積算九千六百九十六萬一千七百四十〕

中積分〔一百〇七兆六千六百〇七億八千九百二十七萬六千八百二十〕 冬至〔大餘一十四日,小餘二千二百六十〕

戊寅日〔七十四刻少强〕 酉初三刻

宣明曆〔積算七百〇七萬〇〇四十〕

通積分〔二十一兆六千九百一十二億七千一百五十七萬二千二百〕 冬至〔大餘一十四日,小餘六千六百〕

戊寅日〔七十八刻半强〕 酉正三刻

紀元曆〔積算二千八百六十一萬三千〇八十四〕

氣積分〔七十六兆一千八百五十九億四千一百三十九萬八千五百八十四〕 冬至〔大餘五十九日,小餘四千一百七十四〕

戊寅日〔五十七刻少强〕 未初三刻〔一〕

統天曆〔積算三千三百六十〕

距差〔四百七十〕 躔差〔六分〕 減分〔二千八百二十〇〕

氣汎積〔一百四十七億二千六百三十三萬九千七百八十九〕

氣定積〔一百四十七億二千六百三十三萬六千九百六十九〕

〔一〕據校算,本條冬至小餘當作"四千〇七十四",刻分當作"五十五刻太强",時辰當作"未初一刻"。元史曆志一刻分作"五十五",與校算所得刻分合。

冬至〔大餘一十四日，小餘八千九百六十九〕

戊寅日〔七十四刻太弱〕　酉初三刻

重修大明曆〔積算八千八百六十三萬九千二百〕

通積分〔一百六十九兆三千二百〇七億二千七百一十八萬〇八百〕　冬至〔大餘一十四日，小餘二千九百八十〕

戊寅日〔五十七刻弱〕　未初二刻

授時曆〔距算五百五十七〕

歲餘〔二四三〇〕　中積分〔二十〇億三千四百四十〇萬三五一〇〕　通積分〔二十〇億三千三百八十五萬二九一〇〕

冬至〔一十四萬七〇九〇〕

戊寅日〔七十刻太强〕　酉初初刻

開元十二年甲子歲十一月癸未冬至

大衍曆〔積算九千六百九十六萬一千七百四十一〕

中積分〔一百〇七兆六千六百〇七億九千〇三十八萬七千一百六十三〕　冬至〔大餘一十九日，小餘三千〇〇三〕

癸未日〔九十八刻太强〕　夜子初二刻

宣明曆〔積算七百〇七萬〇〇四十一〕

通積分〔二十一兆六千九百一十二億七千四百六十四萬〇二百五十五〕　冬至〔大餘二十日，小餘二百五十五〕

甲申日〔三刻强〕　子正三刻

紀元曆〔積算二千八百六十一萬三千〇八十五〕

氣積分〔七十六兆一千八百五十九億四千四百〇六萬一千二百一十〕　冬至〔大餘四日，小餘五千八百五十〕

癸未日〔八十刻少弱〕　戌初一刻

統天曆〔積算三千三百六十一〕

距差〔四百六十九〕 躔差〔六分〕 減分〔二千八百一十四〕

氣汎積〔一百四十七億三千〇七十二萬二千六百九十九〕 氣

定積〔一百四十七億三千〇七十一萬九千八百八十五〕 冬至

〔大餘一十九日,小餘一萬一千八百八十五〕

癸未日〔九十九刻强〕 夜子初三刻

重修大明曆〔積算八千八百六十三萬九千二百〇一〕

通積分〔一百六十九兆三千二百〇七億二千九百〇九萬一千〇二十四〕 冬至〔大餘一十九日,小餘四千二百五十四〕

癸未日〔八十一刻少强〕 戌初二刻

授時曆〔距算五百五十六〕

歲餘〔二四三〇〕 中積分〔二十〇億三千〇七十五萬一〇八〇〕 通積分〔二十〇億三千〇二十〇萬〇四八〇〕 冬至

〔一十九萬九五二〇〕

癸未日〔九十五刻少弱〕 亥正三刻

宋真宗景德四年丁未歲十一月戊辰日南至

大衍曆〔積算九千六百九十六萬二千〇二十四〕

中積分〔一百〇七兆六千六百一十一億〇四百六十一萬四千二百三十二〕 冬至〔大餘四日,小餘四百七十二〕

戊辰日〔一十五刻半强〕 寅初三刻

宣明曆〔積算七百〇七萬〇三百二十四〕

通積分〔二十一兆六千九百二十一億四千二百八十九萬九千八百二十〕 冬至〔大餘四日,小餘二千二百二十〕

戊辰日〔二十六刻半弱〕 卯正一刻

紀元曆〔積算二千八百六十一萬三千三百六十八〕

氣積分〔七十六兆一千八百六十六億九千七百五十八萬四千三百六十八〕　冬至〔大餘四十八日，小餘五千四百四十八〕

丁卯日〔七十四刻太弱〕　酉初三刻

統天曆〔積算三千六百四十四〕

距差〔一百八十六〕　躔差〔二分三〕　減分〔四百二十八〕

氣汎積〔一百五十九億七千一百〇八萬六千二百二十九〕　氣定積〔一百五十九億七千一百〇八萬五千八百〇一〕　冬至〔大餘三日，小餘九千八百〇一〕

丁卯日〔八十一刻太弱〕　戌初一刻

重修大明曆〔積算八千八百六十三萬九千四百八十四〕

通積分〔一百六十九兆三千二百一十二億六千九百六十八萬四千四百一十六〕　冬至〔大餘三日，小餘三千九百二十六〕

丁卯日〔七十五刻〕　酉正初刻

授時曆〔距算二百七十三〕

歲餘〔二四二七〕　中積分〔九億九千七百一十一萬二五七一〕

通積分〔九億九千六百五十六萬一九七一〕　冬至〔三萬八〇二九〕

丁卯日〔八十刻少强〕　戌初一刻

仁宗皇祐二年庚寅歲十一月三十日癸丑景長

大衍曆〔積算九千六百九十六萬二千〇六十七〕

中積分〔一百〇七兆六千六百一十一億五千二百三十五萬八千九百八十一〕　冬至〔大餘四十九日，小餘二千〇二十一〕

癸丑日〔六十六刻半弱〕 申初三刻〔一〕

宣明曆〔積算七百〇七萬〇三百六十七〕

通積分〔二十一兆六千九百二十二億七千四百八十二萬六千一百八十五〕 冬至〔大餘四十九日,小餘六千五百八十五〕

癸丑日〔七十八刻半弱〕 酉正三刻

紀元曆〔積算二千八百六十一萬三千四百一十一〕

氣積分〔七十六兆一千八百六十八億一千二百〇七萬七千二百八十六〕 冬至〔大餘三十四日,小餘一千六百二十六〕

癸丑日〔二十二刻少强〕 卯初一刻

統天曆〔積算三千六百八十七〕

距差〔一百四十三〕 躔差〔一分八〕 減分〔二百五十七〕

氣汎積〔一百六十一億五千九百五十五萬一千三百五十九〕

氣定積〔一百六十一億五千九百五十五萬一千一百〇二〕 冬至〔大餘四十九日,小餘三千一百〇二〕

癸丑日〔二十五刻太强〕 卯正〔二〕初刻

重修大明曆〔積算八千八百六十三萬九千五百二十七〕

通積分〔一百六十九兆三千二百一十三億五千一百八十二萬四千〇四十八〕 冬至〔大餘四十九日,小餘一千一百七十八〕

癸丑日〔二十二刻半强〕 卯初一刻

授時曆〔距算二百三十〕

歲餘〔二四二七〕 中積分〔八億四千〇〇五萬八二一〇〕

〔一〕三刻,原作"二刻",據校算改。

〔二〕卯正,原作"卯初",據校算改。

通積分〔八億三千九百五十〇萬七六一〇〕　冬至〔四十九萬二三九〇〕

癸丑日〔二十三刻太强〕　卯初三刻

神宗元豐六年癸亥歲十一月丙午景長

大衍曆〔積算九千六百九十六萬二千一百〕

中積分〔一百〇七兆六千六百一十一億八千九百〇〇萬〇三百〕

冬至〔大餘四十二日,小餘二千二百二十〕

丙午日〔七十三刻强〕　酉初二刻

宣明曆〔積算七百〇七萬〇四百〕

通積分〔二十一兆六千九百二十三億七千六百〇七萬二千〕

冬至〔大餘四十二日,小餘七千二百〕

丙午日〔八十五刻太弱〕　戌正二刻

紀元曆〔積算二千八百六十一萬三千四百四十四〕

氣積分〔七十六兆一千八百六十八億九千九百九十四萬三千九百四十四〕　冬至〔大餘二十七日,小餘一千九百一十四〕

丙午日〔二十六刻少强〕　卯正一刻

統天曆〔積算三千七百二十〕

距差〔一百一十〕　躔差〔一分四〕　減分〔一百五十四〕

氣汎積〔一百六十三億〇四百一十八萬七千三百八十九〕　氣定積〔一百六十三億〇四百一十八萬七千二百三十五〕　冬至〔大餘四十二日,小餘三千二百三十五〕

丙午日〔二十七刻弱〕　卯正一刻

重修大明曆〔積算八千八百六十三萬九千五百六十〕

通積分〔一百六十九兆三千二百一十四億一千四百八十六萬

一千四百四十〕 冬至〔大餘四十二日,小餘一千三百八十〕

丙午日〔二十六刻少强〕 卯正一刻

授時曆〔距算一百九十七〕

歲餘〔二四二六〕 中積分〔七億一千九百五十二萬七九二二〕

通積分〔七億一千八百九十七萬七三二二〕 冬至〔四十二萬二六七八〕

丙午日〔二十六刻太强〕 卯正一刻

元豐七年甲子歲十一月辛亥景長

大衍曆〔積算九千六百九十六萬二千一百〇一〕

中積分〔一百〇七兆六千六百一十一億九千〇一十一萬〇六百四十三〕 冬至〔大餘四十七日,小餘二千九百六十三〕

辛亥日〔九十七刻半弱〕 夜子初一刻

宣明曆〔積算七百〇七萬〇四百〇一〕

通積分〔二十一兆六千九百二十三億七千九百一十四萬〇〇五十五〕 冬至〔大餘四十八日,小餘八百五十五〕

壬子日〔一十刻强〕 丑正一刻

紀元曆〔積算二千八百六十一萬三千四百四十五〕

氣積分〔七十六兆一千八百六十九億〇二百六十〇萬六千五百七十〕 冬至〔大餘三十二日,小餘三千六百九十〕

辛亥日〔五十刻半强〕 午正初刻

統天曆〔積算三千七百二十一〕

距差〔一百〇九〕 躔差〔一分四〕 減分〔一百五十三〕

氣汎積〔一百六十三億〇八百五十七萬〇二百九十九〕 氣定積〔一百六十三億〇八百五十七萬〇一百四十六〕 冬至〔大餘

四十七日，小餘六千一百四十六〕

辛亥日〔五十一刻少弱〕　午正一刻

重修大明曆〔積算八千八百六十三萬九千五百六十一〕

通積分〔一百六十九兆三千二百一十四億一千六百七十七萬一千六百六十四〕　冬至〔大餘四十七日，小餘二千六百五十四〕

辛亥日〔五十刻太弱〕　午正初刻

授時曆〔距算一百九十六〕

歲餘〔二四二六〕　中積分〔七億一千五百八十七萬五四九六〕

通積分〔七億一千五百三十二萬四八九六〕　冬至〔四十七萬五一〇四〕

辛亥日〔五十一刻强〕　午正一刻

哲宗元祐三年戊辰歲十一月壬申景長

大衍曆〔積算九千六百九十六萬二千一百〇五〕

中積分〔一百〇七兆六千六百一十一億九千四百五十五萬二千〇一十五〕　冬至〔大餘八日，小餘二千八百九十五〕

壬申日〔九十五刻少弱〕　亥正三刻

宣明曆〔積算七百〇七萬〇四百〇五〕

通積分〔二十一兆六千九百二十三億九千一百四十一萬二千二百七十五〕　冬至〔大餘九日，小餘六百七十五〕

癸酉日〔八刻强〕　丑初三刻〔一〕

紀元曆〔積算二千八百六十一萬三千四百四十九〕

氣積分〔七十六兆一千八百六十九億一千三百二十五萬七千

〔一〕三刻，原作“二刻”，據校算改。

〇七十四〕 冬至〔大餘五十三日,小餘三千五百〇四〕

壬申日〔四十八刻强〕 午初二刻

統天曆〔積算三千七百二十五〕

距差〔一百〇五〕 躔差〔一分三〕 減分〔一百三十七〕

氣汎積〔一百六十三億二千六百一十〇萬一千九百三十九〕

氣定積〔一百六十三億二千六百一十〇萬一千八百〇二〕 冬至〔大餘八日,小餘五千八百〇二〕

壬申日〔四十八刻少强〕 午初二刻

重修大明曆〔積算八千八百六十三萬九千五百六十五〕

通積分〔一百六十九兆三千二百一十四億二千四百四十一萬二千五百六十〕 冬至〔大餘八日,小餘二千五百二十〕

壬申日〔四十八刻少弱〕 午初二刻

授時曆〔距算一百九十二〕

歲餘〔二四二六〕 中積分〔七億〇千一百二十六萬五七九二〕

通積分〔七億〇千〇百七十一萬五一九二〕 冬至〔八萬四八〇八〕

壬申日〔四十八刻强〕 午初二刻

元祐四年己巳歲十一月丁丑景長

大衍曆〔積算九千六百九十六萬二千一百〇六〕

中積分〔一百〇七兆六千六百一十一億九千五百六十六萬二千三百五十八〕 冬至〔大餘一十四日,小餘五百九十八〕

戊寅日〔一十九刻半强〕 寅正三刻〔一〕

〔一〕三刻,原作“二刻”,據校算改。

宣明曆〔積算七百〇七萬〇四百〇六〕

通積分〔二十一兆六千九百二十三億九千四百四十八萬〇三百三十〕　冬至〔大餘一十四日，小餘二千七百三十〕

戊寅日〔三十二刻半〕　辰初三刻

紀元曆〔積算二千八百六十一萬三千四百五十〕

氣積分〔七十六兆一千八百六十九億一千五百九十一萬九千七百〕　冬至〔大餘五十八日，小餘五千二百八十〕

丁丑日〔七十二刻半强〕　酉初一刻

統天曆〔積算三千七百二十六〕

距差〔一百〇四〕　躔差〔一分三〕　減分〔一百三十五〕

氣汎積〔一百六十三億三千〇四十八萬四千八百四十九〕　氣定積〔一百六十三億三千〇四十八萬四千七百一十四〕　冬至〔大餘一十三日，小餘八千七百一十四〕

丁丑日〔七十二刻半强〔一〕〕　酉初一刻

重修大明曆〔積算八千八百六十三萬九千五百六十六〕

通積分〔一百六十九兆三千二百一十四億二千六百三十二萬二千七百八十四〕　冬至〔大餘一十三日，小餘三千七百九十四〕

丁丑日〔七十二刻半强〕　酉初一刻

授時曆〔積算一百九十一〕

歲餘〔二四二六〕　中積分〔六億九千七百六十一萬三三六六〕

通積分〔六億九千七百〇十六萬二七六六〕　冬至〔一十三萬七二三四〕

〔一〕七十二刻半强，校算得刻分爲七十二刻四三，“半强”當作“半弱”。

丁丑日〔七十二刻少强〕 酉初一刻

元祐五年庚午歲十一月壬午冬至

大衍曆〔積算九千六百九十六萬二千一百〇七〕

中積分〔一百〇七兆六千六百一十一億九千六百七十七萬二千七百〇一〕 冬至〔大餘一十九日,小餘一千三百四十一〕

癸未日〔四十四刻强〕 巳正二刻

宣明曆〔積算七百〇七萬〇四百〇七〕

通積分〔二十一兆六千九百二十三億九千七百五十四萬八千三百八十五〕 冬至〔大餘一十九日,小餘四千七百八十五〕

癸未日〔五十七刻弱〕 未初二刻

紀元曆〔積算二千八百六十一萬三千四百五十一〕

氣積分〔七十六兆一千八百六十九億一千八百五十八萬二千三百二十六〕 冬至〔大餘三日,小餘七千〇五十六〕

壬午日〔九十六刻太强〕 夜子初初刻

統天曆〔積算三千七百二十七〕

距差〔一百〇三〕 躔差〔一分三〕 減分〔一百三十四〕

氣汎積〔一百六十三億三千四百八十六萬七千七百五十九〕

氣定積〔一百六十三億三千四百八十六萬七千六百二十五〕

冬至〔大餘一十八日,小餘一萬一千六百二十五〕

壬午日〔九十六刻太强〕 夜子初一刻

重修大明曆〔積算八千八百六十三萬九千五百六十七〕

通積分〔一百六十九兆三千二百一十四億二千八百二十三萬三千〇〇八〕 冬至〔大餘一十八日,小餘五千〇六十八〕

壬午日〔九十七刻弱〕 夜子初一刻

授時曆〔距算一百九十〕

歲餘〔二四二六〕　中積分〔六億九千三百九十六萬〇九四〇〕

通積分〔六億九千三百四十一萬〇三四〇〕　冬至〔一十八萬九六六〇〕

壬午日〔九十六刻半强〕　夜子初初刻

元祐七年壬申歲十一月癸巳冬至

大衍曆〔積算九千六百九十六萬二千一百〇九〕

中積分〔一百〇七兆六千六百一十一億九千八百九十九萬三千三百八十七〕　冬至〔大餘二十九日，小餘二千八百二十七〕

癸巳日〔九十三刻弱〕　亥正一刻

宣明曆〔積算七百〇七萬〇四百〇九〕

通積分〔二十一兆六千九百二十四億〇三百六十八萬四千四百九十五〕　冬至〔大餘三十日，小餘四百九十五〕

甲午日〔六刻弱〕　丑初一刻

紀元曆〔積算二千八百六十一萬三千四百五十三〕

氣積分〔七十六兆一千八百六十九億二千三百九十萬七千五百七十八〕　冬至〔大餘一十四日，小餘三千三百一十八〕

癸巳日〔四十五刻半强〕　巳正三刻

統天曆〔積算三千七百二十九〕

距差〔一百〇一〕　躔差〔一分三〕　减分〔一百三十一〕

氣汎積〔一百六十三億四千三百六十三萬三千五百七十九〕

氣定積〔一百六十三億四千三百六十三萬三千四百四十八〕

冬至〔大餘二十九日，小餘五千四百四十八〕

癸巳日〔四十五刻半弱〕　巳正三刻

重修大明曆〔積算八千八百六十三萬九千五百六十九〕

通積分〔一百六十九兆三千二百一十四億三千二百〇五萬三千四百五十六〕 冬至〔大餘二十九日,小餘二千三百八十六〕

癸巳日〔四十五刻半强〕 巳正三刻

授時曆〔距算一百八十八〕

歲餘〔二四二六〕 中積分〔六億八千六百六十五萬六〇八八〕

通積分〔六億八千六百一十〇萬五四八八〕 冬至〔二十九萬四五一二〕

癸巳日〔四十五刻强〕 巳正三刻

哲宗元符元年戊寅歲十一月甲子冬至

大衍曆〔積算九千六百九十六萬二千一百一十五〕

中積分〔一百〇七兆六千六百一十二億〇五百六十五萬五千四百四十五〕 冬至〔大餘一日,小餘一千二百〇五〕

乙丑日〔三十九刻半强〕 巳初二刻

宣明曆〔積算七百〇七萬〇四百一十五〕

通積分〔二十一兆六千九百二十四億二千二百〇九萬二千八百二十五〕 冬至〔大餘一日,小餘四千四百二十五〕

乙丑日〔五十二刻太弱〕 午正二刻

紀元曆〔積算二千八百六十一萬三千四百五十九〕

氣積分〔七十六兆一千八百六十九億三千九百八十八萬三千三百三十四〕 冬至〔大餘四十五日,小餘六千六百八十四〕

甲子日〔九十一刻太弱〕 亥正初刻

統天曆〔積算三千七百三十五〕

距差〔九十五〕 躔差〔一分二〕 減分〔一百一十四〕 氣

汎積〔一百六十三億六千九百九十三萬一千〇三十九〕　氣定積〔一百六十三億六千九百九十三萬〇九百二十五〕　冬至〔大餘〇日，小餘一萬〇九百二十五〕

甲子日〔九十一刻强〕　亥初三刻

重修大明曆〔積算八千八百六十三萬九千五百七十五〕

通積分〔一百六十九兆三千二百一十四億四千三百五十一萬四千八百〕　冬至〔大餘日空，小餘四千八百〕

甲子日〔九十一刻太强〕　亥正初刻

授時曆〔距算一百八十二〕

歲餘〔二四二六〕　中積分〔六億六千四百七十四萬一五三二〕

通積分〔六億六千四百一十九萬〇九三二〕　冬至〔〇萬九〇六八〕

甲子日〔九十刻强[一]〕　亥初三刻

徽宗崇寧三年甲申歲十一月丙申冬至

大衍曆〔積算九千六百九十六萬二千一百二十一〕

中積分〔一百〇七兆六千六百一十二億一千二百三十一萬七千五百〇三〕　冬至〔大餘三十二日，小餘二千六百二十三〕

丙申日〔八十六刻少强〕　戌正二刻

宣明曆〔積算七百〇七萬〇四百二十一〕

通積分〔二十一兆六千九百二十四億四千〇五十〇萬一千一百五十五〕　冬至〔大餘三十二日，小餘八千三百五十五〕

丙申日〔九十九刻半弱〕　夜子初三刻

〔一〕九十刻强，校算得刻分爲九十刻六八，“强”似當作“半强”。

紀元曆〔積算二千八百六十一萬三千四百六十五〕

氣積分〔七十六兆一千八百六十九億五千五百八十五萬九千〇九十〕 冬至〔大餘一十七日,小餘二千七百六十〕

丙申日〔三十七刻太强〕 巳初初刻

統天曆〔積算三千七百四十一〕

距差〔八十九〕 躔差〔一分一〕 減分〔九十八〕 氣汎積〔一百六十三億九千六百二十二萬八千四百九十九〕 氣定積〔一百六十三億九千六百二十二萬八千四百〇一〕 冬至〔大餘三十二日,小餘四千四百〇一〕

丙申日〔三十六刻半强〕 辰正三刻

重修大明曆〔積算八千八百六十三萬九千五百八十一〕

通積分〔一百六十九兆三千二百一十四億五千四百九十七萬六千一百三十四〕 冬至〔大餘三十二日,小餘一千九百七十四〕

丙申日〔三十七刻太弱〕 巳初初刻〔一〕

授時曆〔距算一百七十六〕

歲餘〔二四二六〕 中積分〔六億四千二百八十二萬六九七六〕

通積分〔六億四千二百二十七萬六三七六〕 冬至〔三十二萬三六二四〕

丙申日〔三十六刻少弱〕 辰正二刻

光宗紹熙二年辛亥歲十一月壬申冬至

大衍曆〔積算九千六百九十六萬二千二百〇八〕

〔一〕據校算,本條通積分萬以下當作"六千一百四十四",冬至小餘當作"一千九百八十四",刻分當作"三十八刻弱"。

中積分〔一百〇七兆六千六百一十三億〇八百九十一萬七千三百四十四〕　冬至〔大餘九日，小餘三百八十四〕

癸酉日〔一十二刻半强〕　寅初初刻

宣明曆〔積算七百〇七萬〇五百〇八〕

通積分〔二十一兆六千九百二十七億〇七百四十二萬一千九百四十〕　冬至〔大餘九日，小餘二千三百四十〕

癸酉日〔二十七刻太强〕　卯正二刻

紀元曆〔積算二千八百六十一萬三千五百五十二〕

氣積分〔七十六兆一千八百七十一億八千七百五十〇萬七千五百五十二〕　冬至〔大餘五十三日，小餘四千一百八十二〕

壬申日〔五十七刻少强〕　未初三刻

統天曆〔積算三千八百二十八〕

距差〔二〕　躔差　減分〔並無〕　氣汎積〔一百六十七億七千七百五十四萬一千六百六十九〕　氣定積〔因無減分，以汎爲定〕　冬至〔大餘八日，小餘五千六百六十九〕

壬申日〔四十七刻少弱〕　午初一刻

重修大明曆〔積算八千八百六十三萬九千六百六十八〕

通積分〔一百六十九兆三千二百一十六億二千一百一十六萬五千六百三十二〕　冬至〔大餘八日，小餘二千九百九十二〕

壬申日〔五十七刻少弱〕　未初三刻

授時曆〔距算八十九〕

歲餘〔二四二五〕　中積分〔三億二千五百〇六萬五八二五〕

通積分〔三億二千四百五十一萬五二二五〕　冬至〔八萬四七七五〕

壬申日〔四十七刻太〕 午初一刻

寧宗慶元三年丁巳歲十一月癸卯日南至

大衍曆〔積算九千六百九十六萬二千二百一十四〕

中積分〔一百〇七兆六千六百一十三億一千五百五十七萬九千四百〇二〕 冬至〔大餘四十日,小餘一千八百〇二〕

甲辰日〔五十九刻少强〕 未正初刻

宣明曆〔積算七百〇七萬〇五百一十四〕

通積分〔二十一兆六千九百二十七億二千五百八十三萬〇二百七十〕 冬至〔大餘四十日,小餘六千二百七十〕

甲辰日〔七十四刻太弱〕 酉初三刻

紀元曆〔積算二千八百六十一萬三千五百五十八〕

氣積分〔七十六兆一千八百七十二億〇三百四十八萬三千三百〇八〕 冬至〔大餘二十五日,小餘二百五十八〕

甲辰日〔三刻半强〕 子正三刻

統天曆〔積算三千八百三十四〕

距差〔四〕 躔差〔〇分一〕 減分〔無〕 氣汎積〔一百六十八億〇三百八十三萬九千一百二十九〕 氣定積〔距差乘躔差,不滿秒半,以汎爲定〕 冬至〔大餘三十九日,小餘一萬一千一百二十九〕

癸卯日〔九十二刻太弱〕 亥正一刻

重修大明曆〔積算八千八百六十三萬九千六百七十四〕

通積分〔一百六十九兆三千二百一十六億三千二百六十二萬六千九百七十六〕 冬至〔大餘四十日,小餘一百七十六〕

甲辰日〔三刻少强〕 子正三刻

授時曆〔距算八十三〕

歲餘〔二四二五〕　中積分〔三億〇千三百一十五萬一二七五〕

通積分〔三億〇千二百六十〇萬〇六七五〕　冬至〔三十九萬九三二五〕

癸卯日〔九十三刻少〕　亥正一刻

寧宗嘉泰三年癸亥歲十一月甲戌日南至

大衍曆〔積算九千六百九十六萬二千二百二十〕

中積分〔一百〇七兆六千六百一十三億二千二百二十四萬一千四百六十〕　冬至〔大餘一十二日，小餘一百八十〕

丙子日〔六刻弱〕　丑初〔一〕一刻

宣明曆〔積算七百〇七萬〇五百二十〕

通積分〔二十一兆六千九百二十七億四千四百二十三萬八千六百〕

冬至〔大餘一十二日，小餘一千八百〕

丙子日〔二十一刻半弱〕　卯初初刻

紀元曆〔積算二千八百六十一萬三千五百六十四〕

氣積分〔七十六兆一千八百七十二億一千九百四十五萬九千〇六十四〕　冬至〔大餘五十六日，小餘三千六百二十四〕

乙亥日〔四十九刻太弱〕　午初三刻

統天曆〔積算三千八百四十〕

距差〔一十〕　躔差〔〇分一〕　減分〔一〕　氣汎積〔一百六十八億三千〇一十三萬六千五百八十九〕　氣定積〔一百六十八億三千〇一十三萬六千五百八十八〕　冬至〔大餘一十一

〔一〕丑初，原作“丑正”，據校算改。

日,小餘四千五百八十八〕

乙亥日〔三十八刻少弱〕 巳初初刻

重修大明曆〔積算八千八百六十三萬九千六百八十〕

通積分〔一百六十九兆三千二百一十六億四千四百〇八萬八千三百二十〕 冬至〔大餘一十一日,小餘二千五百九十〕

乙亥日〔四十九刻半强〕 午初三刻

授時曆〔距算七十七〕

歲餘〔二四二五〕 中積分〔二億八千一百二十三萬六七二五〕

通積分〔二億八千〇百六十八萬六一二五〕 冬至〔一十一萬三八七五〕

乙亥日〔三十八刻太〕 巳初一刻

寧宗嘉定五年壬申歲十一月壬戌日南至

大衍曆〔積算九千六百九十六萬二千二百二十九〕

中積分〔一百〇七兆六千六百一十三億二千二百二十三萬四千五百四十七〕 冬至〔大餘五十九日,小餘七百八十七〕

癸亥日〔二十五刻太强〕 卯正初刻

宣明曆〔積算七百〇七萬〇五百二十九〕

通積分〔二十一兆六千九百二十七億七千一百八十五萬一千〇九十五〕 冬至〔大餘五十九日,小餘三千四百九十五〕

癸亥日〔四十一刻半强〕 巳初四刻

紀元曆〔積算二千八百六十一萬三千五百七十三〕

氣積分〔七十六兆一千八百七十二億四千三百四十二萬二千六百九十八〕 冬至〔大餘四十三日,小餘五千〇二十八〕

壬戌日〔六十九刻弱〕 申正二刻

統天曆〔積算三千九百四十九〕

距差〔一十九〕　躔差〔○分二〕　减分〔四〕　氣汎積〔一百六十八億六千九百五十八萬二千七百七十九〕　氣定積〔一百六十八億六千九百五十八萬二千七百七十五〕　冬至〔大餘五十八日，小餘六千七百七十五〕

壬戌日〔五十六刻半弱〕　未初二刻

重修大明曆〔積算八千八百六十三萬九千六百八十九〕

通積分〔一百六十九兆三千二百一十六億六千一百二十八萬○三百三十六〕　冬至〔大餘五十八日，小餘三千五百九十六〕

壬戌日〔六十八刻太强〕　申正二刻〔一〕

授時曆〔距算六十八〕

歲餘〔二四二五〕　中積分〔二億四千八百三十六萬四九○○〕

通積分〔二億四千七百八十一萬四三○○〕　冬至〔五十八萬五七○○〕

壬戌日〔五十七刻〕　未初二刻

理宗紹定三年庚寅歲十一月丙申日南至

大衍曆〔積算九千六百九十六萬二千二百四十七〕

中積分〔一百○七兆六千六百一十三億五千二百二十二萬○七百二十一〕　冬至〔大餘三十三日，小餘二千○○一〕

丁酉日〔六十五刻少弱〔二〕〕　申初三刻〔三〕

宣明曆〔積算七百○七萬○五百四十七〕

〔一〕二刻，原作“初刻”，據校算改。

〔二〕六十五刻少弱，校算得刻分爲六十五刻八二，“少弱”當作“太强”。

〔三〕三刻，原作“二刻”，據校算改。

通積分〔二十一兆六千九百二十八億二千七百〇七萬六千〇八十五〕 冬至〔大餘三十三日，小餘六千八百八十五〕

丁酉日〔八十二刻弱〕 戌初二刻

紀元曆〔積算二千八百六十一萬三千五百九十一〕

氣積分〔七十六兆一千八百七十二億九千一百三十四萬九千九百六十六〕 冬至〔大餘一十八日，小餘五百四十六〕

丁酉日〔七刻半弱〕 丑初三刻

統天曆〔積算三千八百六十七〕

距差〔三十七〕 躔差〔〇分五〕 減分〔一十九〕 氣汎積〔一百六十九億四千八百四十七萬五千一百五十九〕 氣定積〔一百六十九億四千八百四十七萬五千一百四十〇〕 冬至〔大餘三十二日，小餘一萬一千一百四十〇〕

丙申日〔九十二刻太强〕 亥正一刻

重修大明曆〔積算八千八百六十三萬九千七百〇七〕

通積分〔一百六十九兆三千二百一十六億九千五百六十六萬四千三百六十八〕 冬至〔大餘三十三日，小餘三百七十八〕

丁酉日〔七刻少弱〕 丑初三刻

授時曆〔距算五十〕

歲餘〔二四二五〕 中積分〔一億八千二百六十二萬一二五〇〕

通積分〔一億八千二百〇七萬〔一〕〇六五〇〕 冬至〔三十二萬九三五〇〕

丙申日〔九十三刻半〕 亥正一刻

〔一〕二百〇七萬，原作"二百〇十七萬"，據校算改。

理宗淳祐十年庚戌歲十一月辛巳日南至

大衍曆〔積算九千六百九十六萬二千二百六十七〕

中積分〔一百〇七兆六千六百一十三億七千四百四十二萬七千五百八十一〕　冬至〔大餘一十八日,小餘一千六百六十一〕

壬午日〔五十四刻半强〕　未初初刻

宣明曆〔積算七百〇七萬〇五百六十七〕

通積分〔二十一兆六千九百二十八億八千八百四十三萬七千一百八十五〕　冬至〔大餘一十八日,小餘五千九百八十五〕

壬午日〔七十一刻少〕　酉初初刻

紀元曆〔積算二千八百六十一萬三千六百一十一〕

氣積分〔七十六兆一千八百七十三億四千四百六十〇萬二千四百八十六〕　冬至〔大餘二日,小餘六千九百〇六〕

辛巳日〔九十四刻太弱〕　亥正三刻

統天曆〔積算三千八百八十七〕

距差〔五十七〕　躔差〔〇分七〕　減分〔四十〕　氣汎積〔一百七十〇億三千六百一十三萬三千三百五九〕　氣定積〔一百七十〇億三千六百一十三萬三千三百一九〕　冬至〔大餘一十七日,小餘九千三百一十九〕

辛巳日〔七十七刻太弱〕　酉正二刻

重修大明曆〔積算八千八百六十三萬九千七百二十七〕

通積分〔一百六十九兆三千二百一十七億三千三百八十六萬八千七百九十八〕　冬至〔大餘一十七日,小餘四千八百八十八〕

辛巳日〔九十三刻半强〕 亥正一刻[一]

授時曆〔距算三十〕

歲餘〔二四二五〕 中積分〔一億〇千九百五十七萬二七五〇〕

通積分〔一億〇千九百〇十二萬二一五〇〕 冬至〔一十七萬七八五〇〕

辛巳日〔七十八刻半〕 酉正三刻

元世祖至元十七年庚辰歲十一月己未夜半後六刻冬至

大衍曆〔積算九千六百九十六萬二千二百九十七〕

中積分〔一百〇七兆六千六百一十四億〇七百七十三萬七千八百七十一〕 冬至〔大餘五十五日,小餘二千六百七十一〕

己未日〔八十七刻太强〕 亥初初刻

宣明曆〔積算七百〇七萬〇五百九十七〕

通積分〔二十一兆六千九百二十九億八千〇四十七萬八千八百三十五〕 冬至〔大餘五十六日,小餘四百三十五〕

庚申日〔五刻强〕 丑初一刻

紀元曆〔積算二千八百六十一萬三千六百四十一〕

氣積分〔七十六兆一千八百七十四億二千四百四十八萬一千二百六十六〕 冬至〔大餘四十日,小餘一千八百六十六〕

己未日〔二十五刻半强〕 卯正[二]初刻

統天曆〔積算三千九百一十七〕

〔一〕據校算,本條通積分萬以下當作"八千八百四十八",冬至小餘當作"四千九百三十八",刻分當作"九十四刻半弱",時辰當作"亥正二刻"。元史曆志一刻分作"九十四",與校算所得刻分合。

〔二〕卯正,原作"卯初",據校算改。

距差〔八十七〕　躔差〔一分一〕　減分〔九十六〕　氣汎積〔一百七十一億六千七百六十二萬〇六百五十九〕　氣定積〔一百七十一億六千七百六十二萬〇五百六十三〕　冬至〔大餘五十五日,小餘〇萬〇五百六十三〕

己未日〔四刻半强〕　丑初初刻

重修大明曆〔積算八千八百六十三萬九千七百五十七〕

通積分〔一百六十九兆三千二百一十七億九千一百一十七萬五千五百六十八〕　冬至〔大餘五十五日,小餘一千三百一十八〕

己未日〔二十五刻强〕　卯正初刻

授時曆〔據當時日晷推定,無距算,無中積分,上考下求,用爲元數,實測得冬至氣應五十五日〇六百分。〕

己未日〔六刻〕　丑初一刻

右日名五曆合,宣明後一日。刻惟授時合,統天先一刻,餘皆後天,大衍至八十餘刻。

以上〔一〕自魯僖公以來冬至日名共四十七,并〔二〕至元辛巳有刻爲四十八事。授時法合者三十八;不合者,昭公己卯,劉宋元嘉丙子、大明辛丑,陳太建壬辰、丁酉,隋開皇甲寅,唐貞觀甲辰、己酉,宋景德丁未、嘉泰癸亥,共十。統天曆同。

據曆議,統天不合者,惟獻公戊寅與授時不同。今以宋史所載曆術躔差,用秒法求之,無不同也。算式如後。

〔一〕鵬翮堂本"以上"下有"推考"二字。

〔二〕鵬翮堂本"并"下有"推及"二字。

魯獻公十五年戊寅歲正月甲寅朔旦冬至

統天曆〔積算一千七百五十四〕

距差〔二千〇七十六〕　躔差〔二十六分四〕　減分〔五萬四千八百〇六〕　氣汎積〔七十六億八千七百三十八萬六千三百二十九〕　氣定積〔七十六億八千七百三十三萬一千五百二十三〕　冬至〔大餘五十日,小餘一萬一千五百二十三〕

甲寅日〔九十六刻强〕　夜子初初刻

躔差三位得之。

大餘〔五十一日〕　小餘〔三百五十三〕　乙卯日〔二刻太强〕　子正二刻

躔差二位得此。

若躔差只用二位,正得乙卯,與授時曆議合,然非其本法也。何以知之?按統天曆術步氣朔章曰:"躔差小分半以上,從秒一,距差乘躔差;秒半以上,從分一。"如躔差只用分,安得有秒距差?乘後又安得有分以下之數乎?故三位爲是。

魯獻公距算考〔附。〕

史記武王九年東伐,至盟津,周公輔行。十一年伐紂,至牧野,周公佐武王,作牧誓。克殷二年,周公作金縢。其後武王崩,成王少,在襁葆之中。成王七年,作洛。七年後,還政成王,北面就臣位。周公卒,子伯禽固前已受封,是爲魯公。〔皇甫謐云:"伯禽以成王元年封,四十六年,康王十六年卒。"〕伯禽卒,子考公酋立,四年卒。弟煬公熙立,六年卒。子幽公宰立,十四年弟潰弑之,自立爲魏公,五十年卒。子厲公擢立,三十七年卒。魯人立其弟具,是爲獻公。獻公三十二年卒,子真公濞立。真公十四年,周厲王奔彘。二十九年,周宣行政。三十年,真公卒。弟武公敖立,武公九年朝周,歸而卒。少子戲立,是爲懿公。懿公九年,兄括之子伯御殺懿公自立。十一年,周宣王伐魯,殺伯御,立懿公弟稱,爲孝公。孝公二十五年,犬戎弑幽王,二十七年孝公卒。子惠公弗皇立,四十六年卒。隱公攝當國。〔又史記三代世表魯獻公在夷王燮時;十二諸侯年表起魯真公濞十五年庚申,一云十四年。〕

按:自元至元十八年辛巳上距周武王己卯,通二千四百單三年。據曆議,春秋獻公以來二千一百六十餘年,而首列獻公十五年爲戊寅,是在武王後二百四十年也。今世家自伯禽至獻公卒,通一百八十九年而已。曆議不知何據,存之再考。

兼濟堂纂刻梅勿菴先生曆算全書

諸方節氣加時日軌高度表〔一〕

〔一〕勿庵曆算書目曆學類著録爲一卷，四庫本收入卷十五。輯要本題作諸方日軌，收入卷五十七揆日紀要中，並補"推算法"。

諸方節氣加時日軌高度表

宣城梅文鼎定九著　男以燕正謀參　孫　瑴成玉汝
玕成肩琳
柏鄉魏荔彤念庭輯　男　乾斆一元
士敏仲文
士説崇寬同校
錫山後學楊作枚學山訂補

曆書目有諸方晝夜晨昏論及其分表，今軼不傳。交食高弧表非節氣度，〔節氣黄緯有畸零，而高弧表用整度故也。〕今依弧三角法算定，爲揆日之用。〔自北極二十度至四十二度〕，並余孫〔瑴成〕所步也。〔一〕

〔一〕此段出勿庵曆算書目。輯要本於段前擬目作"諸方各節氣加時太陽距地平高度表"，並將原文改訂如下："曆書目有諸方晝夜晨昏論及其分表，今軼不傳。交食卷内高弧表非節氣度。節氣緯度有分秒，而高弧度用整度故也。今依弧三角法推算，自北極高二十度至四十二度，逐節氣求其太陽距地高度以立表，爲揆日之用。余孫瑴成所步也。"

北極出地二十度〔一〕

	卯初		卯正		辰初		辰正		巳初		巳正		午初		午正		
	度	分	度	分	度	分	度	分	度	分	度	分	度	分	度	分	
冬至					○四	五八	一七	○七	二八	一三	三七	三四	四四	○五	四六	二九	冬至
小寒					五	少强	一七	半强	二八	太	三八	少	四五	弱	四七	一九	大雪
大寒					六	少	一八	太强	三○	少强	四○	少弱	四七	少弱	四九	四七	小雪
立春					七	太强	二○	太	三二	太	四三	少弱	五○	太弱	五三	三六	立冬
雨水					九	太强	二三	强	三五	太弱	四六	太强	五五	少弱	五八	二九	霜降
驚蟄					一二	弱	二五	半强	三八	太弱	五○	太弱	六○	少弱	六四	○四	寒露
春分					一四	强	二八	强	四一	太弱	五四	半弱	六五	少弱	七○	○○	秋分
清明			二	强	一六	强	三二〔二〕	少弱	四四	少弱	五七	太弱	六九	太	七五	五六	白露
穀雨			四	弱	一七	太强	三二	弱	四六	○	六○	弱	七三	少强	八一	三一	處暑
立夏			五	半强	一九	少弱	三三	少弱	四七	少弱	六一	少强	七五	少强	八六	二四	立秋
小滿			六	太强	二○	少强	三四	弱	四八	弱	六一	太强	七六	弱	八九	四七	大暑
	度	分	度	分	度	分	度	分	度	分	度	分	度	分	度	分	
	戌初		酉正		酉初		申正		申初		未正		未初		午正		

〔一〕輯要本於表前補"推算法"云:"用斜弧三角形,有兩邊一角,角在兩邊之中,而求對角之邊。法以各地北極距天頂爲一邊,即北極距地減象限之餘。以逐節氣太陽距北極爲一邊,即各節氣赤緯減象限之餘。以太陽距午時緯度爲兩邊所夾之角,而求得對角之邊爲太陽距天頂度。以減象限,即得高度。"

〔二〕三二,"二"字原空,《四庫》本作"○",今據輯要本補。

續表

	卯初		卯正		辰初		辰正		巳初		巳正		午初		午正		
	度	分	度	分	度	分	度	分	度	分	度	分	度	分	度	分	
芒種			七	半强	二〇	太强	三四	半弱	四八	少弱	六二	弱	七五	四七	八七	一九	小暑
夏至			七	太强	二一	强	三四	半强	四八	少弱	六二	弱	七五	太弱	八六	二八	夏至
	度	分	度	分	度	分	度	分	度	分	度	分	度	分	度	分	
	戌初		酉正		酉初		申正		申初		未正		未初		午正		

北極出地二十一度

	卯正		辰初		辰正		巳初		巳正		午初		午正		
	度	分	度	分	度	分	度	分	度	分	度	分	度	分	
冬至			四	三〇	一六	三三	二七	三二	三六	四五	四三	〇八	四五	二九	冬至
小寒			四	五一	一七	〇〇	二八	〇五	三七	二六	四三	五六	四六	一九	大雪
大寒			五	五四	一八	一八	二九	四四	三九	二四	四六	一五	四八	四七	小雪
立春			七	三〇〔一〕	二〇	一七	三二	九	四二	二四	四九	四九	五二	三六	立冬
雨水			九	二八	二二	四二	三五	七	四六	七	五四	一八	五七	二九	霜降
驚蟄			一一	四四	二五	一八	三八	一七	五〇	六	五九	一八	六三	四	寒露
春分			一三	五九	二七	四九	四一	一八	五三	五七	六四	二二	六九	〇〇	秋分
清明	二	七	一六	六	三〇	五	四三	五五	五七	一六	六九	三	七四	五六	白露
穀雨	四	六	一七	五五	三一	五六	四五	五五	五九	四四	七二	四六	八〇	三一	處暑
立夏	五	四八	一九	二七	三三	一七	四七	一五	六一	一五	七五	四	八五	二四	立秋
小滿	七	七	二〇	三一	三四	一一	四八	二	六一	五七	七五	五七	八九	一三	大暑
芒種	七	五五	二一	九	三四	三九	四八	二〇	六二	九	七五	五九	八八	一九	小暑
夏至	八	一三	二一	二三	三四	四九	四八	二七	六二	一〇	七五	五四	八七	二八	夏至
	度	分	度	分	度	分	度	分	度	分	度	分	度	分	
	酉正		酉初		申正		申初		未正		未初		午正		

〔一〕三〇，底本“三”中横漫漶，二年本作“三”，四庫本、輯要本俱作“二”。

北極出地二十二度

	卯正		辰初		辰正		巳初		巳正		午初		午正		
	度	分	度	分	度	分	度	分	度	分	度	分	度	分	
冬至			四	二	一五	五九	二六	五〇	三五	五五	四二	一一	四四	二九	冬至
小寒			四	二四	一六	二七	二七	二四	三六	三七	四二	五九	四五	一九	大雪
大寒			五	二九	一七	四七	二九	三	三八	三六	四五	一八	四七	四七	小雪
立春			七	九	一九	四八	三一	三二	四一	三九	四八	五三	五一	三六	立冬
雨水			九	一一	二二	一八	三四	三五	四五	二四	五三	二四	五六	二九	霜降
驚蟄			一一	三二	二四	五九	三七	五〇	四九	二七	五八	二六	六二	四	寒露
春分			一三	五三	二七	三七	四〇	五八	五三	二五	六三	三五	六八	〇	秋分
清明	二	一三	一六	六	二九	五九	四三	四一	五六	五一	六八	二一	七三	五六	白露
穀雨	四	一七	一八	〇〔一〕	三一	五六	四五	四九	五九	二九	七二	一四	七九	三一	處暑
立夏	六	四	一九	三七	三三	二四	四七	一七	六一	一〇	七四	四七	八四	二四	立秋
小滿	七	二六	二〇	四六	三四	二二	四八	八	六二	〇〇	七五	五四	八八	一三	大暑
芒種	八	一七	二一	二六	三四	五三	四八	三一	六二	一七	七六	七	八九	一九	小暑
夏至	八	二六	二一	四一	三五	四	四八	三九	六二	二一	七六	五	八八	二八	夏至
	度	分	度	分	度	分	度	分	度	分	度	分	度	分	
	酉正		酉初		申正		申初		未正		未初		午正		

〔一〕〇，底本、輯要本空，據四庫本補。二年本作“一一”。

北極出地二十三度

<table>
<tr><td></td><td colspan="2">卯正</td><td colspan="2">辰初</td><td colspan="2">辰正</td><td colspan="2">巳初</td><td colspan="2">巳正</td><td colspan="2">午初</td><td colspan="2">午正</td><td></td></tr>
<tr><td></td><td>度</td><td>分</td><td>度</td><td>分</td><td>度</td><td>分</td><td>度</td><td>分</td><td>度</td><td>分</td><td>度</td><td>分</td><td>度</td><td>分</td><td></td></tr>
<tr><td>冬至</td><td></td><td></td><td>三</td><td>三五</td><td>一五</td><td>二五</td><td>二六</td><td>九</td><td>三五</td><td>五</td><td>四一</td><td>一四</td><td>四三</td><td>二九</td><td>冬至</td></tr>
<tr><td>小寒</td><td></td><td></td><td>三</td><td>五七</td><td>一五</td><td>五三</td><td>二六</td><td>四四</td><td>三五</td><td>四七</td><td>四二</td><td>二</td><td>四四</td><td>一九</td><td>大雪</td></tr>
<tr><td>大寒</td><td></td><td></td><td>五</td><td>四</td><td>一七</td><td>一六</td><td>二八</td><td>二四</td><td>三七</td><td>四八</td><td>四四</td><td>二二</td><td>四六</td><td>四七</td><td>小雪</td></tr>
<tr><td>立春</td><td></td><td></td><td>六</td><td>四七</td><td>一九</td><td>二〇</td><td>三〇</td><td>五六</td><td>四〇</td><td>五二</td><td>四七</td><td>五七</td><td>五〇</td><td>三六</td><td>立冬</td></tr>
<tr><td>雨水</td><td></td><td></td><td>八</td><td>五四</td><td>二一</td><td>五四</td><td>三四</td><td>〇二</td><td>四四</td><td>四一</td><td>五二</td><td>二九</td><td>五五</td><td>二九</td><td>霜降</td></tr>
<tr><td>驚蟄</td><td></td><td></td><td>一一</td><td>二〇</td><td>二四</td><td>四〇</td><td>三七</td><td>二二</td><td>四八</td><td>四八</td><td>五七</td><td>三四</td><td>六一</td><td>四</td><td>寒露</td></tr>
<tr><td>春分</td><td></td><td></td><td>一三</td><td>四七</td><td>二七</td><td>二四</td><td>四〇</td><td>三六</td><td>五二</td><td>五二</td><td>六二</td><td>四六</td><td>六七</td><td>〇</td><td>秋分</td></tr>
<tr><td>清明</td><td>二</td><td>一九</td><td>一六</td><td>六</td><td>二九</td><td>五二</td><td>四三</td><td>二七</td><td>五六</td><td>二六</td><td>六七</td><td>三八</td><td>七二</td><td>五六</td><td>白露</td></tr>
<tr><td>穀雨</td><td>四</td><td>二八</td><td>一八</td><td>六</td><td>三一</td><td>五六</td><td>四五</td><td>四二</td><td>五九</td><td>一三</td><td>七一</td><td>四〇</td><td>七八</td><td>三一</td><td>處暑</td></tr>
<tr><td>立夏</td><td>六</td><td>二〇</td><td>一九</td><td>四八</td><td>三三</td><td>二九</td><td>四七</td><td>一七</td><td>六一</td><td>三</td><td>七四</td><td>二五</td><td>八三</td><td>二四</td><td>立秋</td></tr>
<tr><td>小滿</td><td>七</td><td>四五</td><td>二一</td><td>一</td><td>三四</td><td>三二</td><td>四八</td><td>一四</td><td>六二</td><td>一</td><td>七五</td><td>四七</td><td>八七</td><td>一三</td><td>大暑</td></tr>
<tr><td>芒種</td><td>八</td><td>三八</td><td>二一</td><td>四四</td><td>三五</td><td>六</td><td>四八</td><td>四一</td><td>六二</td><td>二四</td><td>七六</td><td>一〇</td><td>八九</td><td>四一</td><td>小暑</td></tr>
<tr><td>夏至</td><td>八</td><td>五八</td><td>二一</td><td>五九</td><td>三五</td><td>一八</td><td>四八</td><td>五〇</td><td>六二</td><td>二九</td><td>七六</td><td>一三</td><td>八九</td><td>二八</td><td>夏至</td></tr>
<tr><td></td><td>度</td><td>分</td><td>度</td><td>分</td><td>度</td><td>分</td><td>度</td><td>分</td><td>度</td><td>分</td><td>度</td><td>分</td><td>度</td><td>分</td><td></td></tr>
<tr><td></td><td colspan="2">酉正</td><td colspan="2">酉初</td><td colspan="2">申正</td><td colspan="2">申初</td><td colspan="2">未正</td><td colspan="2">未初</td><td colspan="2">午正</td><td></td></tr>
</table>

北極出地二十四度

	卯正		辰初		辰正		巳初		巳正		午初		午正		
	度	分	度	分	度	分	度	分	度	分	度	分	度	分	
冬至			三	七	一四	五一	二五	二七	三四	一六	四〇	一七	四二	二九	冬至
小寒			三	三〇	一五	二〇	二六	三	三四	五八	四一	六	四三	一九	大雪
大寒			四	三九	一六	四四	二七	四四	三六	五九	四三	二五	四五	四七	小雪
立春			六	二五	一八	五二	三〇	一九	四〇	六	四七	二	四九	三六	立冬
雨水			八	三七	二一	二九	三三	二九	四三	五七	五一	三五	五四	二九	霜降
驚蟄			一一	八	二四	二一	三六	五四	四八	九	五六	四一	六〇	四	寒露
春分			一三	四〇	二七	一〇	四〇	一四	五二	一七	六一	五六	六六	〇	秋分
清明	二	二四	一六	五	二九	四五	四三	一二	五五	五九	六六	五三	七一	五六	白露
穀雨	四	三九	一八	一一	三一	五五	四五	三四	五八	五五	七一	三	七七	三一	處暑
立夏	六	三五	一九	五八	三三	三四	四七	一六	六〇	五四	七四	二	八二	二四	立秋
小滿	八	五	二一	一五	三四	四二	四八	一八	六二	〇	七五	三六	八六	一三	大暑
芒種	九	〇	二二	〇	三五	一九	四八	四九	六二	二八	七六	一〇	八八	四一	小暑
夏至	九	二〇	二二	一七	三五	三三	四八	五九	六二	三五	七六	一六	八九	三二	夏至
	度	分	度	分	度	分	度	分	度	分	度	分	度	分	
	酉正		酉初		申正		申初		未正		未初		午正		

北極出地二十五度

	卯正		辰初		辰正		巳初		巳正		午初		午正		
	度	分	度	分	度	分	度	分	度	分	度	分	度	分	
冬至			二	三九	一四	一五	二四	四六	三三	二六	三九	二〇	四一	二九	冬至
小寒			三	三	一四	四六	二五	二一	三四	〇八	四〇	九	四二	一九	大雪
大寒			四	一四	一六	一二	二七	〇五	三六	一一	四二	二九	四四	四七	小雪
立春			六	四	一八	二三	二九	四二	三九	一九	四六	六	四八	三六	立冬
雨水			八	一九	二一	四	三二	五六	四三	一三	五〇	四〇	五三	二九	霜降
驚蟄			一〇	五六	二四	一	三六	二五	四七	二八	五五	四八	五九	〇四	寒露
春分			一三	三四	二六	五六	三九	五一	五一	四二	六一	六	六五	〇	秋分
清明	二	三〇	一六	四	二九	三七	四二	五五	五五	三一	六六	七	七〇	五六	白露
穀雨	五	二五	一八	一六	三一	五三	四五	二五	五八	三五	七〇	二五	七六	三一	處暑
立夏	六	五一	二〇	八	三三	三八	四七	一四	六〇	四三	七三	三四	八一	二四	立秋
小滿	八	二四	二一	二九	三四	五〇	四八	二二	六一	五七	七五	二二	八五	一三	大暑
芒種	九	二一	二二	一七	三五	三一	四八	五七	六二	三〇	七六	五	八七	四一	小暑
夏至	九	四二	二二	三四	三五	四四	四九	八	六二	四〇	七六	一五	八八	三二	夏至
	度	分	度	分	度	分	度	分	度	分	度	分	度	分	
	酉正		酉初		申正		申初		未正		未初		午正		

北極出地二十六度

	卯正		辰初		辰正		巳初		巳正		午初		午正		
	度	分	度	分	度	分	度	分	度	分	度	分	度	分	
冬至			二	一二	一三	四三	二四	〇四	三二	三六	三八	二四	四〇	二九	冬至
小寒			二	三六	一四	一三	二四	四〇	三三	一九	三九	一二	四一	一九	大雪
大寒			三	五〇	一五	四〇	二六	二五	三五	二二	四一	三二	四三	四七	小雪
立春			五	四二	一七	五四	二九	〇六	三八	三二	四五	一〇	四七	三六	立冬
雨水			八	二	二〇	四〇	三二	二二	四二	二八	四九	四五	五二	二九	霜降
驚蟄			一〇	四	二三	四一	三五	五六	四六	三九	五四	五五	五八	〇四	寒露
春分			一三	二七	二六	四二	三九	二八	五一	〇七	六〇	一五	六四	〇〇	秋分
清明	二	三六	一六	〇四	二九	三〇	四二	三九	五四	五一	六五	二一	六九	五六	白露
穀雨	五	一	一八	二二	三一	五二	四五	一五	五八	一四	六九	四六	七五	三一	處暑
立夏	七	七	二〇	一八	三三	四二	四七	一一	六〇	三一	七三	〇四	八〇	二四	立秋
小滿	八	四三	二一	四二	三四	五九	四八	二五	六一	五三	七五	〇四	八四	一三	大暑
芒種	九	四三	二二	三三	三五	四二	四九	〇三	六二	三一	七五	五七	八六	四一	小暑
夏至	一〇	〇五	二二	五一	三五	五七	四九	一六	六二	四二	七六	一〇	八七	三二	夏至
	度	分	度	分	度	分	度	分	度	分	度	分	度	分	
	酉正		酉初		申正		申初		未正		未初		午正		

北極出地二十七度

	卯正		辰初		辰正		巳初		巳正		午初		午正		
	度	分	度	分	度	分	度	分	度	分	度	分	度	分	
冬至			一	四四	一三	〇八	二三	二一	三一	四五	三七	二六	三九	二九	冬至
小寒			二	九	一三	三八	二三	五八	三二	二八	三八	一五	四〇	一九	大雪
大寒			三	二四	一五	八	二五	四四	三四	三三	四〇	三五	四二	四七	小雪
立春			五	二〇	一七	二五	二八	二六	三七	四四	四四	一三	四六	三六	立冬
雨水			七	四四	二〇	一四	三一	四七	四一	四三	四八	四九	五一	二九	霜降
驚蟄			一〇	三〇	二三	二〇	三五	二六	四六	六	五四	〇	五七	〇四	寒露
春分			一三	二〇	二六	二七	三九	三	五〇	〇	五九	二三	六三	〇	秋分
清明	二	四一	一六	一	二九	二〇	四二	二〇	五四	三二	六四	三三	六八	五六	白露
穀雨	五	一二	一八	二五	三一	四九	四五	四	五七	五一	六九	三	七四	三一	處暑
立夏	七	二一	二〇	二七	三三	四五	四七	六	六〇	一六	七二	三一	七九	二四	立秋
小滿	九	一	二一	五五	三五	六	四八	二五	六一	四六	七四	四一	八三	一三	大暑
芒種	一〇	三	二二	四八	三五	五二	四九	八	六二	二九	七五	四三	八五	四一	小暑
夏至	一〇	二六	二三	七	三六	八	四九	二二	六二	四三	七六	〇	八六	三二	夏至
	度	分	度	分	度	分	度	分	度	分	度	分	度	分	
	酉正		酉初		申正		申初		未正		未初		午正		

北極出地二十八度

	卯正		辰初		辰正		巳初		巳正		午初		午正		
	度	分	度	分	度	分	度	分	度	分	度	分	度	分	
冬至			一	一六	一二	三三	二二	三九	三〇	五五	三六	二九	三八	二九	冬至
小寒			一	四二	一三	四	二三	一六	三一	三八	三七	一八	三九	一九	大雪
大寒			二	五九	一四	三五	二五	三	三三	四三	三九	三八	四一	四七	小雪
立春			四	五八	一六	五五	二六	四八	三六	五六	四三	一七	四五	三六	立冬
雨水			七	二七	一九	四八	三一	一二	四〇	五八	四七	五四	五〇	二九	霜降
驚蟄			一〇	一八	二二	五九	三四	五五	四五	二四	五三	七	五六	〇四	寒露
春分			一三	一二	二六	一二	三八	三八	四九	五二	五八	三一	六二	〇	秋分
清明	二	四七	一六	〇	二九	一一	四二	二	五四	〇	六三	四四	六七	五六	白露
穀雨	五	二二	一八	二九	三一	四五	四四	五二	五七	二七	六八	二〇	七三	三一	處暑
立夏	七	三七	二〇	三五	三三	四七	四七	〇	六〇	〇	七一	五六	七八	二四	立秋
小滿	九	二〇	二二	八	三五	一一	四八	二六	六一	三七	七四	一七	八二	一四	大暑
芒種	一〇	二四	二三	三	三六	一一	四九	一二	六二	二六	七五	二七	八四	四一	小暑
夏至	一〇	四八	二三	二三	三六	一八	四九	二七	六二	四一	七五	四七	八五	三二	夏至
	度	分	度	分	度	分	度	分	度	分	度	分	度	分	
	酉正		酉初		申正		申初		未正		未初		午正		

北極出地二十九度

	卯正		辰初		辰正		巳初		巳正		午初		午正		
	度	分	度	分	度	分	度	分	度	分	度	分	度	分	
冬至			〇	四八	一一	五八	二一	五六	三〇	四	三五	三二	三七	二九	冬至
小寒			一	一五	一二	三〇	二二	二四	三〇	四七	三六	二〇	三八	一九	大雪
大寒			二	三四	一四	三	二四	二三	三二	五四	三八	四二	四〇	四七	小雪
立春			四	三六	一六	二五	二七	九	三六	八	四二	二一	四四	三六	立冬
雨水			七	九	一九	二二	三〇	三七	四〇	一二	四六	五八	四九	二九	霜降
驚蟄			一〇	五	二二	三八	三四	二四	四四	四一	五二	一二	五五	〇四	寒露
春分			一三	五	二五	五六	三八	一二	四九	一四	五七	二九	六一	〇	秋分
清明	二	五二	一五	五九	二九	一	四一	四二	五三	二八	六二	五五	六六	五六	白露
穀雨	五	三三	一八	三二	三一	四一	四四	三九	五七	一	六七	三六	七二	三一	處暑
立夏	七	五二	二〇	四四	三三	四八	四六	五四	五九	四三	七一	一九	七七	二四	立秋
小滿	九	三九	二二	二〇	三五	一八	四八	二五	六一	二六	七三	四八	八一	一四	大暑
芒種	一〇	四五	二三	一八	三六	一〇	四九	一四	六二	二一	七五	七	八三	四一	小暑
夏至	一一	九	二三	三九	三六	二八	四九	三一	六二	四一	七五	三〇	八四	三二	夏至
	度	分	度	分	度	分	度	分	度	分	度	分	度	分	
	酉正		酉初		申正		申初		未正		未初		午正		

北極出地三十度

	卯正		辰初		辰正		巳初		巳正		午初		午正		
	度	分	度	分	度	分	度	分	度	分	度	分	度	分	
冬至			〇	二〇	一一	二三	二一	一三	二九	一三	三四	三四	三六	二九	冬至
小寒			〇	四七	一一	五五	二一	五一	二九	五七	三五	二三	三七	一九	大雪
大寒			二	九	一三	三〇	二三	四一	三二	四	三七	四四	三九	四七	小雪
立春			四	一四	一五	五五	二六	三〇	三五	二〇	四一	二四	四三	三六	立冬
雨水			六	五一	一八	五六	三〇	一	三九	二六	四六	三	四八	二九	霜降
驚蟄			九	五一	二二	一六	三三	五三	四三	五八	五一	一八	五四	〇四	寒露
春分			一二	五七	二五	三九	三七	四五	四八	三五	五六	四六	六〇	〇	秋分
清明	二	五七	一五	五六	二八	五〇	四一	二二	五二	五四	六二	〇五	六五	五六	白露
穀雨	五	四三	一八	三五	三一	三六	四四	二五	五六	三五	六六	五一	七一	三一	處暑
立夏	八	七	二〇	五二	三三	四九	四六	四六	五九	二三	七〇	四〇	七六	二四	立秋
小滿	九	五七	二二	三二	三五	二三	四八	二二	六一	一四	七三	一八	八〇	一三	大暑
芒種	一一	六	二三	三二	三六	一八	四九	一六	六二	一三	七四	四三	八二	四一	小暑
夏至	一一	三一	二三	五四	三六	三八	四九	三三	六二	三二	七五	八	八三	三二	夏至
	度	分	度	分	度	分	度	分	度	分	度	分	度	分	
	酉正		酉初		申正		申初		未正		未初		午正		

北極出地三十一度

	卯初		卯正		辰初		辰正		巳初		巳正		午初		午正		
	度	分	度	分	度	分	度	分	度	分	度	分	度	分	度	分	
冬至							一〇	四八	二〇	二九	二八	二二	三三	三七	三五	二九	冬至
小寒					〇	二〇	一一	二〇	二一	八	二九	六	三四	二六	三六	一九	大雪
大寒					一	四三	一二	五七	二三	〇	三一	一四	三六	四七	三八	四七	小雪
立春					三	五二	一五	二四	二五	五一	三四	三一	四〇	二七	四二	三六	立冬
雨水					六	三二	一八	二九	二九	二五	三八	三九	四五	七	四七	二九	霜降
驚蟄					九	三八	二一	五四	三三	二〇	四三	一五	五〇	二三	五三	〇四	寒露
春分					一二	四九	二五	二二	三七	一八	四七	五六	五五	五三	五九	〇	秋分
清明			三	三	一五	五三	二八	三九	四一	〇	五二	二〇	六一	一五	六四	五六	白露
穀雨			五	五四	一八	三八	三一	三一	四四	七	五六	七	六六	五	七〇	三一	處暑
立夏			八	二一	二〇	五九	三三	四九	四六	三七	五九	二	七〇	〇	七五	二四	立秋
小滿			一〇	一五	二二	四三	三五	二八	四八	一九	六一	〇	七二	四四	七九	一三	大暑
芒種			一一	二六	二三	四六	三六	二六	四九	一六	六二	〇四	七四	一六	八一	四一	小暑
夏至	〇〇	〇八	一一	五二	二四	八	三六	四六	四九	三五	六二	二四	七四	四四	八二	三二	夏至
	度	分	度	分	度	分	度	分	度	分	度	分	度	分	度	分	
	戌初		酉正		酉初		申正		申初		未正		未初		午正		

北極出地三十二度

	卯初		卯正		辰初		辰正		巳初		巳正		午初		午正		
	度	分	度	分	度	分	度	分	度	分	度	分	度	分	度	分	
冬至							一〇	一二	一九	四六	二七	三〇	三二	三九	三四	二九	冬至
小寒							一〇	四六	二〇	二五	二八	一五	三三	二八	三五	一九	大雪
大寒					一	一八	一二	二四	二二	一八	三〇	二四	三五	五〇	三七	四七	小雪
立春					三	二九	一四	五四	二四	三四	三三	四三	三九	三〇	四一	三六	立冬
雨水					六	一五	一八	二	二八	四八	三七	五二	四四	一一	四六	二九	霜降
驚蟄					九	二五	二一	三二	三二	四八	四二	三〇	四九	二八	五二	〇四	寒露
春分					一二	四〇	二五	五	三六	五〇	四七	一五	五五	〇	五八	〇	秋分
清明			三	八	一五	五〇	二八	二七	四〇	三八	五一	四四	六〇	二四	六三	五六	白露
穀雨			六	四	一八	四〇	三一	二五	四三	五三	五五	三八	六五	一七	六九	三一	處暑
立夏			八	三六	二一	六	三三	四八	四六	二七	五八	四〇	六九	一八	七四	二四	立秋
小滿			一〇	三三	二二	五四	三五	三一	四八	一四	六〇	四四	七二	九	七八	一三	大暑
芒種			一一	四六	二三	五九	三六	三二	四九	一五	六一	五二	七三	四六	八〇	四一	小暑
夏至	〇	三五	一二	一二	二四	二二	三六	五三	四九	三五	六二	一四	七四	一七	八一	三二	夏至
	度	分	度	分	度	分	度	分	度	分	度	分	度	分	度	分	
	戌初		酉正		酉初		申正		申初		未正		未初		午正		

北極出地三十三度

	卯初		卯正		辰初		辰正		巳初		巳正		午初		午正		
	度	分	度	分	度	分	度	分	度	分	度	分	度	分	度	分	
冬至							九	三七	一九	三	二六	五四	三一	四一	三三	二九	冬至
小寒							一〇	一一	一九	四二	二七	二四	三二	三〇	三四	一九	大雪
大寒					〇	五三	一一	五〇	二一	三六〔一〕	二九	三三	三四	五三	三六	四七	小雪
立春					三	七	一四	二三	二四	三一	三二	五三	三八	三四	四〇	三六	立冬
雨水					五	五六	一七	三五	二八	一一	三七	五	四三	一五	四五	二九	霜降
驚蟄					九	一一	二一	九	三二	一五	四一	四六	四八	三三	五一	〇四	寒露
春分					一二	三二	二四	四七	三六	二二	四六	三四	五四	六	五七	〇	秋分
清明			三	一三	一五	四七	二八	一五	四〇	一五	五一	八	五九	三三	六二	五六	白露
穀雨			六	一四	一八	四二	三一	一八	四三	三七	五五	七	六四	二九	六八	三一	處暑
立夏			八	五〇	二一	一三	三三	四七	四六	一六	五八	一六	六八	三四	七三	二四	立秋
小滿			一〇	五一	二三	四	三五	三四	四八	八	六〇	二六	七一	三一	七七	一三	大暑
芒種			一二	六	二四	一二	三六	三八	四九	一二	六一	三九	七三	一三	七九	四一	小暑
夏至	〇一	〇	一二	三三	二四	三六	三七	〇	四九	三四	六二	四	七三	四六	八〇	三二	夏至
	度	分	度	分	度	分	度	分	度	分	度	分	度	分	度	分	
	戌初		酉正		酉初		申正		申初		未正		未初		午正		

〔一〕三六，輯要本作“二六”。

北極出地三十四度

	卯初		卯正		辰初		辰正		巳初		巳正		午初		午正		
	度	分	度	分	度	分	度	分	度	分	度	分	度	分	度	分	
冬至							九	一	一八	一九	二五	四七	三〇	四四	三二	二九	冬至
小寒							九	三六	一八	五八	二六	三二	三一	三三	三三	一九	大雪
大寒					〇	二七	一一	一七	二〇	五四	二八	四二	三三	五五	三五	四七	小雪
立春					二〔一〕	四五	一三	五二	二三	五一	三二	四	三七	三七	三九	三六	立冬
雨水					五	三七	一七	八	二七	三四	三六	一七	四二	一八	四四	二九	霜降
驚蟄					八	五七	二〇	四六	三一	四一	四一	一	四七	三七	五〇	〇四	寒露
春分					一二〔二〕	二三	二四	二九	三五	五三	四五	五三	五三	一二	五六	〇	秋分
清明			三	一八	一五	四四	二八	二	三九	五一	五〇	三一	五八	四一	六一	五六	白露
穀雨			六	二四	一八	四四	三一	一一	四三〔三〕	一九	五四	三六	六三	四〇	六七	三一	處暑
立夏			九	五	二一	一九	三三	四五	四六	四	五七	五一	六七	五〇	七二	二四	立秋
小滿			一一	八	二三	一四	三五	三六	四八	一	六〇	七	七〇	五二	六七	一三	大暑
芒種			一二	二六	二四	二五	三六	四三	四九	九	六一	二四	七二	三九	七八	四一	小暑
夏至	〇一	三二	一二	五四	二四	五〇	三七	六	四九	三一	六一	四九	七三	一三	七九	三二	夏至
	度	分	度	分	度	分	度	分	度	分	度	分	度	分	度	分	
	戌初		酉正		酉初		申正		申初		未正		未初		午正		

〔一〕二，輯要本作“三”。

〔二〕一二，輯要本作“一三”。

〔三〕四三，底本“三”中横漫漶，二年本作“三”，四庫本、輯要本作“二”。

北極出地三十五度

	卯初		卯正		辰初		辰正		巳初		巳正		午初		午正		
	度	分	度	分	度	分	度	分	度	分	度	分	度	分	度	分	
冬至							八	二五	一七	三五	二四	五六	二九	四六	三一	二九	冬至
小寒							九	〇	一八	一五	二五	四一	三〇	三五	三二	一九	大雪
大寒					〇	一	一一	四三	二〇	一二	二七	五二	三二	五八	三四	四七	小雪
立春					二一	二二	一三	二一	二三	一一	三一	一四	三六	四〇	三八	三六	立冬
雨水					五	一九	一六	四〇	二六	五六	三五	三〇	四一	二二	四三	二九	霜降
驚蟄					八	四三	二〇	二二	三一	七	四〇	一六	四六	四二	四九	〇四	寒露
春分					一二	一四	二四	一一	三五	二四	四五	一一	五二	一八	五五	〇	秋分
清明			三	二三	一五	四〇	二七	四九	三九	三七	四九	五三	五七	四八	六〇	五六	白露
穀雨			六	三四	一八	四五	三一	三	四三	〇	五四	三	六二	五一	六六	三一	處暑
立夏			九	一九	二一	二五	三三	四二	四五	五一	五七	二四	六七	一三	七一	二四	立秋
小滿			一一	二六	二三	二四	三五	三八	四七	五三	五九	四六	七〇	一一	七五	一三	大暑
芒種	〇一	二七	一二	四五	二四	三七	三六	四七	四九	四	六一	七	七二	二	七七	四一	小暑
夏至	〇二	弱〇	一三	一四	二五	二	三七	一一	四九	二八	六一	三四	七二	三八	七八	三二	夏至
	度	分	度	分	度	分	度	分	度	分	度	分	度	分	度	分	
	戌初		酉正		酉初		申正		申初		未正		未初		午正		

北極出地三十六度

	卯初		卯正		辰初		辰正		巳初		巳正		午初		午正		
	度	分	度	分	度	分	度	分	度	分	度	分	度	分	度	分	
冬至							七	五〇	一六	五一	二四	四	二八	四八	三〇	二九	冬至
小寒							八	二五	一七	三一	二四	四九	二九	三八	三一	一九	大雪
大寒							一〇	九	一九	二九	二七	一	三二	〇	三三	四七	小雪
立春					二	〇	一二	五〇	二二	三〇	三〇	二四	三五	四三	三七	三六	立冬
雨水					五	〇	一六	一二	二六	一八	三四	四二	四〇	二五	四二	二九	霜降
驚蟄					八	二九	一九	五八	三〇	三三	三九	三〇	四五	四六	四八	〇四	寒露
春分					一二	五	二三	五一	三四	五三	四四	二八	五一	二三	五四	〇	秋分
清明			三	二九	一五	三六	二七	三五	三九	二	四九	一五	五六	五六	五九	五六	白露
穀雨			六	四四	一八	四六	三〇	五四	四二	四〇	五三	三〇	六二	一	六五	三一	處暑
立夏			九	三三	二一	三一	三三	三八	四五	三七	五六	五六	六六	一七	七〇	二四	立秋
小滿	〇〇	二三	一一	四三	二三	三三	三五	三八	四七	四四	五九	二三	六九	二八	七四	一三	大暑
芒種	〇一	太強	一三	一	二四	四五	三六	四六	四八	五三	六〇	四二	七一	一二	七六	四一	小暑
夏至	〇二	弱	一三	三四	二五	一五	三七	一六	四九	二三	六一	一七	七二	一	七七	三二	夏至
	度	分	度	分	度	分	度	分	度	分	度	分	度	分	度	分	
	戌初		酉正		酉初		申正		申初		未正		未初		午正		

北極出地三十七度

	卯初		卯正		辰初		辰正		巳初		巳正		午初		午正		
	度	分	度	分	度	分	度	分	度	分	度	分	度	分	度	分	
冬至							七	一四	一六	七	二二	一二	二七	五〇	二九	二九	冬至
小寒							七	五〇	一六	四七	二三	五七	二八	四〇	三〇	一九	大雪
大寒							九	三五	一八	四六	二六	一〇	三一	三	三二	四七	小雪
立春					一	三七	一二	一八	二一	四九	二九	三四	三四	四五	三六	三六	立冬
雨水					四	四一	一五	四四	二五	四〇	三三	五三	三九	二九	四一	二九	霜降
驚蟄					八	一四	一九	三四	二九	五八	三八	四四	四四	五〇	四七	〇四	寒露
春分					一一	五五	二三	三二	三四	二三	四三	四五	五〇	二九	五三	〇	秋分
清明			三	三三	一五	三二	二七	二〇	三八	三六	四八	三六	五六	二	五八	五六	白露
穀雨			六	五四	一八	四七	三〇	四五	四二	二〇	五二	五五	六一	一〇	六四	三一	處暑
立夏			九	四七	二一	三六	三三	三四	四五	二二	五六	二七	六五	三〇	六九	二四	立秋
小滿	〇〇	四八	一二	〇	二三	四二	三五	三八	四七	三三	五八	五九	六八	四四	七三	一三	大暑
芒種	〇二	二二	一三	二四	二四	五九	三六	五三	四八	五一	六〇	二九	七〇	四二	七五	四一	小暑
夏至	〇三	弱〇	一三	五四	二五	二七	三七	一九	四九	一七	六〇	五八	七一	二二	七六	三二	夏至
	度	分	度	分	度	分	度	分	度	分	度	分	度	分	度	分	
	戌初		酉正		酉初		申正		申初		未正		未初		午正		

北極出地三十八度

	卯初		卯正		辰初		辰正		巳初		巳正		午初		午正		
	度	分	度	分	度	分	度	分	度	分	度	分	度	分	度	分	
冬至							六	三八	一五	二二	二二	二〇	二六	五三	二八	二九	冬至
小寒							七	一四	一六	三	二三	五	二七	四二	二九	一九	大雪
大寒							九	一	一八	三	二五	一八	三〇	五	三一	四七	小雪
立春					一	一五	一一	四七	二一	八	二八	四四	三三	四八	三五	三六	立冬
雨水					四	二三	一五	一五	二五	〇	三三	五	三八	三二	四〇	二九	霜降
驚蟄					八	〇	一九	一〇	二九	二三	三七	五八	四三	五四	四六	〇四	寒露
春分					一一	四六	二三	一二	三三	五一	四三	一	四九	三四	五二	〇	秋分
清明			三	三八	一五	二七	二七	六	三八	九	四七	五六	五五	九	五七	五六	白露
穀雨			七	三	一八	四七	三〇	三五	四一	五八	五二	二〇	六〇	一八	六三	三一	處暑
立夏			一〇	〇	二一	四一	三三	二九	四五	六	五五	五六	六四	四一	六八	二四	立秋
小滿	〇一	少弱	一二	一七	二三	五〇	三五	三七	四七	二二	五八	三三	六七	五九	七二	一三	大暑
芒種	〇二	太强	一三	四三	二五	一〇	三六	五五	四八	四三	六〇	七	七〇	〇	七四	四一	小暑
夏至	〇三	二二	一四	一三	二五	三八	三七	二二	四九	一〇	六〇	三七	七〇	四〇	七五	三二	夏至
	度	分	度	分	度	分	度	分	度	分	度	分	度	分	度	分	
	戌初		酉正		酉初		申正		申初		未正		未初		午正		

北極出地三十九度

	卯初		卯正		辰初		辰正		巳初		巳正		午初		午正		
	度	分	度	分	度	分	度	分	度	分	度	分	度	分	度	分	
冬至							六	二	一四	三八	二一	二八	二五	五五	二七	二九	冬至
小寒							六	三九	一五	一九	二二	一四	二六	四四	二八	一九	大雪
大寒							八	二七	一七	二〇	二四	二七	二九	八	三〇	四七	小雪
立春					〇	五三	一一	一五	二〇	二七	二七	五四	三二	五一	三四	三六	立冬
雨水					四	四	一四	四七	二四	二三	三二	一六	三七	三五	三九	二九	霜降
驚蟄					七	四五	一八	四五	二八	四七	三七	一一	四二	五八	四五	〇四	寒露
春分					一一	三六	二二	五二	三三	二〇	四二	一八	四八	三九	五一	〇	秋分
清明			三	四三	一五	二二	二六	五〇	三七	四二	四七	一五	五四	一五	五六	五六	白露
穀雨			七	一三	一八	四七	三〇	二五	四一	三六	五一	四三	五九	二七	六二	三一	處暑
立夏			一〇	一四	二一	四五	三三	二四	四四	四九	五五	二五	六三	五二	六七	二四	立秋
小滿	〇一	三九〔一〕	一二	三四	二三	五八	三五	三六	四七	九	五八	七	六七	一三	七一	一三	大暑
芒種	〇三	二少	一四	一	二五	二〇	三六	五六	四八	三三	五九	四三	六九	一六	七三	四一	小暑
夏至	〇三	太强	一四	三三	二五	四九	三七	二四	四九	一一	六〇	一六	六九	五八	七四	三二	夏至
	度	分	度	分	度	分	度	分	度	分	度	分	度	分	度	分	
	戌初		酉正		酉初		申正		申初		未正		未初		午正		

〔一〕三九，輯要本作“一九”。

北極出地四十度

	卯初		卯正		辰初		辰正		巳初		巳正		午初		午正		
	度	分	度	分	度	分	度	分	度	分	度	分	度	分	度	分	
冬至							五	二六	一三	五三	二〇	三五	二四	五七	二六	二九	冬至
小寒							六	三	一四	三五	二一	二二	二五	四六	一七	一九	大雪
大寒							七	五三	一六	三七	二三	三六	二八	一〇	二九	四七	小雪
立春					〇	三〇	一〇	四三	一九	四六	二七	四	三一	五四	三三	三六	立冬
雨水					三	四五	一四	一八	二三	四四	三一	二七	三六	三八	三八	二九	霜降
驚蟄					七	三一	一八	二〇	二八	一一	三六	二四	四二	一一	四四	〇四	寒露
春分					一一	二六	二二	三一	三二	四八	四一	三三	四七	四四	五〇	〇	秋分
清明			三	四八	一五	一七	二六	三四	三七	一四	四六	三四	五三	二一	五五	五六	白露
穀雨			七	二二	一八	四七	三〇	一四	四一	一三	五一	六	五八	三五	六一	三一	處暑
立夏			一〇	二七	二一	四九	三三	一七	四四	三一	五四	五二	六三	一一	六六	二四	立秋
小滿	〇二	〇四	一二	五〇	二四	五	三五	三四	四六	五六	五七	三八	六六	二五	七〇	一三	大暑
芒種	〇三	四二	一四	二〇	二五	三〇	三六	五七	四八	二二	五九	一八	六八	三一	七二	四一	小暑
夏至	〇四	少强	一四	五二	二六	〇	三七	二五	四八	五二	五九	五二	六九	一四	七三	三二	夏至
	度	分	度	分	度	分	度	分	度	分	度	分	度	分	度	分	
	戌初		酉正		酉初		申正		申初		未正		未初		午正		

北極出地四十一度

	卯初		卯正		辰初		辰正		巳初		巳正		午初		午正		
	度	分	度	分	度	分	度	分	度	分	度	分	度	分	度	分	
冬至							四	四九	一三	九	一九	四三	二三	五九	二五	二九	冬至
小寒							五	二七	一三	五一	二〇	二九	二四	四九	二六	一九	大雪
大寒							七	一九	一五	五四	二二	四四	二七	一二	二八	四七	小雪
立春					〇	八	一〇	一六	一九	四	二六	一三	三〇	五六	三二	三六	立冬
雨水					三	二六	一三	四九	二三	四	三〇	三八	三五	四一	三七	二九	霜降
驚蟄					七	一六	一七	五四	二七	三五	三五	三七	四一	五	四三	〇四	寒露
春分					一一	一六	二二	一〇	三二	一五	四〇	四九	四六	四八	四九	〇	秋分
清明			三	五三	一五	一一	二六	一八	三六	四六	四五	五二	五二	二七	五四	五六	白露
穀雨			七	三一	一八	四六	三〇	二	四〇	五〇	五〇	二八	五七	四二	六〇	三一	處暑
立夏			一〇	四〇	二一	五二	三三	一〇	四四	一二	五四	一九	六二	一二	六五	二四	立秋
小滿	〇二	半弱	一三	六	二四	一二	三五	三〇	四六	四一	五七	九	六五	三七	六九	一三	大暑
芒種	〇四	〇九	一四	三八	二五	四〇	三六	五六	四八	一一	五八	五二	六七	四五	七一	四一	小暑
夏至	〇四	四五	一五	一一	二六	一〇	三七	二六	四八	四一	五九	二九	六八	二八	七二	三二	夏至
	度	分	度	分	度	分	度	分	度	分	度	分	度	分	度	分	
	戌初		酉正		酉初		申正		申初		未正		未初		午正		

北極出地四十二度

	卯初		卯正		辰初		辰正		巳初		巳正		午初		午正		
	度	分	度	分	度	分	度	分	度	分	度	分	度	分	度	分	
冬至							四	一三	一二	二四	一八	五〇	二三	一	二四	二九	冬至
小寒							五	二六	一三	四二	二〇	一四	二四	二八	二五	一九	大雪
大寒							六	四四	一五	一〇	二一	五二	二六	一五	二七	四七	小雪
立春							九	三八	一八	二二	二五	二二	二九	五九	三一	三六	立冬
雨水					三	七	一三	一九	二二	二五	二九	四八	三四	四四	三六	二九	霜降
驚蟄					七	一	一七	二九	二六	五八	三四	四九	四〇	九	四二	〇四	寒露
春分					一一	五	二一	四八	三一	四二	四〇	三	四五	五二	四八	〇	秋分
清明			三	五七	一五	五	二六	一	三六	一七	四五	一〇	五一	三三	五三	五六	白露
穀雨			七	四〇	一八	四五	二九	五〇	四〇	二五	四九	五〇	五六	四九	五九	三一	處暑
立夏			一一	五三	二一	五五	三三	三	四三	五二	五三	四四	六一	二一	六四	二四	立秋
小滿	〇三	五五	一三	二二	二四	一九	三五	二七	四六	二五	五六	三八	六四	四八	六八	一三	大暑
芒種	〇四	三六	一四	五六	二五	四八	三六	五五	四七	五八	五八	二四	六六	五八	七〇	四一	小暑
夏至	〇五	少弱	一五	二九	二六	一九	三七	二五	四八	二九	五九	〇	六七	四二	七一	三二	夏至
	度	分	度	分	度	分	度	分	度	分	度	分	度	分	度	分	
	戌初		酉正		酉初		申正		申初		未正		未初		午正